中国传统民居系列图册

浙江民居

中国建筑技术发展中心
建筑历史研究所

中国建筑工业出版社

总　序

20世纪80年代，《中国传统民居系列图册》丛书出版，它包含了部分省（区）市的乡镇传统民居现存实物调查研究资料，其中文笔描述简炼，照片真实优美，作为初期民居资料丛书出版至今已有三十年了。

回顾当年，正是我国十一届三中全会之后，全国人民意气奋发，斗志昂扬，正掀起社会主义建设高潮。建筑界适应时代潮流，学赶先进，发扬优秀传统，努力创新。出版社正当其时，在全国进行调研传统民居时际，抓紧劳动人民在历史上所创造的优秀民居建筑资料，准备在全国各省（区）市组织出书，但因民居建筑属传统文化范围，当时在全国并不普及，只能在建筑科技教学人员进行调查资料较多的省市地区先行出版，如《浙江民居》、《吉林民居》、《云南民居》、《福建民居》、《窑洞民居》、《广东民居》、《苏州民居》、《上海里弄民居》、《陕西民居》、《新疆民居》等。

民居建筑是我国先民劳动创造最先的建筑类型，历数千年的实践和智慧，与天地斗，与环境斗，从而创造出既实用又经济美观的各族人民所喜爱的传统民居建筑。由于实物资料是各地劳动人民所亲自创造的民居建筑，如各种不同的类型和组合，式样众多，结构简洁，构造合理，形象朴实而丰富。所调查的资料，无论整体和局部，都非常翔实、丰富。插图绘制清晰，照片黑白分明而简朴精美。出版时，由于数量不多，有些省市难于买到。

《中国传统民居系列图册》出版后，引起了建筑界、教育界、学术界的注意和重视。在学校，过去中国古代建筑史教材中，内容偏向于宫殿、坛庙、陵寝、苑囿，现在增加了劳动人民创造的民居建筑内容。在学术界，研究建筑的单纯建筑学观念已被打破，调查民居建筑必须与社会、历史、人文学、民族、民俗、考古学、艺术、美学和气象、地理、环境学等学科联系起来，共同进行研究，才能比较全面、深入地理解传统民居的历史、文化、

经济和建筑全貌。

其后，传统民居也已从建筑的单体向群体、聚落、村落、街镇、里弄、场所等族群规模更大的范围进行研究。

当前，我国正处于一个伟大的时代，是习近平主席提出的中华民族要实现伟大复兴的中国梦时代。我国社会主义政治、经济、文化建设正在全面发展和提高。建筑事业在总目标下要创造出有国家、民族特色的社会主义新建筑，以满足各族人民的需求。

优秀的建筑是时代的产物，是一个国家、民族在该时代社会、政治、经济、文化的反映。建筑创作表现有国家、民族的特色，这是国家、民族尊严、独立、自信的象征和表现，也是一个国家、一个民族在政治、经济和文化上成熟、富强的标帜。

优秀的建筑创作要表现时代的、先进的技艺，同时，要传承国家、民族的传统文化精华。在建筑中，中国古建筑蕴藏着优秀的文化精华是举世闻名的，但是，各族人民自己创造的民居建筑，同样也是我国民间建筑中不可忽视和宝贵的文化财富。过去已发现民居建筑的价值，如因地制宜、就地取材、合理布局、组合模数化的经验，结合气候、地貌、山水、绿化等自然条件的创作规律与手法。由于自然、人文、资源等基础条件的差异，形成各地民居组成的风貌和特色的不同，把规律、经验总结下来加以归纳整理，为今天建筑创新提供参考和借鉴。

今天在这大好时际，中国建筑工业出版社出版《中国传统民居系列图册》，实属传承优秀建筑文化的一件有益大事。愿为建筑创新贡献一份心意，也为实现中华民族伟大复兴的中国梦贡献一份力量。

陆元鼎

2017 年 7 月

前　言

民居是中国建筑历史上对民间居住建筑的习惯称呼。它和历代的官式建筑（宫殿、府邸、寺观、陵寝）不同，受封建统治者规定的“法式”、“则例”的限制较少，是依照自然环境、历史文化及民间的传统建筑艺术，根据不同的经济条件，从不同的生活习惯和生产需要出发，因地制宜，就地取材地修建起来的。

中国民居建筑有悠久的历史传统，积累了丰富的修建经验和设计手法，在漫长的发展过程中不断地受到生产力发展和生活变化的影响，在不同的地区，形成各具独特风格的民居建筑。它是建筑史学研究的一个重要方面，对于今后的建筑设计有重要的参考借鉴价值。

浙江地区的民居，多是依山傍水，利用山坡河畔而建，既适应了复杂的自然地形，节约耕地，又创造了良好的居住环境。根据当地气候湿热的特点，以及养蚕、制茶等季节性生产的需要，普遍采用敞厅、天井、通廊及可以灵活拆装的间壁，使内外空间既有分隔又有联系，构成开敞通透的布局，达到了明快开朗的效果。为了争取更多地利用空间，有的民居在屋顶山尖下辟出“阁楼”、“夹层”，作为居室、储藏间，有的则在上层出挑，形成储存物品的“檐箱”或“檐口栏杆”等。在体形面貌上，由于合理地运用了材料、结构和进行了适当的艺术加工，多能给人一种朴素自然的感觉。同时，在合理地节约建造费用、充分利用地方材料方面（特别是利用石材），尤有独到之处。

民居中的这些优良传统，是长期以来工匠们不断创作的结晶，对于今天的建筑，不论在具体手法上，还是在建筑理论上，都有许多应当吸取的好东西。当然，也必须注意到，历史上的民居是封建时代的产物，受到封建等级和个体经济的限制、宗法观念等，在民居的布局中起着一定的作用；再加上结构制作和材料运用等方面的保守、简单，民居也必然存在着落后和不合理的方面。因此，我们只能批判地吸取其中有益的东西，而绝不能硬搬和模仿。

以往整理建筑遗产的着眼点多放在宫殿、庙宇、陵墓等大型“官式”建筑上。新中国成立后开始注意民居的调查研究。近几年来，民居调查工作已在各地陆续展开。前建筑科学研究院建筑理论及历史研究室于20世纪60年代初对浙江吴兴、东阳、杭州、天台、绍兴等二十余县、市的民居进行了调查，对浙江民居中的一些优秀、典型的实例及若干处理手法，如平面与空间的处理、体形面貌、地形利用、构造及装修等问题，做了比较细致的观察与记录，获得了一些资料，写成此书。

书中的实例和处理手法等材料是根据历史上民居所包括的范围选择的，这些房屋现在的居住者多已有改变，我们是根据现在的实际居住情况进行调查的，以现在的使用功能为选材的标准，没有追求各种类型齐全或过多地考证建筑本身的历史。

《浙江民居》的调研编写工作，自1961年开始，到1963年已脱初稿，此后因故研究工作中断，致使原稿未能及时出版，近年来才又重新恢复此项工作。鉴于原稿尚存在某些不足之处，为了进一步充实，又做了一次加工、增补工作，主要在规划方面增加了“村镇布局”一章；在单体建筑方面补充了若干典型平面及实例，主要是原稿中所缺少的大、中型整式住宅类型；在处理手法方面补充了对平面类型的归纳分析；在构造方面对民居木构架体系做了一定的分析与简明的图解；此外，在形象材料方面增加了较多的照片及必要的图纸。经过上述前后两个阶段的编写，最后完成此稿。

在调查及编写过程中，得到浙江省建筑工业厅及各地党政领导的支持，参考了浙江省“建筑三史”资料，并承原建筑科学院与南京工学院合办的南京分室将戚德耀、曹见宾、叶菊华等的《浙江东部村镇及住宅调查报告》给予我们参考、引用，对于选点及了解浙江民居的概况也起了很大的作用。

参加本书原稿的主要编写人员及调查、测绘、制图人员有：刘祥祯、王其明、尚廓、付熹年、陈耀东、何国静、于振生、张勖采、孙大章、丁楚仁等。后一阶段对原稿的增补及加工整理工作由刘祥祯和尚廓完成。此外，原南京分室戚德耀、李容淦、付高杰、陆景明，浙江省工业设计院戚高平，原在我室的程家懿、季雪芳、周培正、张驭寰、赵喜伦等，在前一阶段中也参加了阶段性的调查、测绘工作。

建筑理论及历史研究室

1981 年 12 月

目　录

总序

前言

第一章　概说 …… 1

第二章　村镇布局 …… 7

- 村镇的规模大小及内部组织 …… 12
- 村镇位置的选择 …… 16
- 村镇布局与地形地势的关系 …… 16
- 水陆两套相互补充的交通系统 …… 22
- 街坊、道路与水道的关系 …… 25
- 中心区和商业区 …… 32
- 居住区 …… 36
- 广场 …… 38
- 桥梁 …… 42
- 其他建筑 …… 48
- 村镇的艺术面貌 …… 56

第三章　建筑与地形的结合 …… 63

- 临水建筑 …… 65
- 傍山建筑 …… 79

第四章　平面与空间处理 …… 91

- 空间的基本组成单元 …… 93
- 平面类型 …… 101

· 空间的争取和利用 ··· 116
· 空间的分隔与联系 ··· 123
· 庭院天井处理 ··· 130

第五章 体形面貌 ··· 139
· 功能要求引起的体形变化 ··· 141
· 结构特点在体形上的反映 ··· 153
· 材料、质感对建筑外观的影响 ··· 157
· 几种构图手法的运用 ··· 165

第六章 木构架 ··· 175
· 木构架的构造方法 ··· 177
· 木构架的特点及其适应性 ··· 179

第七章 装修及细部处理 ··· 183
· 外檐壁面 ··· 187
· 门 ··· 191
· 窗 ··· 194
· 檐廊 ··· 200
· 门窗棂格 ··· 204
· 细部处理 ··· 209

第八章 实例 ··· 219
· 杭州上天竺长生街金宅 ··· 221
· 杭州上天竺长生街李宅 ··· 224
· 杭州中天竺仰家塘仰宅 ··· 226
· 杭州下天竺黄泥岭汪宅 ··· 228
· 杭州下满觉陇某宅 ··· 232
· 杭州上满觉陇某宅 ··· 234
· 吴兴甘棠桥范宅 ··· 236
· 吴兴南浔镇新开河李宅 ··· 242
· 吴兴红门馆某宅 ··· 244
· 吴兴红门馆前某宅 ··· 246

· 绍兴仓桥直街施宅 …………………………………………………… 248
· 绍兴题扇桥某宅 …………………………………………………… 250
· 绍兴下大路陈宅 …………………………………………………… 252
· 鄞县鄞江镇陈宅 …………………………………………………… 254
· 东阳巍山镇赵宅 …………………………………………………… 258
· 东阳水阁庄叶宅 …………………………………………………… 260
· 东阳城西街杜宅 …………………………………………………… 263
· 东阳白坦乡“务本堂”…………………………………………… 264
· 永嘉东占坳黄宅 …………………………………………………… 268
· 黄岩黄土岭虞宅 …………………………………………………… 270
· 黄岩天长街某宅 …………………………………………………… 278
· 天台“来紫楼”…………………………………………………… 282

编后语……………………………………………………………… 289

第一章

概　说

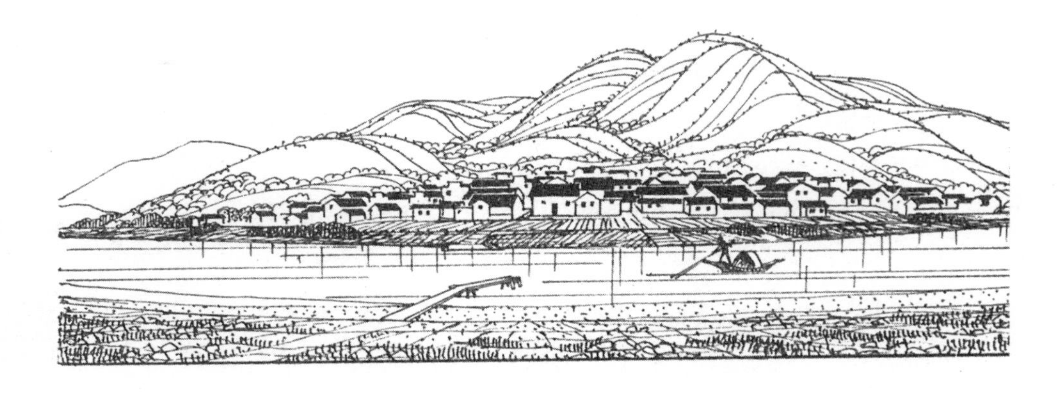

浙江是我国东南沿海的一个省份，气候温和，物产丰盛，在历史上经济和文化都有较高的发展。因多山、多水，地形富于变化，所以浙江民居的类型很多。根据气候、地形特点和农副业生产不同的要求，浙江民居在平面布局、空间处理，以及运用地方材料和习惯做法方面都达到了在当时条件下可能达到的较高的水平。为了便于了解浙江民居是在怎样的条件下产生和发展的，下面首先谈谈浙江的自然地理条件（气候、地形、地势），建筑材料资源，习惯做法和社会历史情况。

气　候

浙江位于我国东海之滨，地处东经 118° ~ 123° 、北纬 27° ~ 31° 之间。全省气候依纬度的高低和地势的区别而有所变化。

就气温来看，全省除少数山地比较凉爽外，大部地区气温较高。冬季虽可见到霜雪，但为期很短。全省年平均温度自北向南，自西向东递增，约在 15 ~ 18℃之间。夏季最热在 7 ~ 8 月份，7 月份全省平均气温 27 ~ 30℃，最热月十三时平均气温为 32℃。最冷月在 1 ~ 2 月份，平均气温 2 ~ 7℃，东南沿海则超过 7℃。全省无霜期都在 9 个月以上，南部可达 11 个月。平均日温在 10℃以下的天数浙北约 120 ~ 130 天，南部仅约 100 天。春秋两季气候温润，季节特点明显。

在这样暖季长、没有严重寒冷的气候条件下，民居建筑主要是按夏季气候条件设计的。因此，室内外空间做成相互连通，门窗口开得很大，并且大多数厅房或堂屋的装修都做成可拆卸的，经常做敞口厅使用，一些厨房、杂屋等也常做成没有装修的敞篷。由于严寒季节不长和经济条件的限制，一般民居都没有防寒措施。

全省的雨量比较充沛，年平均雨量在 1300 ~ 1900 毫米之间。全年降雨天数有 140 ~ 170 天，以 4 ~ 9 月为最多，占年降雨量的 65% ~ 73%，其中 5 ~ 6 月为梅雨季节，往往有一个月左右的连绵阴雨。

为了防止漏雨，房屋做成坡顶，坡度为 30° 左右。房屋的出檐也做得较深，在楼房分层处设腰檐。围墙、封火墙的上部也做瓦顶，以保护墙面不受雨淋，延长使用年限。在山墙面或没有腰檐的墙面上开门窗时，多加雨披，以便在雨天也可以打开门窗。

空气的湿度较大，年平均相对湿度为 80% 左右，夏季略大于冬季。尤其是在梅雨季节，湿度更大，物品容易发霉腐朽，石地面上出现凝结水，一般地面也很潮湿，不宜放置物品。在住宅中必须放置木架子或阁楼存放日用物件。为了防止木柱受潮腐朽，将柱子和墙隔开一段距离，这段空间常常加设搁板来存储东西。

浙江省夏秋的温度虽不是特别高，但因湿度较大，使人感到闷热。

浙江民居在克服闷热方面所采取的方法，是避免太阳直晒和加强通风两个方面。房屋进深特别大，出檐深，广泛设置外廊，使太阳不能直射到室内，取得阴凉的效果。室内外空间紧密相接，室内分隔也较灵活。另外，在房间的前后都留有小天井，建筑物的大部分经常处在阴影之内，加大了空气温差，致使室内阴凉，空气对流加速。从建筑群的布局上看，由于密度大，街巷狭窄，太阳不能充分照射到建筑物内部来，也起了一定的遮阳作用。

浙江省平时风力不大，年平均风速在1.4 ~ 3.6米／秒，经常为东南风。但在夏秋之交常有台风侵袭，对建筑物的危害较大。沿海地区迎风山坡上的民居多建单层房屋，主体建筑的两端建坡屋抵住两侧山墙以增强建筑的刚度。屋顶的周边用蛎灰把瓦片粘在一起，有时还在屋面上压石块，使之加固。建筑群的布局也考虑到海风的经常方向，以减少风的压力，并取得良好的通风效果。

地形与地势

浙江全省大部分地区是丘陵和山地。平原面积不及三分之一，而且河渠纵横、湖塘四布，可耕之地不多。全省人口三千多万，密度最大的北部平原、沿海地区以及铁路沿线，平均每平方公里为400~600人。

在耕地少、人口多的条件下，人们在建造房屋时不得不设法尽量少占耕地，向“天”、向“水”、向“山”争取居住空间。浙江民居大多数都是楼房，并且在楼层部分还运用各种向外悬挑的办法，以期在不多占基地的前提下，获得更多的使用空间。当地谚语称此现象为“借天不借地”。

依山傍水修建住宅，在浙江是很普遍的。一般水乡的村镇，从选址到具体设计都与水道密切结合。在过去公路、铁路不发达的时代，交通运输主要依靠水运。从现有城镇村落的位置与水道的关系上来看，大城市多在大河流的沿岸，一般城镇临次要的河流，村落则临小支流。为了运输和日常生活用水的便利，无论是商店、作坊还是住宅都力争临水。所以很多村镇都自然地形成了沿河的带状，有的在河的一岸，有的夹河而建，也有的围绕渠道的端点形成马蹄形。房屋相互毗邻，朝向多依河道的走向而定。每隔一定距离，设有公用码头一处。住宅也多设私用码头。杭州、嘉兴、吴兴一带，水乡村镇常做成骑楼式的河街，而宁波、绍兴一带，则多直接濒水建筑。

城镇河渠虽然便利了交通运输及居民日常用水，但污水排除没有得到很好的解决。

浙江山村很多，农民把山坡开辟成梯田，并在近水源、地势适宜的山坡或山岔里营建自己的住宅。水源和交通方便是山村选址的重要条件。山村民居在利用地形、地势和使用当地建筑材料方面最具特点，善于因地制宜地利用和改造自然地势地形，使之适于生活使用，又尽量减少土石方，以降低造价。具体的方法在后面将做进一步介绍。

建筑材料

浙江省的建筑材料有木、竹、石、砖、瓦、桐油等。从结构用材到装修用材，都是蕴藏丰富，品种繁多。

木材主要是松、杉、樟木，楝、枫、梓等也有少量出产。产自钱塘江上游的称“上江木”，瓯江上游、景宁、龙泉等地所产的称“温木”。由福建运入的称“建木”。

钱塘江上游，盛产桐油和生漆。

竹材各地均有出产，在建筑上的应用也很广泛。

大多数地区的土壤适于夯筑。夯土墙和灰土地面在民居中占很大比重，尤其是在缙云、景宁等山区，不但用得普遍，质量也好。宁波、绍兴等沿海地区不用夯土墙，而用空斗砖墙。

砖瓦材料，由于烧柴及沿山建窑的方便，多在山区就近生产。城市用砖则靠附近砖窑供给，像宁波用砖往往由奉化供给，绍兴、杭州等地用砖由萧山供给。

砂、卵石产地分布较广。石板、石块则视岩质及岩层结构是否适宜开采而异，例如绍兴、天台、乐清等地，过去曾大量开采大型石板。石灰以富阳、金华为最多，沿海自宁波至温州，常用海产牡蛎类贝壳烧成的蛎灰做砌砖的灰浆。

从地区上看，建筑材料的运用在沿海和内地有所不同：沿海多用砖石做墙壁，石板做地面，杉木做梁架门窗装修，桐油和漆也用得比较普遍；内地则多用夯土墙、灰土地面，梁架和门窗则是杉木、枫、松等夹杂使用，桐油和漆则用得比较少。

从历史上看，材料的使用也有所变化，遗留到现在的古老住宅常用硬木做成装修材料，芦苇做泥壁的骨料、夯土筑墙、砖墁地面等等。随着社会经济的变化，木材日渐供不应求，用松、杉等做构架及装修日见普遍，泥壁的骨料也渐渐以竹材为主了。砖墙使用日多，并出现了石块地等多种地面做法。

社会历史情况

浙江的经济开发至今已有两千多年的历史，由于优越的自然条件与古代劳动人民的努力，到六朝末期，这一带已成为全国富庶地区之一了。隋、唐期间在商业和手工业方面有很大的发展，杭州、明州（今宁波）已成为当时对外贸易的重要城市。唐末五代之间，吴越国战乱较少，建筑活动多，建筑技术得到发展。我国第一部建筑术书《木经》就是宋初浙东木工喻皓总结前代经验编著的。宋代江南的经济、文化更加繁荣，随着宋政权的南迁，政治中心也移到江南。此后的数百年间，江浙一带在经济、文化、政治上都居于重要的地位。

作为群众生活起居使用的民居，随着社会的发展不断地变化、改进。调查中所见到的民居除了个别地区的少数大住宅为明代遗物或局部为明代所建外，大多数是清末及以后修建或改建的。这些民居，虽然建造的年代不算久远，却是中国传统民居长期经验的积累。本书的编写，主要是从传统民居的特点着眼，至于近百年来外来因素对民居的影响就不是本书研究的重点了。

浙江的建筑工匠很多，但大部分是亦工亦农的。过去工匠的技术是师徒父子相传，徒弟多为本族本乡子弟，这样就产生某一地某种工匠特别多的现象。工匠们在活动地区上有一定的范围，技术上有共同特点，再加上一些封建的关系，逐渐形成了技术上的帮派。浙江工匠中以“东阳帮”、“宁绍帮”为最大，人数多，技术好，两帮作品的风格、做法不同，活动范围也各有领域，但在杭州、嘉兴、吴兴等地这两帮均有活动。另外这一带还有“苏南帮”的活动与影响。至于杭州等大城市则各帮工匠均有一些建筑活动。

当建筑工匠、手工业工匠，或者农民有条件为自己修建住宅时，由于自己掌握技术，了解自己生活上的要求，所以常常能够在有限的物质条件下建造出较为合理、舒适的住宅来。而且往往因为构造合理，在体型上朴素美观。但在旧社会，物质财富大部为剥削阶级所占有，劳动人民能有条件按自己意图建房的机会并不多，所建房屋规模不可能很大，用材质量不可能很高，往往不能持久，所以具有这个特点的住宅多为小型住宅，外观虽然朴实无华，甚至简陋，却往往能体现适用、经济、美观的要求。其设计思想和具体的处理手法，有很多值得我们借鉴和参考之处。

由于历史原因，居住在浙江一带的官僚，地主、富商人数较他省为多，他们所建的大住宅，用材质量高，不易塌倒，遗留到现在的还有不少。这类住宅的特点是内部讲究豪华排场，外观森严封闭，取得威风气派的效果和防御的作用。这些住宅在布局上突出强调对称，“主”、“次”，“内”、“外”区分得很清楚，反映着封建社会的宗法制度。这种大型住宅虽然是按照剥削阶级意图建造的，表现出许多剥削阶级思想意识，但在建筑技术和建筑艺术方面的成就和优秀手法，毕竟还是劳动人民创造的，在这些方面仍有不少东西值得研究和总结。

每个地区的规整的典型住宅形式往往是与上述的大住宅相似的，只是规模略小、装修简单一些。像东阳的“十三间头”、黄岩、温岭一带的“五凤楼”、余姚、宁波的“宋式房子”和天台的“十八楼”等等，都是当地习见的住宅类型。每宅大同小异，数量大，是构成建筑群的主要单体。

浙江各地农副业生产很发达，有许多驰名国内外的土特产，像蚕丝、茶叶、火腿等等。这些生产，过去一直是分散在农民家里进行的，对住宅产生了很大的影响。例如吴兴农村农民多营蚕丝副业，住宅多为高平房，装修可以拆卸，平时按一般使用分隔，到了养蚕季节，将大厅的隔断拆除，外檐装修移到外廊檐柱位置，扩大空间作为蚕室。东阳是著名的金华火腿的主要产地，火腿的制作也是由农民在家里分散进行的，农民的宅院中都设有猪舍、菜园、水井等，厨房面积大，储藏用空间很多。其他还有不少手工业产品是在住家中制作的，这样的住宅就兼有了作坊的性质，较大地影响了住宅的布局与规模。至于沿海地区渔民、盐民的住宅也受到生产上的特点和自然条件的影响，成为另一些特有的类型。

第二章

村 镇 布 局

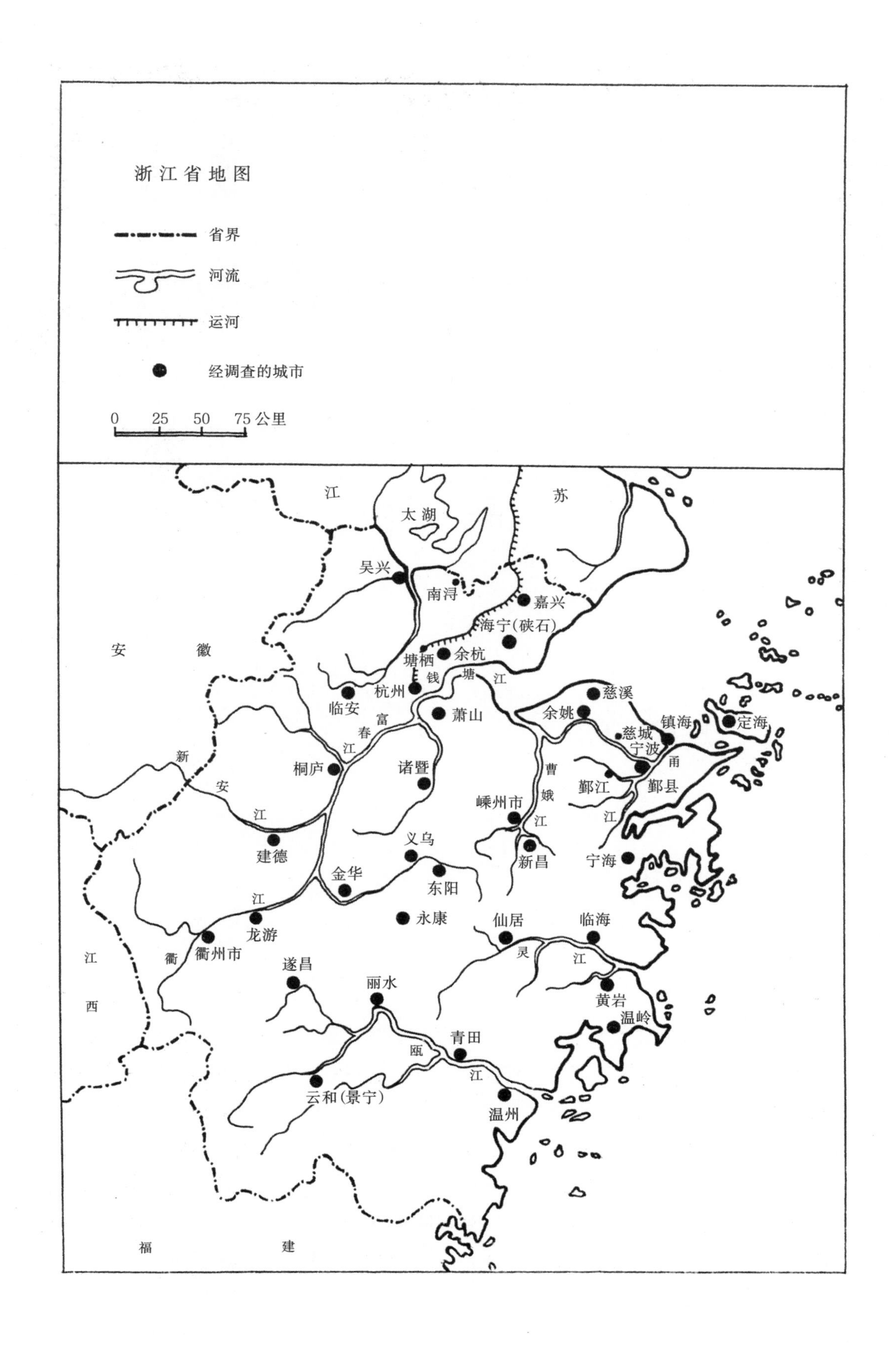
浙江省地图
省界
河流
运河
经调查的城市
0 25 50 75 公里
江
苏
太湖
安
徽
吴兴
南浔
嘉兴
海宁(硖石)
塘栖
余杭
钱
塘
江
杭州
临安
萧山
慈溪
余姚
镇海
定海
慈城
宁波
甬
鄞县
鄞江
富
春
江
桐庐
诸暨
曹
娥
江
嵊州市
新
安
江
建德
义乌
新昌
宁海
金华
东阳
江
龙游
永康
仙居
临海
衢州市
衢
遂昌
灵
江
黄岩
丽水
温岭
青田
瓯
江
云和(景宁)
温州
江
西
福
建

图1 浙江省示意图

图2　鄞县鄞江镇沿河风景

村镇的形成和发展，与一个地区的自然地理条件和经济、文化等社会历史因素有着密切的关系。关于浙江的自然地理和社会历史的背景情况已在本书概说中说明。从浙江的自然地理的特点来看，是一个气候温热、雨量充沛、山多水多的地区，天然河流较多，有富春江（下游为钱塘江）、曹娥江、甬江、灵江、瓯江五条主要河流并附带许多支流。多少世纪以来人们为了交通运输和生活、生产上的需要，便开凿了许多运河、渠道，把天然河流与人工的渠道沟通起来，组成了一个密如蛛网的水道交通网络，它密布在广大农村并贯通城镇，加上到处是湖泊池塘，于是形成了中国南方所特有的一种水乡弥漫的景色（图1～图3）。

我国传统城市村镇的选址，一向很注意与自然地理环境的有机结合，出于功能上的需要，经过长期的发展，就产生了我国南方水乡村镇规划设计的一套独特的方式，其中有不少优秀的经验值得注意。现就几个方面对浙江传统村镇的规划特点略加探讨。

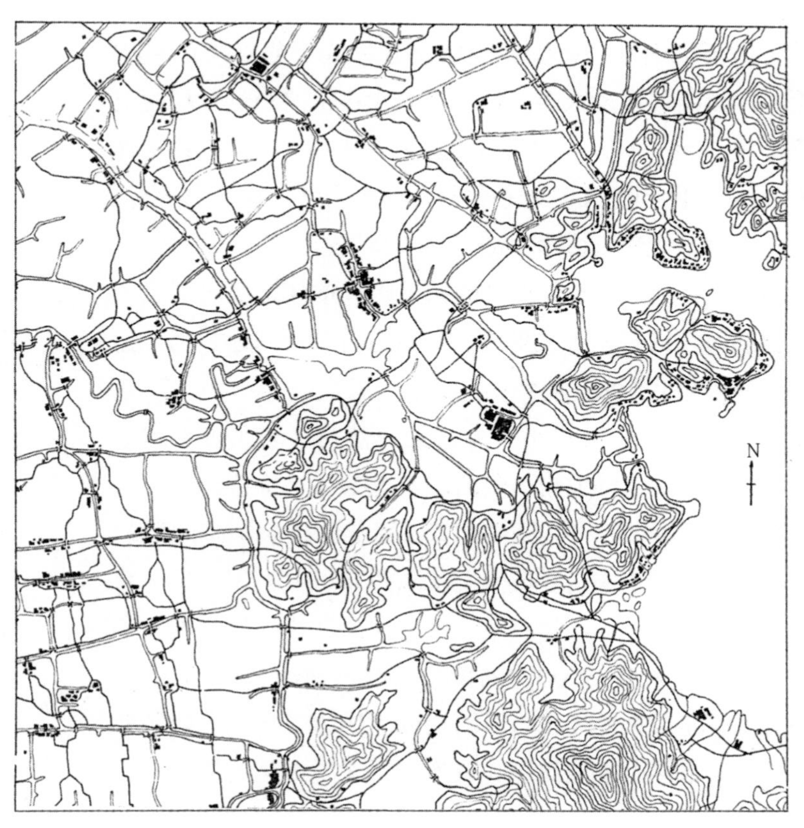

图3　鄞县水网及村镇分布略图

村镇的规模大小及内部组织

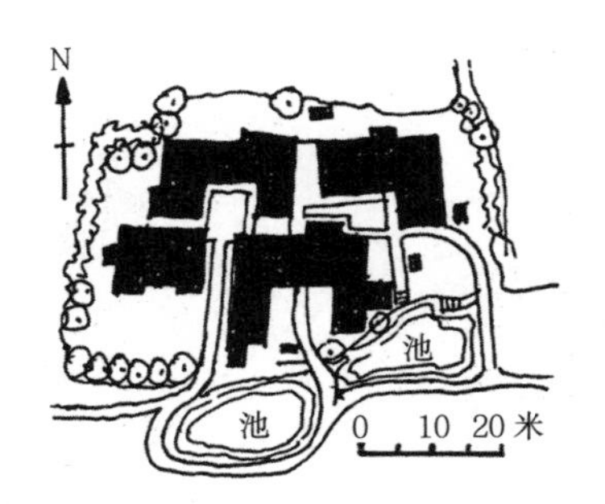

图4 余姚市新乡后街村总平面图

全村十余户，建筑面积1597平方米，位于池塘北面，房屋成不规则的三合院，主房朝南，每个三合院内有一公堂

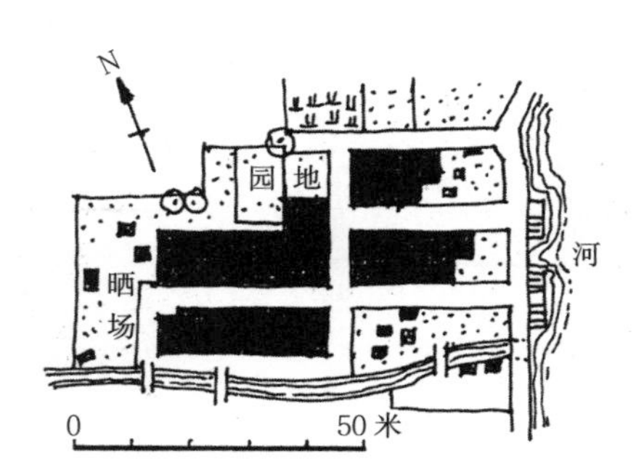

图5 鄞县福明乡田庄村总平面图

全村十五户，房屋成一字行列式，按西南朝向垂直河流布置。河岸有一公用码头，对着村内的一条主要道路，周围有园地、晒场、草棚等

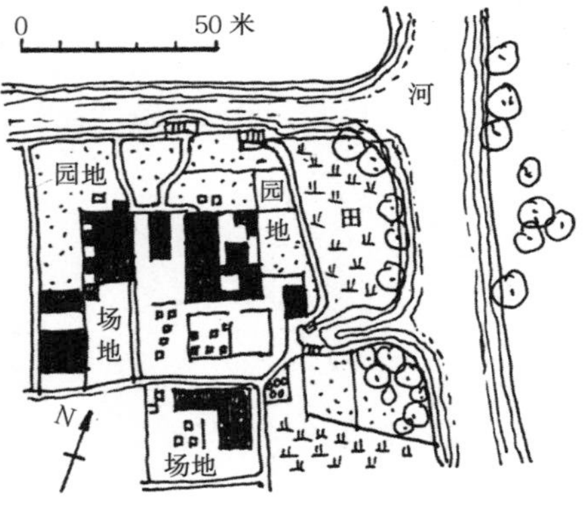

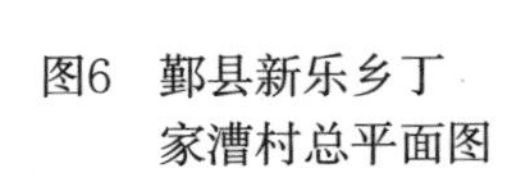

图6 鄞县新乐乡丁家漕村总平面图

全村十余户，建筑面积630.5平方米，位于河流丁字交叉点，建筑不规则排列，宅旁有园地，村中有一独立公堂

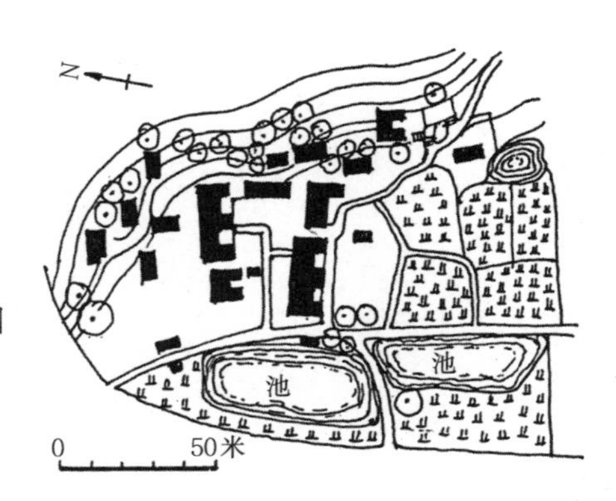

图7 嵊县城溪乡八里洋村总平面图

全村十余户，位于池塘东西的坡地，房屋成不规则的三合院，主房朝南

由于中国过去的农业经济是建立在小农经济的基础上，加以浙江地少人多，所以反映在村镇的布点和规模上是分散而大小不等，而互相间的距离却不太远，都是选择有利地形建立起来的。较小的村落多为自然形成的自然村；较大的村落和镇集多由小的自然村发展扩大而成，有时反映出一定的规划思想；较大的城镇则多按预定的规划意图或长期习惯的规划方式形成，虽然有时在局部地方仍不免保留许多自然形成的特点。

一般户数在5～20户左右的自然村（居民点）占地约1000～2000平方米。村落内部包括住宅、接近住房的牲畜舍、供婚丧等事共用的公堂、厕所、宅旁园地、晒场、水源（河流或小溪、池塘、水井等）、道路、桥梁、码头等（图4～图7）。

户数在30～60户左右的自然村占地约2500～6000平方米，是较大的居民点。村内除上述内容外，一般还有小学校、宗祠及小型商店、碾米场所等（图8、图9）。

图9　临海麻利岭陈宅外观

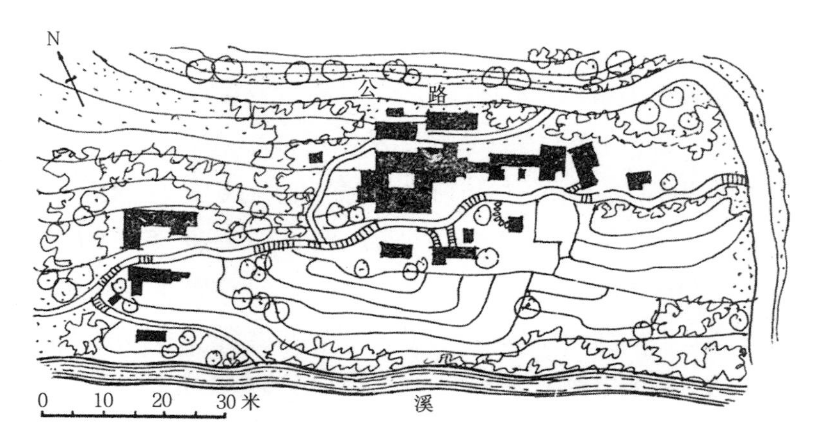

图8　临海县麻利村陈姓住宅群

临海县麻利村陈姓住宅群是一山地村落，全村约三十余户，建筑面积两千余平方米，位于山坡南麓，南面有溪流，东北是公路，建筑以一不规则的四合院为中心向东面分散布置，基本在一个等高线上，并有一条东西方向山路把全村联系起来

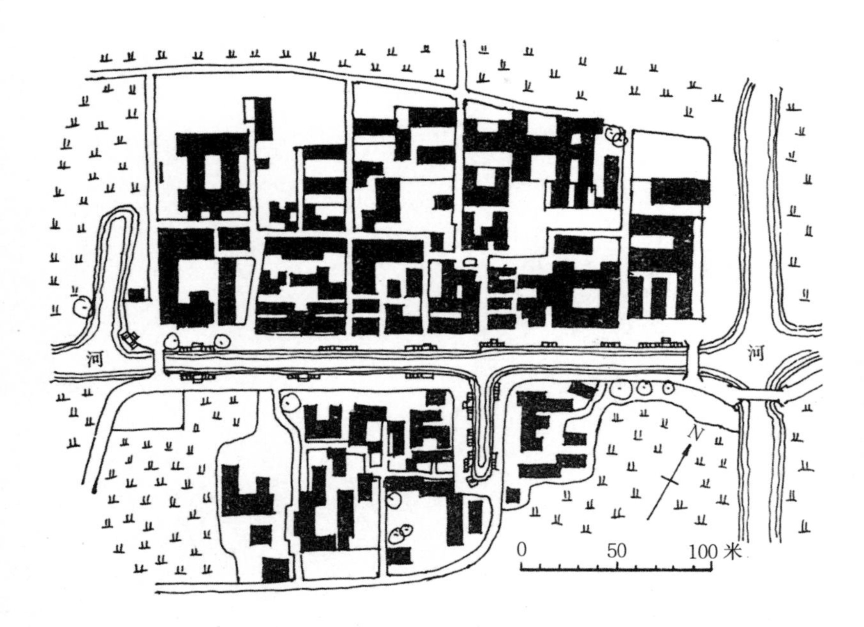

图10　鄞县新乐乡姜陇村总平面图

居户 160 户，面积约 14000 平方米，农业人口占 80%，建筑沿东西河道两边布置，两岸用石块砌筑河堤与码头，并用水泥与石板铺砌道路，有桥梁联系两岸，沿北岸主干道有宗祠、学校、义庄、卫生站等，中部有几家商店及防火站。住宅均背街，排列成较规整的街坊，街容相当整洁。此村是按照一定规划修建起来的大型村落，已经具有一定的城镇特点

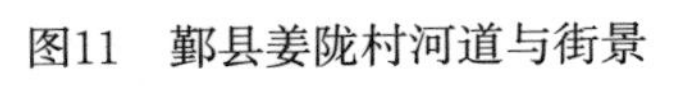
图11　鄞县姜陇村河道与街景

户数在 70 ~ 150 户左右的村落占地约 8000 ~ 15000 平方米。村内除上述内容外，又有消防站、小型私人医务站、公共厕所、路灯等公共建筑，大体上具备了一个“市镇”的雏形（图 10、图 11）。

如果人口再增多，到 4000 ~ 30000 多人的时候，就发展成为镇（市镇）和县城。占地约 10 ~ 30 公顷。一个镇担负着周围居民点的生产资料及生活日用品的供销任务，除了常设的商店之外，还定期举行规模较大的集市贸易活动。到了县城的规模，功能和布局就比较复杂了，包括商业地带、供销场地（集市广场）、行政机构、文教卫生单位、宗教建筑（庙宇、教堂）、鼓楼、各种服务行业、小型工厂、作坊、居住街坊、街道和水道系统、大型泊岸、码头、桥梁、车站以及防御性的城墙、护城河等，变成一个地区的政治、文化和经济的中心。这就需要根据该地区的自然地理条件以及它在政治、文化、经济、军事等方面所占的地位做一个相应的城市规划。一般在县以上的城市

图12　余姚慈城镇总平面图

都能看出一些规划思想，不过，在旧社会，不可能提出并实现一个完善的规划思想。虽然如此，我们从这些传统的规划方式当中，仍可以看到许多具有启发性的成功经验，供我们参考借鉴。以慈城镇为例（图 12），它位于宁波市和余姚县城的中间，距宁波市 20 公里，三面有山，前离姚江（甬江上游）约 1.5 公里，有支流引入城内，城南有杭——宁铁路，水陆交通便利。城内道路是棋盘式，划分成许多矩形街坊。街道一边多开挖约两米宽的小沟渠与支流相连，兼作下水道。商业区分布在两干道的两旁，形成⊥形的商业地带，其交叉口正是城南的主要入口。城北湖畔有宗教建筑及学校等，形成风景文教区，同时是山区农民入城进口。在南北干道尽端为县衙。孔庙位于中部干道东侧，不受主要交通的影响。西门通至姚江。城门出口附近形成集市市场。本城街道整齐，有完整的水道系统，建筑布局较严谨，是一个规划性较强的城镇。

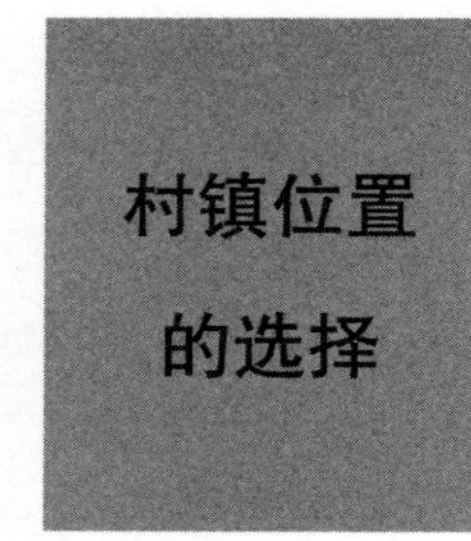

村镇位置的选择

村镇基址的选择恰当与否，对于能否完满解决居民生活和生产上的需要起着重要作用。经过长期自然淘汰和挑选的结果，一般村镇都能结合自然条件与其他因素，因地制宜地选择一个较好的位置。在选址方面经常须考虑以下几种因素：

1. 接近水源：取得良好的生活、生产用水是村镇选址的首要问题，所以村镇多接近河道、溪流、湖泊等活动的水源，如无上述水源，至少也要有容易取得的地下水。

2. 交通便利：考虑与外界联系的方便，村镇多设于水陆交通线上或交通集会点上，这样可以充分利用水陆交通。村镇所临河道取平直易建码头和便于停泊处。

3. 地势高爽：南方阴湿多雨，为避免平时住所潮湿，防止暴雨时洪水冲刷淹没，村镇多设于容易排水的平原、山冈或缓坡上，取其干爽。

4. 朝向良好：为了取得房屋的良好朝向，街道以东西向为主，可使大多住房朝向南北；临河则取东西流向，村镇大部分设于北岸或西北岸，使建筑朝向南方或东南方的水面；在山地则处于阳坡，避免在山阴部分。这样可以接受良好日照及夏季凉风，并遮挡冬日的北来寒风。

5. 利于生产，方便生活：农村与城镇；农副业与工商业，有着互相依赖的密切的供求关系，所以村落与农业劳动地点及商业供应点的距离以及城镇与农副业基地的距离都不能太远。一般村落离耕地不超过三华里；离集市点不超过十华里，在城乡之间要有便捷的水陆联系。

6. 避开自然灾害：浙江在冬季有北方吹来的寒风；夏秋有台风；暴雨季节有洪水。凡易遭受此类自然灾害的地点都要避开。

根据以上村镇选址的要求，一般村镇多选址在公路河道的附近或傍山近水、朝向良好、避风防洪、地势干爽的平原或山冈缓坡、台地等处。

村镇布局与地形地势的关系

在山多水多、地形比较复杂的浙江，村镇的总体布局很难做到像平原地区村镇那样的方整对称。它的平面多是与地形结合，很自然地发展成为不规则的平面形式。从浙江水网密布的特点出发，现着重从村镇总体布局与水道的关系来加以分析，大致分为以下几种类型：

1. 一面临水或背山面水：这是沿河村镇的基本形式。建筑沿河道伸展，在建筑与河道之间设街道，街道一面是建筑，可布置商业，另一面即河道，临水设码头联系水陆交通，形成了所谓“单面街”。建筑多在河流北岸，用以取得良好通风日照。

背山面水村镇既得近水之便，又地势高爽，可免河道涨水时被淹，一般在山南，夏日接纳南风，冬日可接纳日照，并用山来遮挡北来寒风。

以嵊县浦口乡居家埠村为例（图 13 ~ 图 15），该村共 483 户，约 2000 人，农业人口占 98%。村落东南西三面临水，北面依山，村内道路随山势起伏曲折，路旁有明沟以排山上流水，并供居民洗涤之用。村的对外交通须经一渡口才能与村外道路联系，故渡口成为村的咽喉。耕地在对岸平原上，房屋南向，沿山坡等高线布置。90% 为楼房，平面多三合院，排列密集。村首有祠庙三座，防火站三处，并有几家店铺。临水一带多为地主富农占据，山顶及山中部为贫农及一般农民居住。道路南北向有两条主要道路贯通，并有东西向支路及若干死胡同，很少受过境交通的干扰。

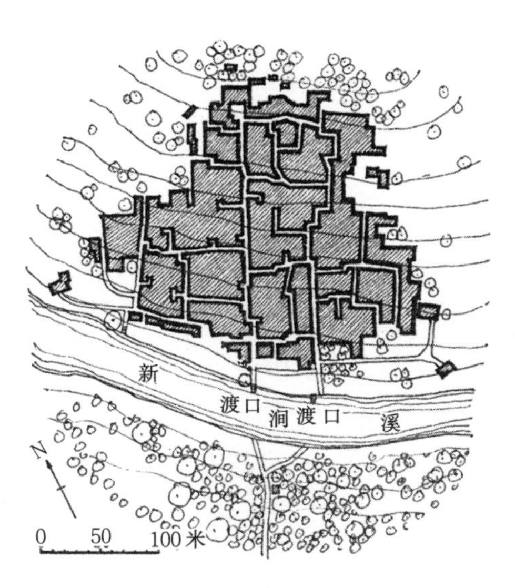

图13　嵊县浦口乡屠家埠村总平面图

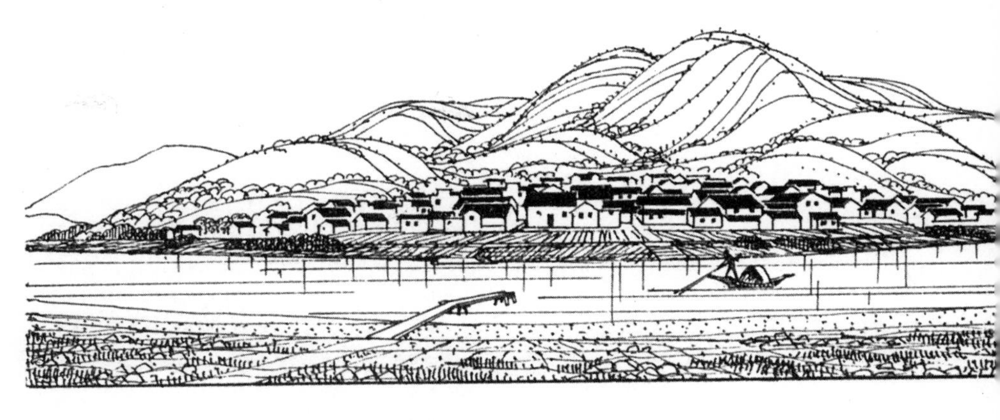

图15　嵊县浦口乡屠家埠村镇全景

可以说明一般村镇背山面水的选址特点

图14　嵊县浦口乡屠家埠村纵剖面

村镇只在河的一面发展，主要原因是：①耕地同在一侧；②河道太宽，在经济上或技术上无力修建大桥；③对岸不适宜居住（处于山阴背后或地势低洼、土质不良）；④对岸无陆路交通联系。

2. 两面临水：若村镇选址在河流转弯处或两河垂直交汇点，则形成两面临河，亦能保持良好朝向，而且与河道的接触面增多，用水更加方便，且与外地水路交通联系更多（图16～图19）。

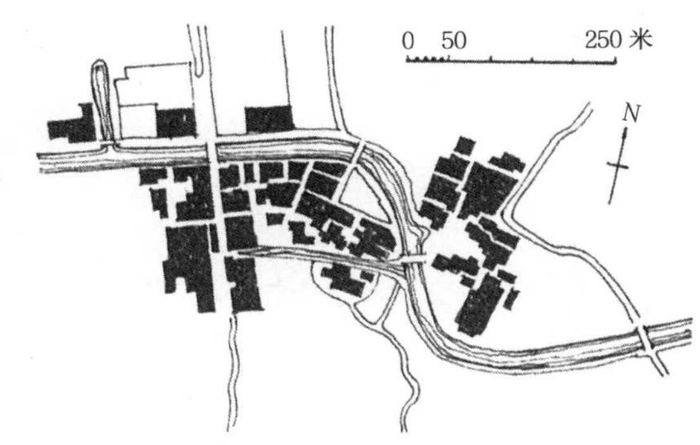

图17　慈溪市龙山镇

建筑集中在S形河流的两面，尽量接近水源及水道

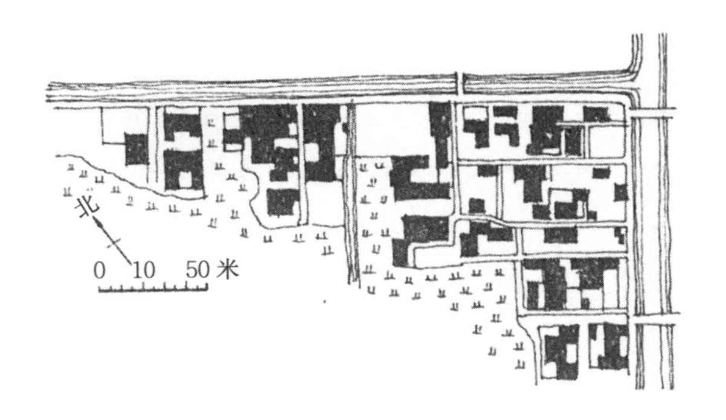

图16　镇海县庄市镇汤家住宅群

房屋接近垂直相交的河面，每户都有道路通达水面

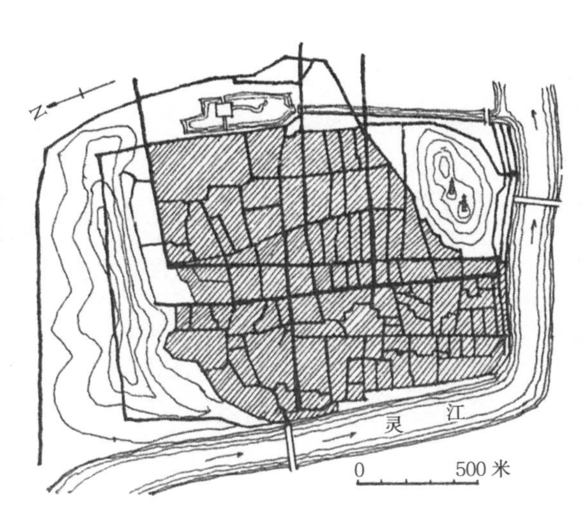

图18　临海县总平面图

县城西南面临江，并有南北山冈环抱，街坊多呈东西长的矩形，使住宅取得好的朝向

图19　临海县城关镇江夏街外景

3. 三面临水：往往在河流迂回形成半岛的位置；或是天然河流与人工渠道的交汇处；或是临湖的半岛。其优点是与水接触面更多，用水及交通更加方便，村镇景观较好（图 20）。

4. 居河流两岸：是村镇一面沿河的发展形势，也是水网地区村镇比较典型的形式。这是在河流或水道不太宽，便于搭桥联系，而且两岸都适于居住的情况下，形成的这种水道贯穿村镇的形式。往往采取“两面街”的布置，即沿河道两面设街，再沿街摆建筑，隔河两街之间用若干桥梁联系。这样可使河道在水运交通及给水排水方面的利用率大大增加，村镇的用地也比较紧凑，避免村镇在河的一面拉得太长，商业服务比较集中，与两岸耕地及交通线联系较近（图 21、图 22）。

5. 围绕水道的交叉点：市镇围绕由河流汇集的三岔、四岔河口，虽然平面被河道分割成几个部分，但又用若干桥梁联系在一起，向水道交叉中心聚拢。桥头一带的建筑密度较高，又置水路交通枢纽，往往是一个村镇的繁华所在。这种布置的优点是市镇与水面接触面广而集中，水上交通发达，景观开阔而优美（图 23、图 24）。

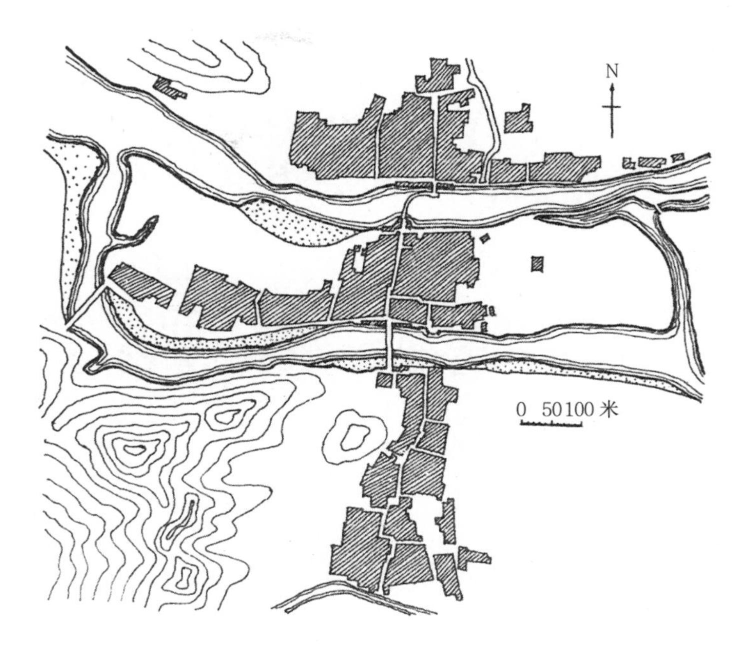

图22　鄞州区鄞江镇

有两条东西向的河网贯通全镇，总平面跨河网与河道垂直成南北长的平面，用一条南北向的主要道路及桥梁堤坝等联系全镇

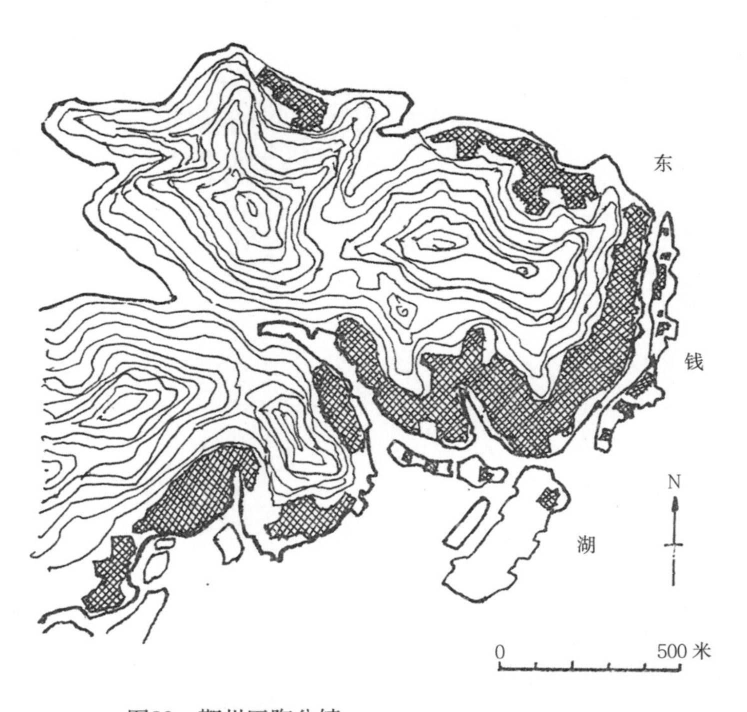

图20　鄞州区陶公镇

建筑沿山地与东钱湖水陆交界地带的缓坡地呈环状布置

图23　在河流汇集点的村镇之一

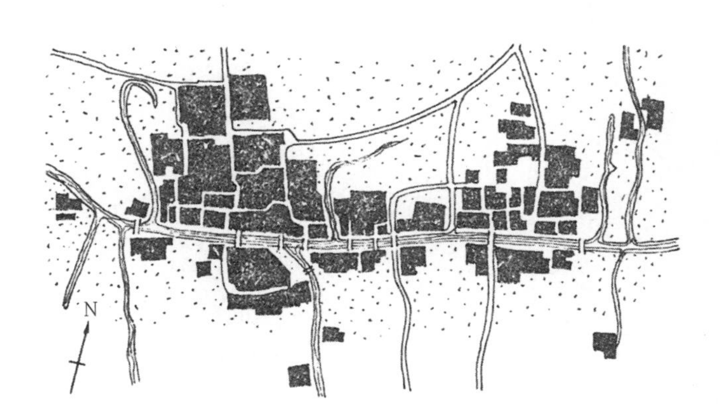

图21　镇海县贵驷桥镇

沿河两岸布局，用九座桥梁联系两岸

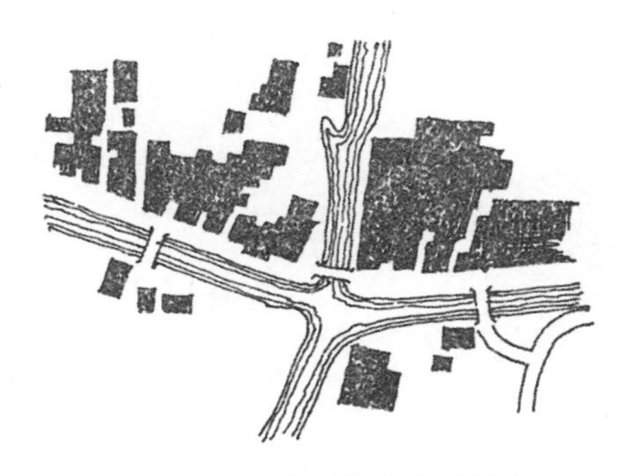

图24　在河流汇集点的村镇之二

6. 居河槽尽端：多见于较小的自然村，在离开河道的地方用人工挖掘河槽，将河水引入适宜地点，村落就围绕河槽尽端布置，这样既可取得生活用水或农业灌溉用水，又可使水上交通直达村落。不过河槽尽端水流不畅，水质较差（图 25）。

7. 沿主要道路：此种情况多是因为耕地离河流较远，同时挖掘河槽又有困难，为了与外界联系只好靠陆路交通解决，由于缺少水运条件，这类村镇的发展常受到限制，一般居民户数较少（图 26）。

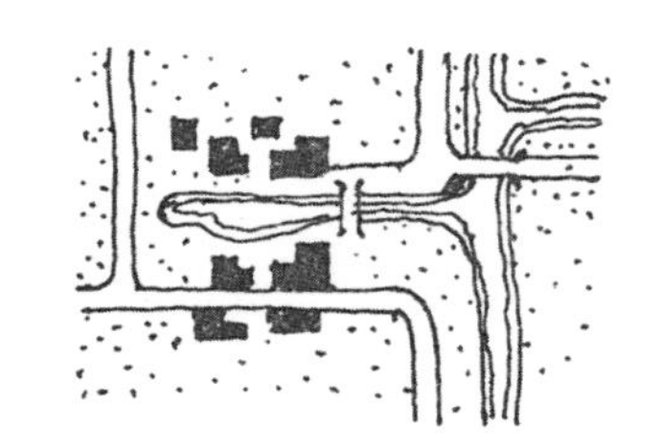
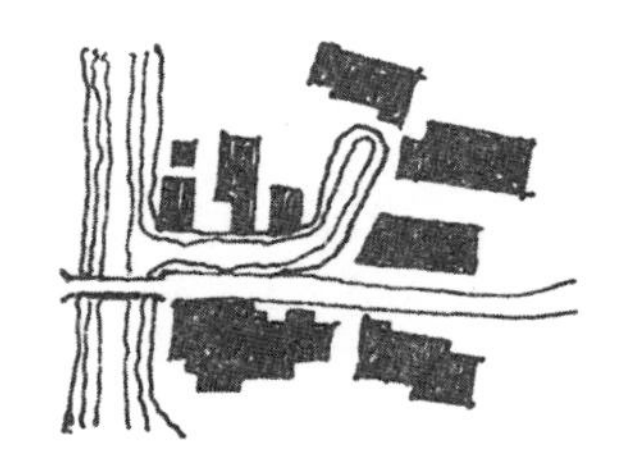

图25　居河漕尽端的村镇

图26　沿主要道路呈条形布置的村镇

图27　余姚市鞍山乡油车桥村全景

图28　云和（景宁）县东街村全景

8. 山岳地带：离河道较远的山岳地带不能利用水道，只好选择有溪流池塘的地方建立村落。为了少占平坦耕地，常在山麓阳坡沿等高线布置建筑，或选两山之间较平坦的谷地或冲积平原（洪水达不到的地方）上建立村落。这类村落的发展也是受到地理条件的限制，一般规模不大（图 27、图 28）。

9. 平原地区：平原地区的村镇常设在水路交通的干线或枢纽处。它的总平面少受地形限制，所以相对地说，其平面比靠山临水的村镇更为规整一些。一般带城郭的县市常采用较集中的方形、团形或扁团形的平面。城周设护城河，因为地势平坦，很容易把水道引入城内作为辅助的交通和给排水系统。这种带有河街水巷的城镇就形成了江南城镇所特有的，也是典型的规划方式（图 12）。

因地制宜地结合自然形势特点，灵活地布置村镇总平面，不追求规整对称，这不仅对解决功能问题是有利的，而且也形成了各种自然生动而又富于特点的村镇风貌。

水陆两套相互补充的交通系统

浙江境内，除山区以外，湖泊池塘星罗棋布，河流水道状如蛛网，人们利用了这个天然的有利条件，因势利导，开凿了许多人工的运河渠漕，把这些水面串联起来，构成了一个密集的水路交通网络，它们又与陆上交通网线重叠交叉，互相联系，就使境内交通四通八达，十分便捷。

就一个城市内部来说，人们把外部水道引入城市后，也建立起一套城市水道交通系统，与城市陆上街道交通网或平行，或交叉，又构成城市内部两套相辅相成的交通系统（图 29 ~图 31）。

城镇采用水陆两套交通系统有许多优点，例如：

1. 水道成为沟通城镇与四郊农村的纽带，对于加强城乡物资交流，促进农副业及工商业的发展大有好处。

图29　鄞县大公乡余家岙底河景

图30　杭县塘栖镇游龙桥

图31　绍兴米市街永久桥

2.水道可以减轻陆上街道的交通负荷量，但又可增加城市总的交通负荷量，避免了陆上交通的拥挤，减少交通事故。

3.有时在临河建筑与河道之间设一条廊式或骑楼式的步行道，道旁一面可见河景，一面有商业服务的店面。这样的步行道不但与大街分隔，互不干扰，而且可做休息观景之处，又可免去日晒雨淋之苦，在炎热多雨的南方尤为适用（图32）。

4. 水上交通没有噪声及尘土等公害干扰。

5. 水上交通安全，水运用费低廉。

6. 水道提供生活、生产用水，排泄雨水污水。不过由于在过去旧社会缺少水源的净化措施，在人口密集、水源流速及流量较小的情况下，不免影响城市的卫生条件。

7. 水道提供消防用水，没有断水的顾虑。

8. 水道具有吸热、吸尘、通风等调整小气候的作用。

9. 水面创造了优美的城市环境，美化了城市景观。

由此可见，水道在城镇中有许多重要的功能作用，是浙江村镇规划中不可缺少的组成部分。特别值得一提的是浙江城镇交通规划中水陆两套相互补充、并行的规划思想，车马道与人行道分离的做法，水陆交叉口用桥梁过渡的立体交叉的做法，至郊区的远程交通以水道为主、市内交通以陆上道路为主、车马交通工具以大街为主、步行以走廊或骑楼为主的交通分工分流的做法，这些都是我国古代劳动人民在适应南方水乡特点的规划方面的一些杰出的创造，是南方传统城镇规划的一些优秀的成功经验。与现代城市交通规划的方法——诸如快速与慢速车道的分工、步行区与车行道的分离、地上地下立体交叉交通系统的建立等做法比较，在我国古代江南地区城镇中都已有了类似的雏形或萌芽。在这些方面至今对我们仍有启发。

图32　吴兴南浔镇沿河建筑及骑楼式步行道

由于水道在城镇中负有许多重要的功能作用（特别是交通运输的作用），因此它对整个城市的结构产生很大影响，于是在街坊、道路与水道的关系上出现了几种水乡城镇所特有的格局：

街坊、道路与水道的关系

1. 两街夹一河并行，街道外再布置街坊或建筑：这种布置多在交通繁忙的主要水陆干线，为了便于水陆客货转运，所以在河道两旁设许多公用码头泊岸，商店则沿街面布置。两街不一定都是车行道，有时一面或两面是廊式或骑楼式的步行道，空间比较开阔（图 33 ~ 图 35）

2. 一街一河并行，两侧布置街坊（或建筑）：此种布置多用于次要交通干线。河道临道路一面设公用码头泊岸，临建筑一面设私用码头（图 36、图 37）。

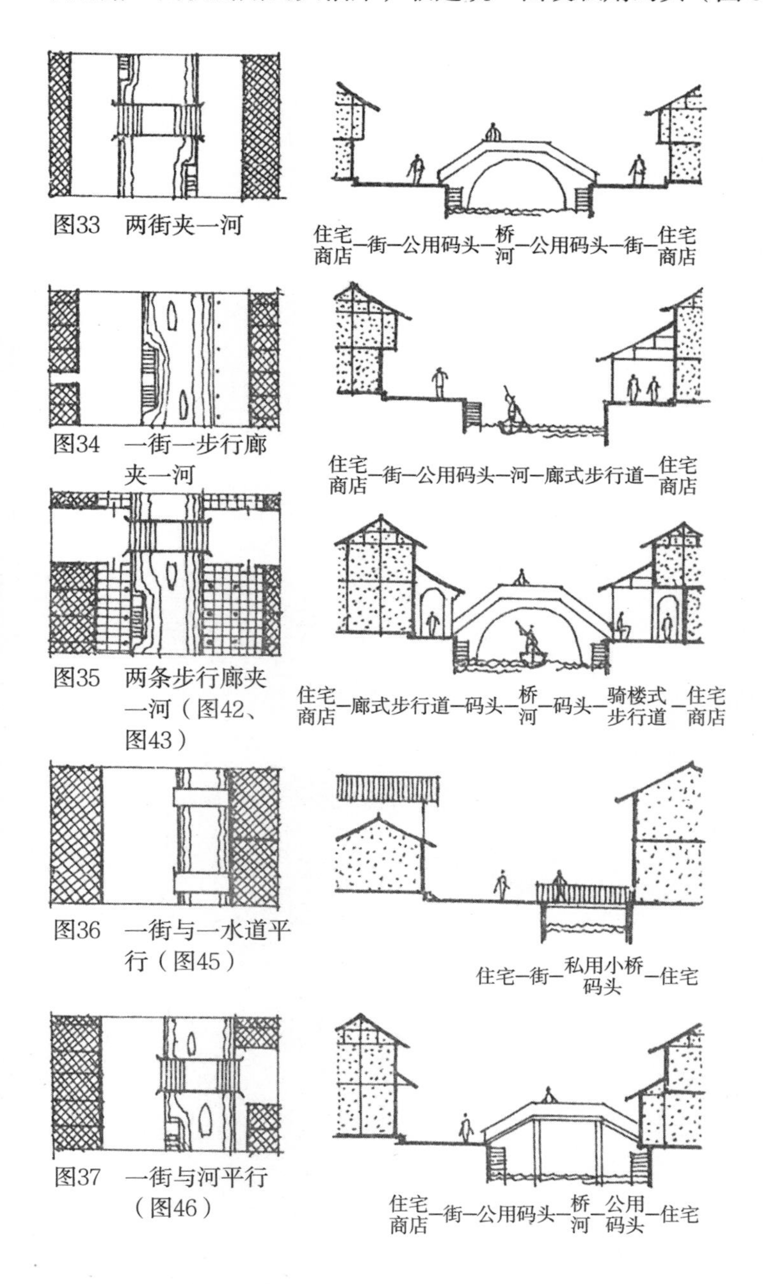

图33　两街夹一河

图34　一街一步行廊夹一河

图35　两条步行廊夹一河（图42、图43）

图36　一街与一水道平行（图45）

图37　一街与河平行（图46）

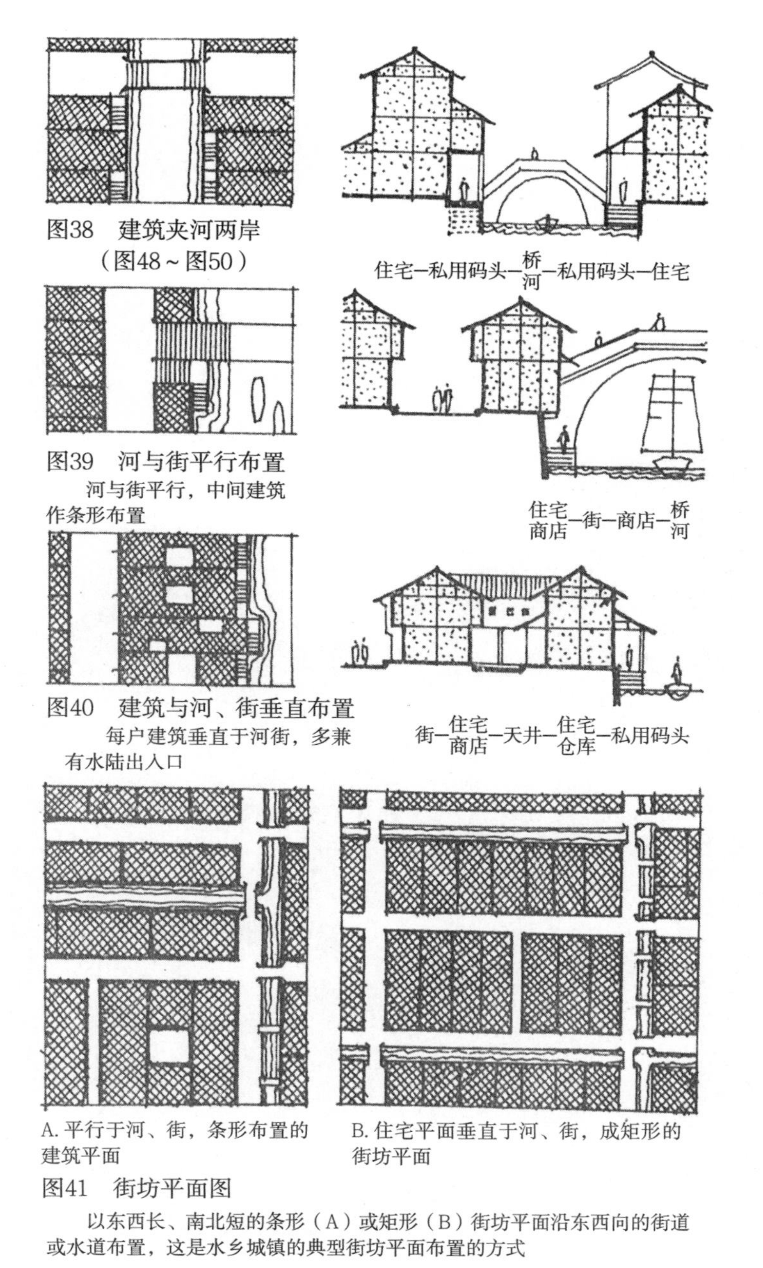

图38　建筑夹河两岸（图48 ~ 图50）

图39　河与街平行布置

河与街平行，中间建筑作条形布置

图40　建筑与河、街垂直布置

每户建筑垂直于河街，多兼有水陆出入口

A. 平行于河、街，条形布置的建筑平面

B. 住宅平面垂直于河、街，成矩形的街坊平面

图41　街坊平面图

以东西长、南北短的条形（A）或矩形（B）街坊平面沿东西向的街道或水道布置，这是水乡城镇的典型街坊平面布置的方式

3. 街坊（或建筑）夹河两岸，之外再设道路；即两街一河三线平行，再用街坊（或建筑）把三线隔开，这样街与河之间的住宅或商店就成为前街后河的局面，每户可兼得水陆交通之便。如是则商店或作坊由河道进出货物或原料，临街则开设商店，楼上住人。从水道看则形成南方特有的水街水巷（图 38）。

4. 街坊以采用东西长、南北短的矩形和条形平面为主，河、街以东西为主（图 39 ~ 图 41）。东西长的矩形街坊平面或条形建筑平面产生的原因是：

①房屋要求朝向南北，故水陆出入口要设在东西向的街道或河道上；

②每户出入口都要争取街面或河面，因此东西街要排列尽可能多的住户，每户平面只好向南北纵深发展，但每户在纵深方面有一定限制，故街坊成东西长、南北短的平面；

③按传统习惯，商业街都沿街道作“一条街”的线形布置，所以又出现线形的沿街建筑平面。

以上四种典型布局是河、街、坊三者的基本构成形式，在不同的情况下还可有一些变化。一般沿河城镇河景参见图 42 ~ 图 50。

图42　鄞县邱益镇河景

图43　吴兴百间楼河景及沿河骑楼

图44　吴兴南浔镇沿河骑楼

图45　衢县街景，街道与水道平行

图46　杭县塘栖镇河景，街道与水道平行

图47　绍兴荔枝桥河景，建筑夹河两岸

图48　吴兴河景，河道与步行道平行

图49　义乌河景，房屋夹水道两岸

图50　硖石镇河景，房屋夹河两岸

中心区和商业区

一般城镇的中心往往也是商业活动的中心。小城镇多围绕小广场或桥头形成一两个点状中心（图 51）。较大的城镇多有一两条成线状或点线结合的商业街。如果是沿河城镇，商业街的店面可沿河一面或两面布置，以便于物资运输或附近农村购物者来往。也可以按前街后河的方式布置，店面沿街，店面后的仓库、作坊、居住等部分沿河（图 52、图 53、图 39 ~图 41）。

商业街的营业内容一般包括为农业服务的加工行业、城市服务行业、主副饮食业、日用百货及其他手工业小贩等。

市中心的商业街房屋多为二层，间或三层，临街底层店面用敞开式，前面常搭有雨棚、走廊或将楼房做成骑楼式，以便于遮阳挡雨，同时使雨棚走廊或骑楼下成为安全的步行道，交通干扰较少（图 54、图 55）。

按照上述布置方式，一般村镇的商业活动都集中在一两条街或一两个点上，成为一个市镇的热闹地点，使城镇其他大部分的居住区得以保持安静的居住环境。

不临河道的商业街一般街景见图 56、图 57。

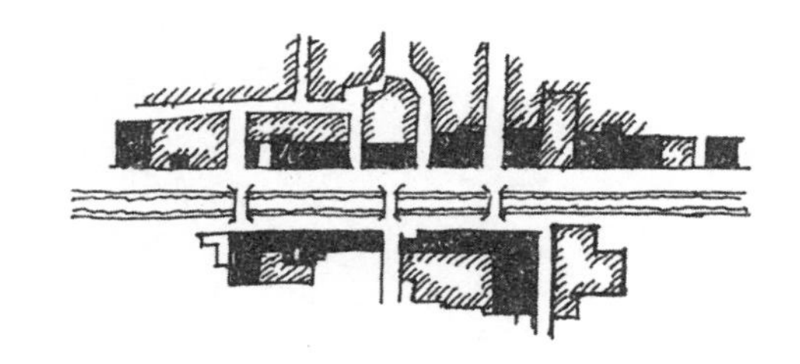

图52　镇海县庄市镇商业街

河两端为街道，商业沿街、河成线形布置

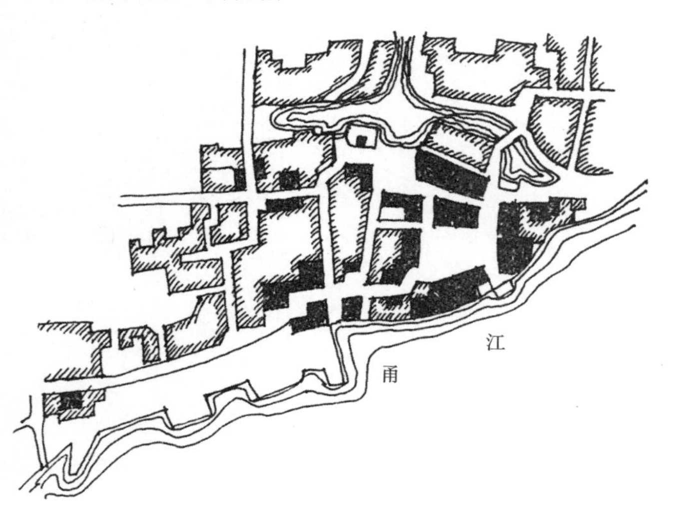

图51　鄞江新乐乡梅墟镇商业区

商业围绕近水之大小广场布置，聚为一个商业点

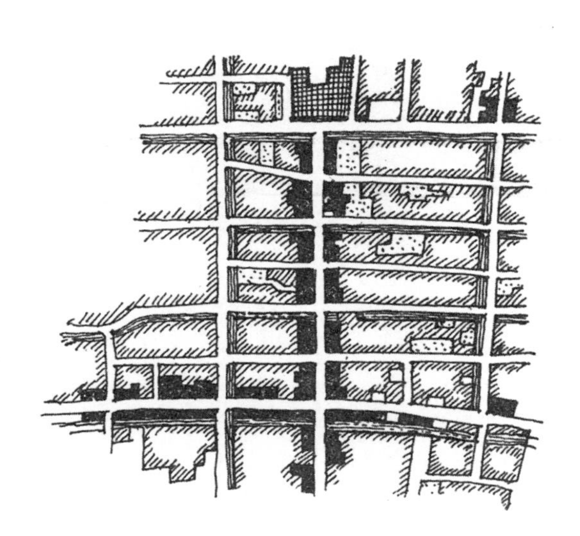

图53　慈城镇商业街

商业街大致成十字街的形式，构成市中心区，正对南北街的尽头是行政中心

图54　南浔镇街景，沿河街有骑楼式步行道

图55　镇海县庄市镇街景，
沿河有廊式步行道

图56　温州商业市街

图57　临海城关镇街景

居住区

传统的村镇中，除了商业、手工业、服务行业、公共建筑等多集中在市中心的干道或广场等处外，其他地区大部为居住区，一般多在商业地带的背面，侧面，或距闹市较远的城区边缘。因此居住区可以保持相对的独立，与公共活动区没有很大的混杂，以保持安静的环境。

建筑用地情况，根据1960年以前部分市镇和村庄的统计，平均居住建筑基地面积占总面积的82.5％左右，每户居住面积约40 ~ 400平方米，平均每人居住面积约10 ~ 80平方米。与目前我国的居住标准相比高出很多，这主要是因为其中包括一部分占地很大的地主富商住宅，同时还有许多农业人口，他们在生活、生产上的需要和习惯与今日城市人口也有很大不同。街坊面积一般是1000 ~ 1500平方米，依地形成不同长宽比的矩形或不规则的平面。离主干道最远不超过500米。

住宅幢与幢之间的排列，村落与城镇有所不同。在村落中多独立式住宅，宅与宅之间常留有农副业园地，故间距较大。如为条形平面则成行列式，平行按良好朝向（东、东南、南等易接受良好通风日照的方向）排列（图5）；如为⅃、Π、口形平面，则将主房按良好朝向做集团式的排列（图4）。在城镇中用地紧张，宅与宅之间往往不设间距，紧相毗邻，或仅留窄小弄道。这种密集的居住区，缺点是街巷窄狭，交通不畅，对防火不利，出现不大卫生的阴暗角落等等。但优点是节约城市用地，各户保持其独自的封闭性，用天井穿插其中可以基本解决通风采光的问题。

除了较大城镇的主要道路常做成棋盘式的之外（图12、图41），在村庄或城镇街坊内部，巷道或弄道多成不大规则的形式，有自然形成的曲曲折折的巷道，也有呈树枝状（ㄐ）或梳状（ш）的死胡同，这些巷道虽然比较狭窄，却能避免过境交通，可保持宅区内部的安宁，同时使空间富有变化，而且给人一种到达家院（园）的亲切感（图58 ~图62）。现代居住区内部道路规划常采用尽端式的死胡同的办法，正是为了达到同样的目的。可见传统村镇街坊内部道路的做法还是有其可取之处。

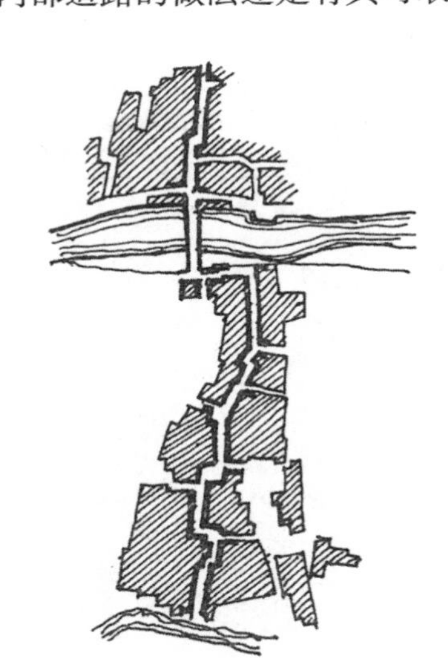

图58　鄞县鄞江镇主要街道平面图

道路随地形弯转曲折，宽窄不等，并用廊桥跨越水面，形成空间富于变化的街景

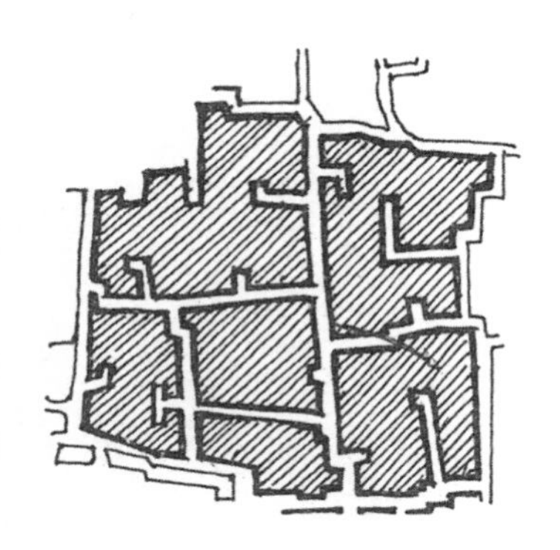

图59　嵊县浦口乡屠家埠村部分街坊平面图

街坊内部巷道如树枝样伸出许多“死胡同”，避免过境交通，造成安静的居住环境

图60　鄞县姜陇乡街坊内的巷道

图62　丽水县碧湖下南山卵石路面的巷道

图61　东阳卢宅镇街景

广 场

广场在旧城镇中很少预先合理规划，大多是从某些功能出发，在城镇发展的过程中自然形成。除了某些公共建筑前面的广场是与建筑物同时产生，可以按设计做成规整平面外，一般都是不规则的平面，面积也不甚大，小者只有一百平方米左右。根据广场性质，大致可有以下几种类型：

1. 入口广场：多设在庙观、宗祠、衙署等公共建筑或大宅第门前，主要是为了停放车轿、人流集散和突出建筑的重要性，造成一些气派（图 63B）。但庙前广场常常同时也就是集市贸易和节日演出（地方戏、杂耍等）的场所，特别是在宗教节日、庙会期间更为热闹，庙前常建有永久性的戏台。

2. 集市广场：是定期集市贸易的场所或经常性的菜市场，常设在河边、河端、桥头等水陆交通方便之处，便于郊区农民进城赶集购物（图 63B、图 64、图 65）。

3. 交通广场：常设在河道码头泊岸边、河端等水陆转

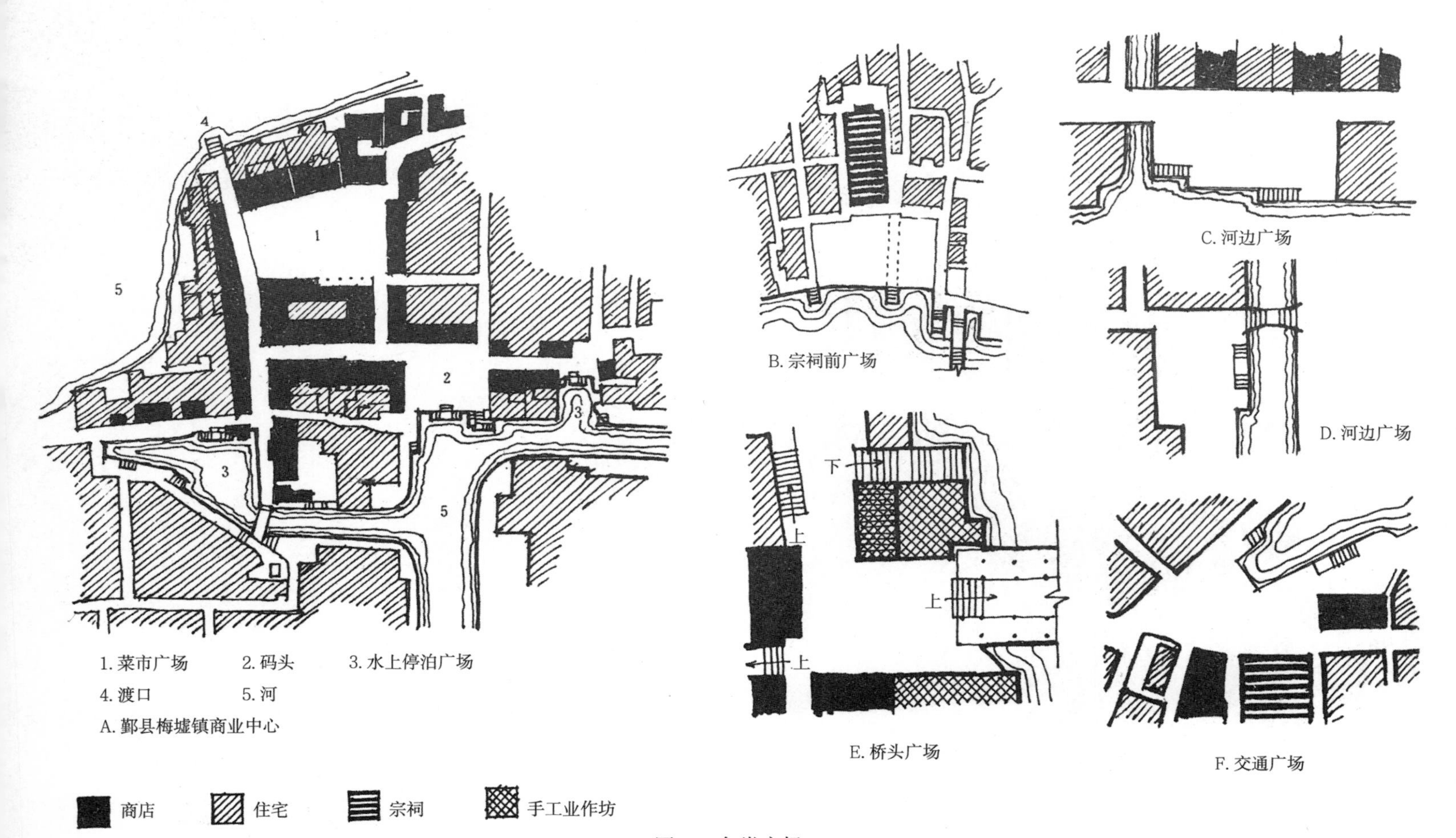

图63　各类广场

图64 绍兴小皋埠集市广场

运的交接点，作为水运装卸及临时堆放物品之用。陆上道路的三岔、十字、五岔路口及弄道转折点也常有一个小广场作为交通缓冲和流动商贩停留之处（图 63F、图 66）。

4. 水源广场：常设在河边、池边、井边等处，是为了取水进出及休息之用（图 67）。

5. 水上广场：在市镇内主要码头处，将河面加宽，或将人工或天然河道尽端水面加大，一般在 500 ~ 600 平方米左右，以便船只停泊、交错或回转，这是水上交通的需要（图 63A）。另有一种水上广场是为了看戏，戏台就盖在岸边，朝向水面，观众坐船在水中或在对岸看戏，这是浙江水乡特有的一种观剧的方式。

上述各类广场大多与河道水面发生关系，也表现出水乡村镇的特点。

此外，还有一些广场是为堆放生产工具或打晒谷物而设（图 68）。

图65　临海县城关镇东大街广场

图66　天台永清门外道路交叉口上的广场及建筑物

图67　绍兴肖山路的水源广场

广场上有井口供食用，
河边有码头供洗涤用

图68　鄞县大公乡余家岙底广场

桥　梁

浙江水网密布、水运发达，各种桥梁之多不可胜计，特别是在人口集中，水陆交通繁忙的村镇，更为交通上所不可缺少，仅绍兴一地就有桥梁一百二十余座。浙江自古以来就建造了大量的桥梁，积累了丰富的经验。目前散布在广大城乡的无数桥梁，用不同的结构、材料，创造出丰富多样的形式，它们是劳动人民智慧的结晶，表现出民间在造桥技术上和艺术造型上都有很高的成就。

在功能方面，除了主要解决交通问题之外，有时还附带具有其他用途。例如桥上设廊，不仅是为了保护结构材料免受腐蚀，同时也是游憩赏景的地方（图 69），甚至有些宽大的廊桥上设有店铺、住所（图 70、图 71），成为风雨市场。亭桥也多有路亭的作用，是过往行人休息歇脚和观景的地方（图 72 ~ 图 74）。

结构形式以梁式和拱券式为主，有单跨、单孔、多跨、

图69　仙霞关廊桥

图72 杭州霸子桥

连拱（多孔）等。为了通过大船或帆船，有时拱券做得很高，使桥面高于一般屋面，颇为壮观。有些地方还保留跳石和浮桥等较为原始的形式（图 75 ~图 81、图 19）。

结构用材主要用竹、木、石或木石混合等材料，重要的桥梁均用木石构造。

桥梁的平面布置也有很多类型，主要是根据地形、环境的现状来灵活布置，不一定都是一字形，如在城市房屋拥挤或街道逼近的情况下，有时桥梁的步级不能沿桥身轴线向陆上伸延太多，常把部分步级转一个直角，使与河岸平行，这样可以少占平地并避免割断沿河街道。在河流交叉点也产生一些异形的平面（图 82 ~图 84）。

由于桥梁处于河面之上，两面空间开阔，有较宽的视野和较高的视点，所以是很好的风景观赏点，同时它又在街道与河道的交叉点上，处于河、街几面视线的焦点，是河、街两面的对景，所以形式多样的桥梁也就变成村镇中最引人注目的风景或街景的点缀物了。它们美化了村镇，成为水乡村镇面貌最显著的特征之一。

图70 鄞县鄞江镇廊桥（上有商店及住户）

图71 鄞县鄞江镇廊桥内部

图73　东阳叱驭桥

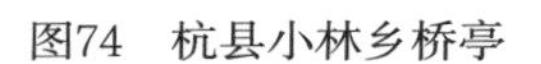

图74　杭县小林乡桥亭

图75　吴兴菱湖镇甘棠桥

图76　吴兴某桥

图77　温岭麻车桥乡永安桥

图80　吴兴菱湖镇安澜桥

图78　绍兴市郊阮社乡太平桥

图79　杭州拱辰桥

图81　鄞县鄞江镇高拱桥

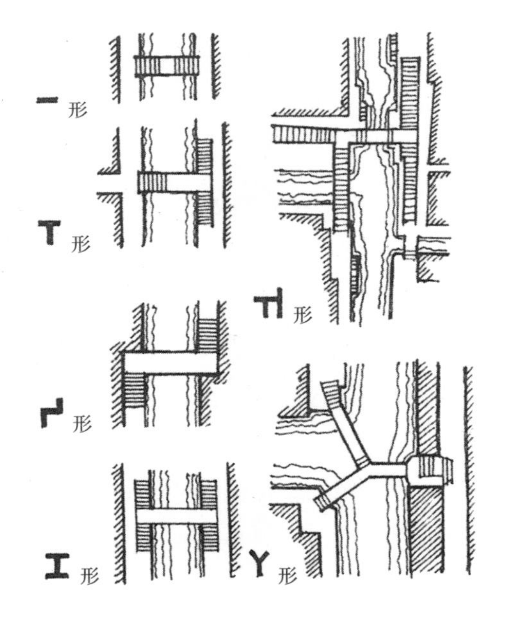

图82　几种桥梁平面图

图83　绍兴八字桥

图84　绍兴东湖H形桥

其他建筑

旧社会，文化、教育、卫生等事业和工农业生产都较落后，旧城镇中很少专门修建学校、医院、影剧院、体育场、工业厂房等建筑，只有私塾、私人诊所、戏台、手工业作坊、农具加工作坊等一般性建筑，杂处于商业区和居住区，因此这些公共性建筑对市镇的布局和面貌不产生显著的影响。不过，有几项建筑在城镇中却占有显著的位置：

1. 行政中心：即过去的衙署机关，在旧社会，它是统治阶级的专政机构，要求威严气魄，所以常设在市中心区的干道上或南北干道的终点ï，门前有广场，而且附近禁止公共活动，商业街要在一定距离之外，所以它往往影响一个城镇的格局（图 85）。

2. 宗教建筑：在封建社会，宗教迷信受到提倡和保护，不论大小村镇都建有庙宇，其规模大小常与城镇大小有关。在一些较大的城镇中，庙宇往往占地很大，设在水陆交通入口或交会点、街道的中心地段或地势显著的坡顶。前有广场，内有院落，不仅进行宗教活动，而且也往往是集市和文娱演出的场所。在庙前广场或寺院内部常建有戏台，在庙会节日期间，庙宇实际上变成商场及游乐所在。

庙宇中唯独孔庙与佛、道等宗教庙宇不同，这是因为封建统治者把孔子推崇到至尊的地位，文武官员在庙前都要下马步行，因此孔庙大都不设在交通频繁的主干道上，建筑也较庄严富丽，而且不在内进行商业或文娱等活动（图 85）。

3. 饮食服务建筑：饮食服务业为城市生活中所不可缺少，特别是茶楼酒馆，是群众经常集聚的地方。它们多设在干道路口、河道转角、桥头、水陆交通汇集处等繁华地带，这些地点有较好的观景面和良好的通风，建筑造型也比较轻巧活泼，并且常与地形结合得很好，二层常做悬挑，采用通长的隔扇窗以利于视线和通风，外形比较通透。所以茶楼酒馆等建筑对丰富街景来说起了不小的作用，也是江南村镇中富于特色的风貌之一（图 86 ～图 93）。

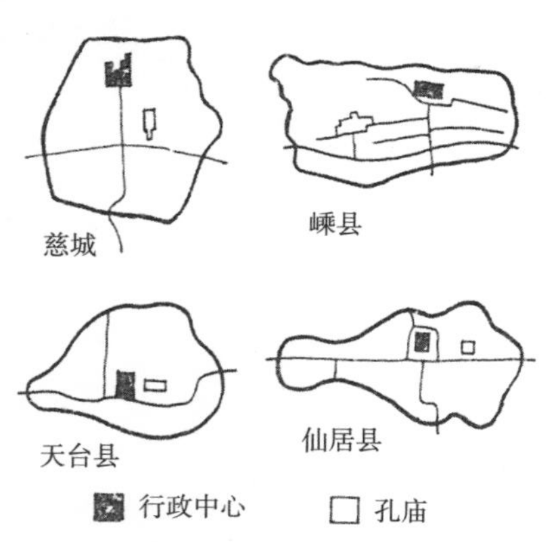

图85　行政中心与孔庙在城镇中的位置

图86　吴兴街头饭馆

图87　绍兴桥头茶楼

图88　吴兴南浔通津桥头饭馆

图89　吴兴东街某茶馆

图90　绍兴东双桥头王美记饭馆

图91　绍兴德胜茶馆

图92　绍兴东双桥头饭馆

图93　鄞县鄞江镇桥边某饭馆

图94　慈城清道观内戏台

4. 娱乐性建筑：旧城镇很少修建专门的文化娱乐性建筑，每逢年节，群众性的娱乐活动就在露天广场进行，只有在寺、观内外或广场（有时在水上广场）边建戏台，就算公共性的演出场所了（图 94、图 95）。

图95　天台县城关镇应台门边广场与戏台

村镇的艺术面貌

浙江村镇的艺术面貌具有水乡村镇的许多特点，某些特有风貌是在村镇发展中自然形成的，有些艺术面貌则是通过规划和建筑上有意识地处理而成。

许多村镇，特别是那些小村镇，景色宜人，可以入画。这是因为村落和乡镇的建筑群都是随地形和功能需要灵活布置的，并不生硬照套某些固定格式，所以能很自然地、有机地与地形地貌结合起来。它们或依山，或傍水，或向阳，集居在一起，好像植物群落一样与自然环境组成一个谐调统一的风景画面（图 96、图 97）。

图96　建德绪塘村鸟瞰

图97　鄞县大公乡毛竹山外景

河街水巷是水乡城镇内部最具特点的景色，水道两岸栉比鳞次的房屋，参差错落，水中鱼贯而行的舟楫，穿梭来往，倒影浮荡，橹声欸乃。如果乘舟通过河街，水面时而收拢，时而开放，每穿过一个桥洞或转一个水湾就又进入一个新的境界，看到一番新的景色。这种空间不断变换的河景，构成水乡城镇独特的艺术面貌，可惜现在未能在新的规划中有意识地发展这个特点，许多城内的河道都已填塞了（图 98 ～图 101）。

城镇中主要街道多取平直，为了表明不同街坊的范围，时常在空间过渡的位置树立一些牌坊、券门，把街道分隔成几个空间段落，虽然它们多带有标志性或纪念性，但同时也是街道上的装饰物（图 102 ～图 104）。在较窄的巷道里或水道上，更常有过街楼和过河楼，用以连接街（河）两端的房屋，这是争取空间的做法，同时也给街景河景造成空间变化（图 105、图 106）

一些次要街巷有时呈曲曲折折的平面，可避免视线一览无余，使街景逐渐展开，建筑依次出现，也产生了一种街景不断变化的艺术效果。

塔、庙等高大建筑，常常建在城内或近郊的山冈、峰顶或位置显著的地点。城楼是进出城关的必经之路。在普遍低矮的房屋中，它们丰富了城镇的立体轮廓线。特别是塔，树立在城市制高点上成为一个城镇的标志，在城镇景物中，是最富有民族特点的风景点缀（图 107 ～图 109）。

图98　吴兴南浔镇河景

水陆交叉点的拱桥，从街道方向来看，成为街道的对景，从街内走到桥顶，忽然见到两侧河景，视野顿觉开朗，道路中间时有不同形状、大小的广场穿插其中，凡此都使城市街景空间有大小开合的节奏。

至于浙江民间建筑在造型上的轻巧活泼，色调上的淡雅清新，用材上的自然质朴，更使浙江村镇的艺术面貌具备了浓厚的地方色彩和独特的风格。

图99　吴兴南浔镇桥下河景

图100　杭县塘栖镇

图101　杭县塘栖镇

图102　仙居石牌坊

图103　鄞县梅墟镇街景

图104　临海城关镇东大路街景

图105　嵊县浦口乡街景

图106　吴兴过河廊

图107　临海城关镇街景

图108　天台城关镇永清门外应台门城楼

图109　绍兴临河民居

第三章

建 筑 与 地 形 的 结 合

临水建筑

浙江水网地区，过去交通运输和生活用水主要依靠河渠。很多民居临水而建，布局和构造上均具有一定的特点。

它们多在临水的一面开后门，厨房总是布置在这一面，有时还做外廊，并用条石砌筑踏步通向水面，把住宅与水面联系起来。这在当地称“河埠头”或“码头”。居民在这里洗濯、上下船只、买菜、买柴及运出粪便垃圾等，它是临水住宅的重要组成部分。多数私用码头顺岸而建，有些还部分退为凹廊（图110～图118），以减少对河面交通线的阻碍，也便于雨天使用。很小的住宅没条件设码头时也要向河开个门，门口做一石板挑台，这样对于汲水及从往来船只上买东西也比较方便。

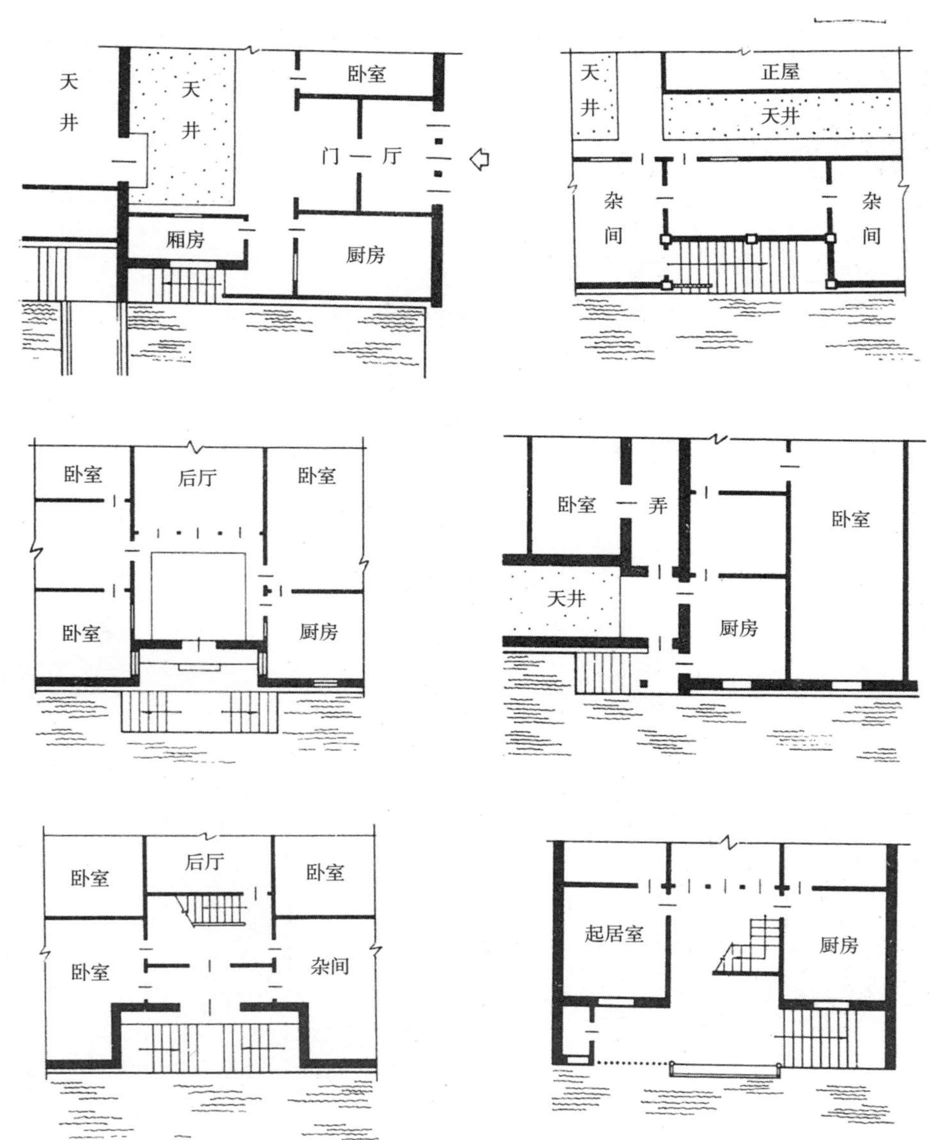

图110　沿河住宅的私用码头平面数例

图111　绍兴“三味书屋”门前码头

图112　杭州塘栖镇某宅私用码头

图113　丽水云和镇某私用码头

图114　吴兴临河住宅码头

图115　绍兴“三味书屋”门廊

图116　绍兴私用码头之一

图117　绍兴私用码头之二

图118　海宁市私用码头

沿河建筑往往互相毗连，形成河街。每隔一定距离，空出一段，建公用码头，便于上下船只，又利于防火（图 119、图 120）。商业较繁华的地方常设有桥，便于两岸往来，桥的附近常有较大码头及茶楼酒、饭馆等建筑。在村镇入口或热闹集市的附近往往开扩一部分水面，形成“水上广场”，作为回船场或停泊较多船只之用。大型住宅临河大门前常常放宽水面，把照壁竖到河对岸去,以突出住宅的入口。

沿河民居多数都向河面借取一定空间，办法有出挑、吊脚、枕流等。下面结合一些实例说明：

1. 出挑：向水面出挑的办法很多，最简单的就是挑出一个平台或几步踏步（图 121），也有的是挑出靠背栏杆，以便夏乘风凉、冬晒太阳。有时临河挑出檐廊，并与码头相连接，是家务操作、休息的地方，有时整栋房屋向河面挑出一段。挑出方式，多数是用大型条石悬臂挑出。楼层出挑的空间利用则与空间处理一章中“空间的争取与利用”一节略同（图 122 ~图 124）。

图119　宁波鄞县姜陇乡公用码头

图120　衢县公用码头

图121　挑出外廊的民居

图122　绍兴临河住宅

图123　鄞县鄞江镇光溪桥畔临水建筑

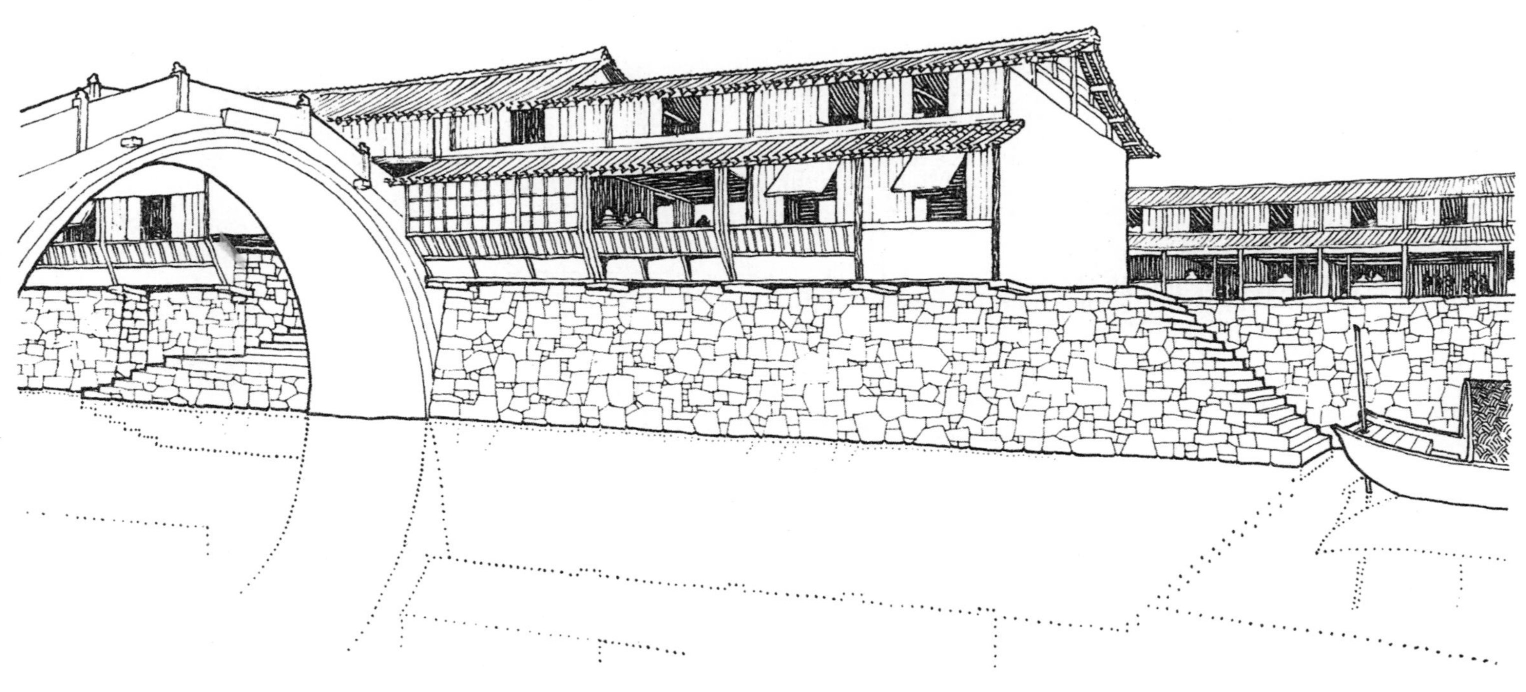

2. 吊脚楼：这个做法可以节省房屋基地面积，凌空架设通风也特别好。一般吊脚楼层高较低，外墙用竹笆抹灰或席子等较轻型材料，多做厨房或储藏室。图125是吴兴南浔镇百间楼河西某宅，利用河面加宽部分，从主要房屋的山墙面披出一间厨房来，全部用竹木支架在水面上。图326是永康某宅用石板，石柱支架的平台，与码头相连。至于将主要建筑物的一部分吊在水面上的也很常见，如图126～图128。如图129、图130所示是东阳一些住宅临水房屋的建法。

图124　吴兴东街某宅

图125　吴兴南浔河西百间楼某宅

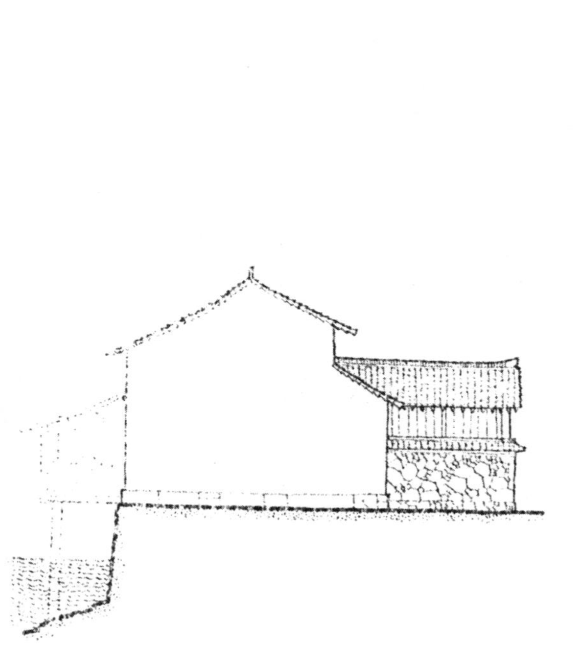

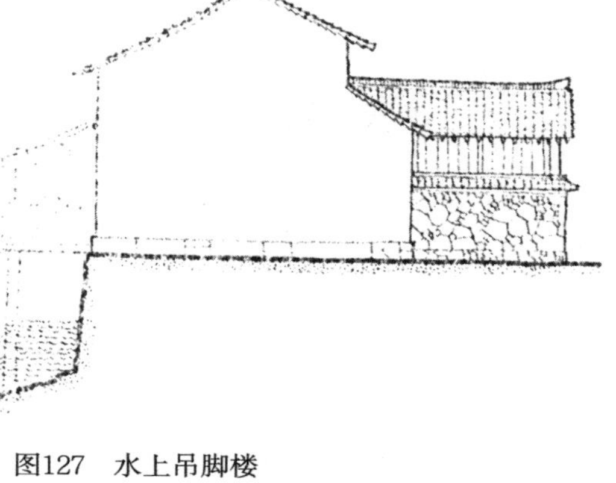

图127　水上吊脚楼

图126　吴兴南浔镇某宅

图128　嵊县某宅

图129　东阳卢宅镇某宅之一

图130　东阳卢宅镇某宅之二

图131　东阳高城镇池边建筑

3. 枕流：整个建筑物跨河而建。这类例子也有不少。图 131 ~ 图 134 是东阳卢宅镇口的一处小屋，位在河流的交叉口上，凌空架梁，全部枕在河上。图 135 是东阳高城镇一处住宅，用石柱支架在河上，一端与邻舍相接，另一端跨到对岸。图 136 则是硖石镇的一处住宅，跨河而过，接通了两岸的房屋。

图132　东阳卢宅镇溪上小屋

图133　东阳卢宅镇溪上小屋正面外观

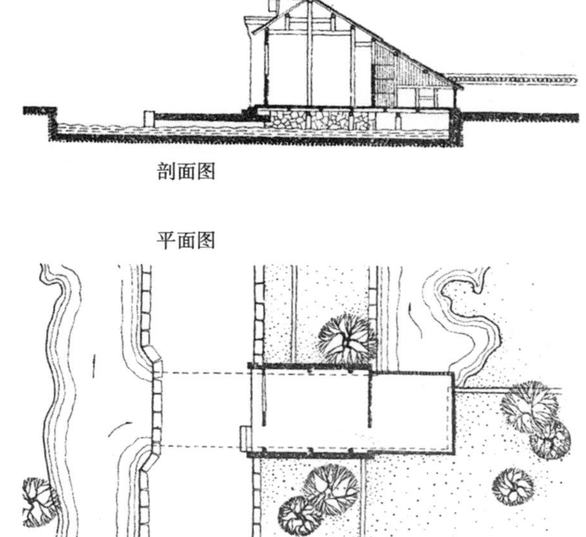

图134　东阳卢宅镇溪上小屋的剖面及平面图

图135　东阳高城镇跨溪建筑

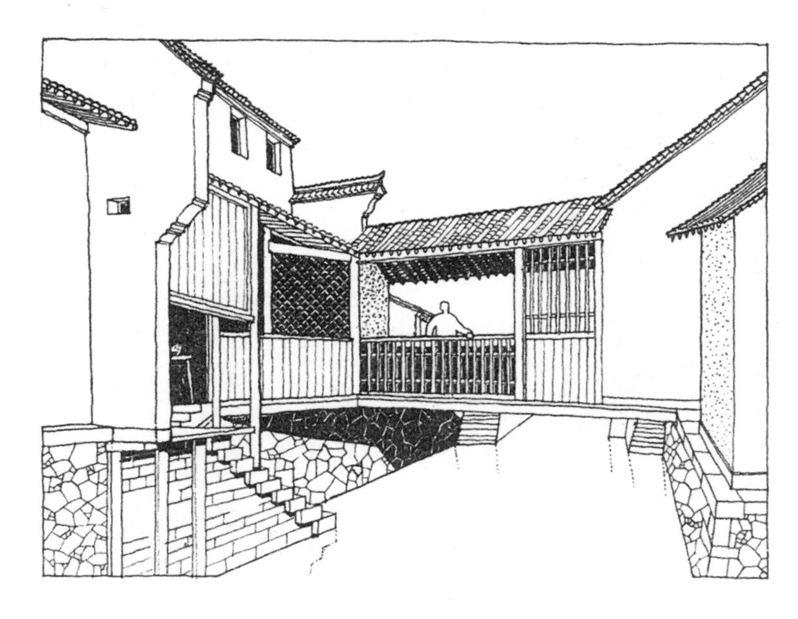

图136　硖石镇跨溪建筑

4. 倚桥：桥是水网地区交通上不可缺少的构筑物。通过大型船只的桥一般都造成大孔券桥，桥身较高。许多靠近桥头的民居把桥也加以因借利用。一种是利用桥身的高度来解决楼层的交通问题，像绍兴仓桥直街某宅，从桥面一定高度上再架楼梯通向楼层，节省了部分楼梯（图 137），而某些民居则干脆不用楼梯，就在桥面上搭几块石板，解决了楼层的出入问题。另一种利用的方法是解决一部分构造上的需要，像绍兴猫儿桥旁某宅的山墙不打墙基，直接砌在桥面上，顺级而上（图 138）。鄞县鄞江镇光溪桥畔陈宅架设楼板的梁，就是放在桥的构件上的。

图137　绍兴仓桥直街某宅

这种利用桥身的办法，对交通不利，不应提倡，但它反映出在过去社会情况下，劳动人民只有想尽一切办法才能获得安身之所的生活状况，因而利用了一切可能利用的条件。

临水民居运用了种种手法，不仅充分利用与水接近的特点，向水面争取到一些空间，便利了生活，而且也丰富了建筑的外貌，形成我国江南水乡建筑的独特风格。

图138　绍兴猫儿桥某宅

傍山建筑

丘陵山地占浙江全部面积的三分之二以上，很多住宅不得不建造在山地上。在山地建房受地形地势限制较大，当然没有在平地建房来得随意自如，但是如果处理得当，可以得到良好的效果。浙江各地山村中有一些民居在利用地形、地势、化不利因素为有利因素方面，创造了不少经验，不仅节约了造价，而且更多地争取到了生活使用上的方便。现在结合实例将一些利用山势建房的手法，加以分析介绍。

1. 屋脊平行等高线布置：将山坡沿等高线整理成不同高度的台地，在台地上建房，可以一进院一层台，也可以两三进院共一层台。分层的疏密视山坡的陡缓而定（图 139）。图 140 ~ 图 143 是临海麻利岭陈宅，二进院，不同标高之间的竖向交通，靠院内的台阶及室内楼梯解决。图 167 是杭州中天竺仰家塘一处前面设面馆，后面是住宅的傍山民居。住宅与店面之间有爬山廊子相连接。

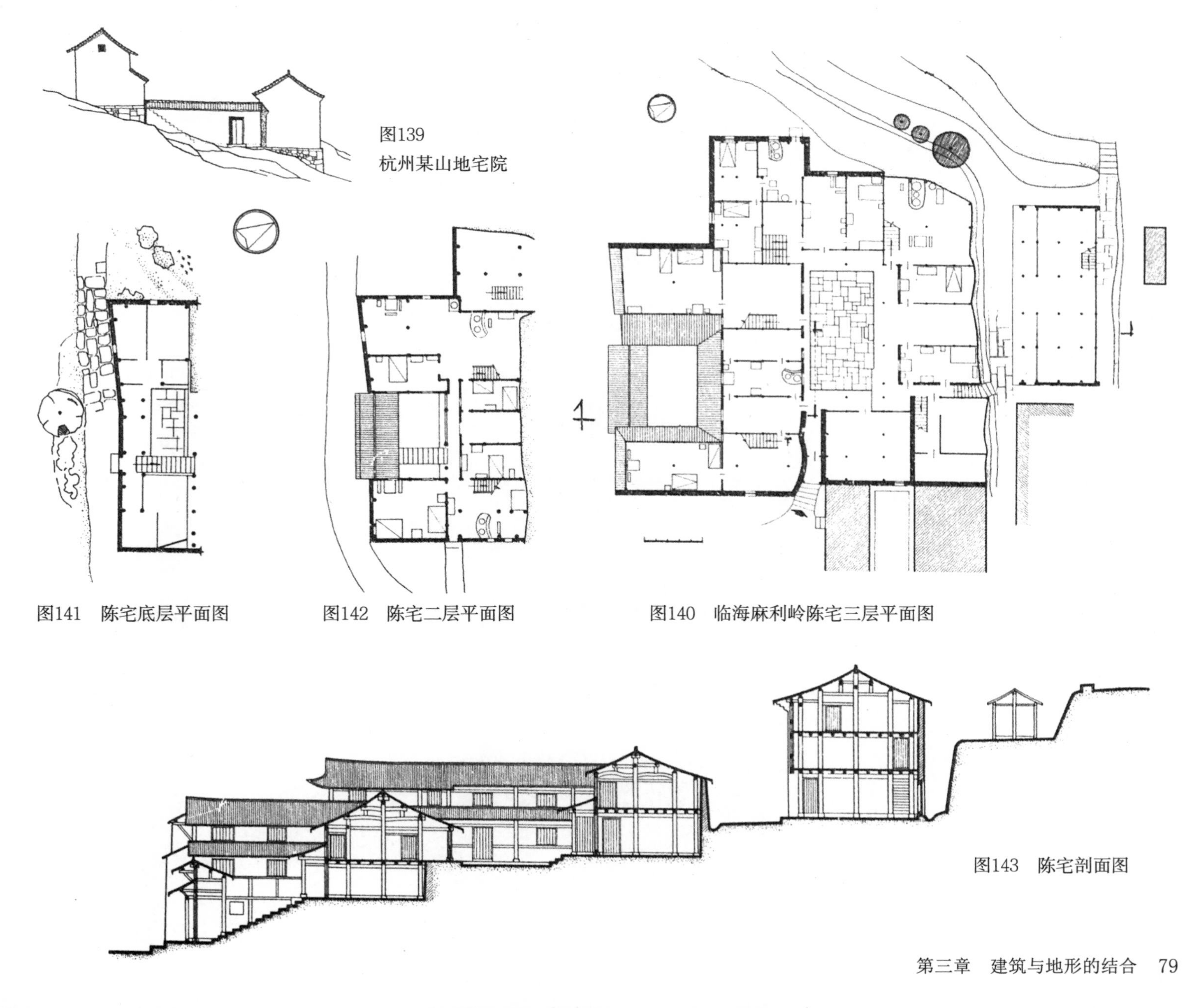

图139　杭州某山地宅院

图141　陈宅底层平面图

图142　陈宅二层平面图

图140　临海麻利岭陈宅三层平面图

图143　陈宅剖面图

图144　杭州灵隐法云弄入口处某宅透视图

在坡度较缓的坡地上建房时，往往顺着自然坡度而建,在室内地坪上调整高低，屋面随着地势延伸，部分采光要靠屋顶亮瓦来解决。例如，杭州法云弄入口处的一组住宅，建在溪旁的坡地上，屋顶顺坡延续到九檩之多，室内地坪高低有变化，相差太多的地方设有踏步（图 144 ~图 147）。

图145　杭州灵隐法云弄某宅平面图

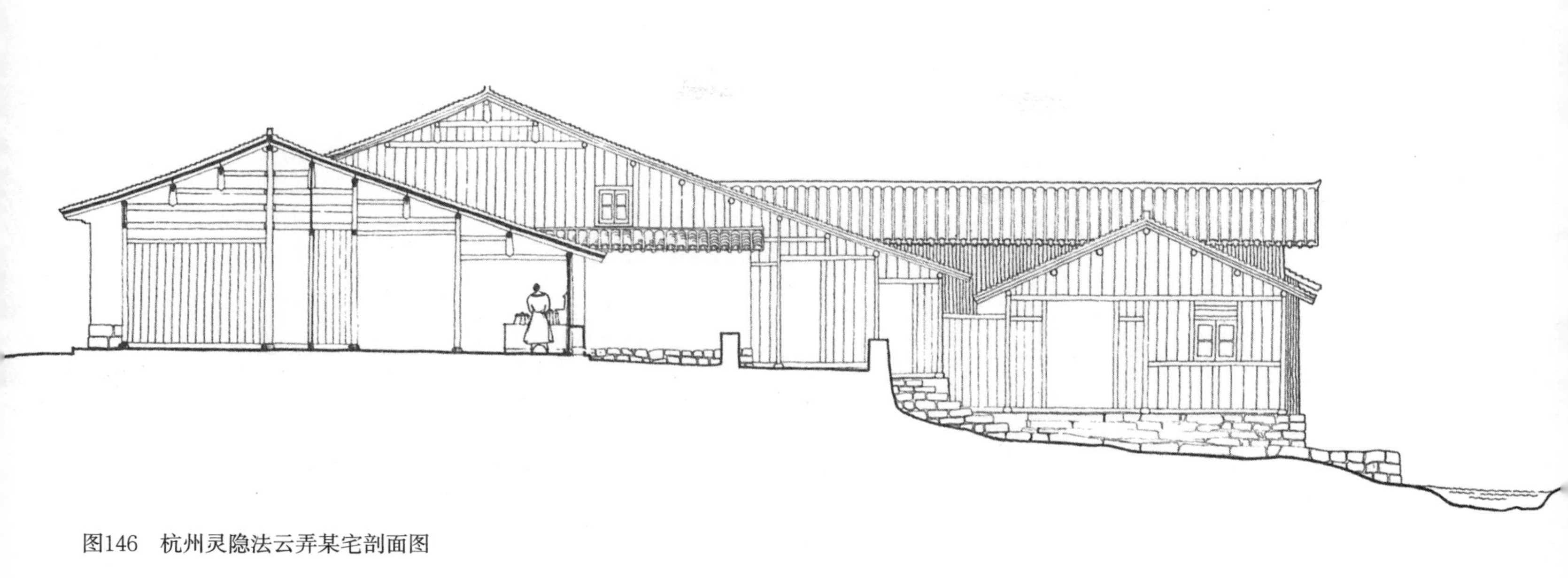

图146　杭州灵隐法云弄某宅剖面图

图147　杭州灵隐法云弄某宅外观

2. 屋脊垂直等高线布置：这种住宅有的采取屋顶等高而地面不等高的办法（图 148 ～图 150）；有的则采取递降的办法，致使从外观上看屋顶高度逐级下降。图 151 ～图 154 是宁波陶公山某宅及类似住宅的情况。

图148 义务街景

图149 临海某宅

图150 临海麻利岭陈宅

图151　宁波陶公山忻宅透视图

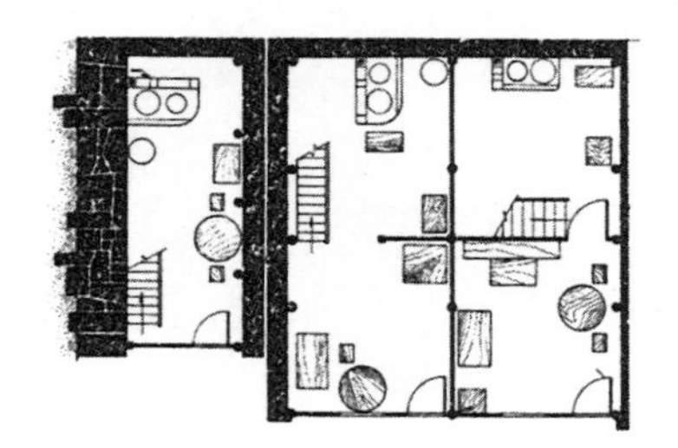

图152　宁波陶公山忻宅底层平面图

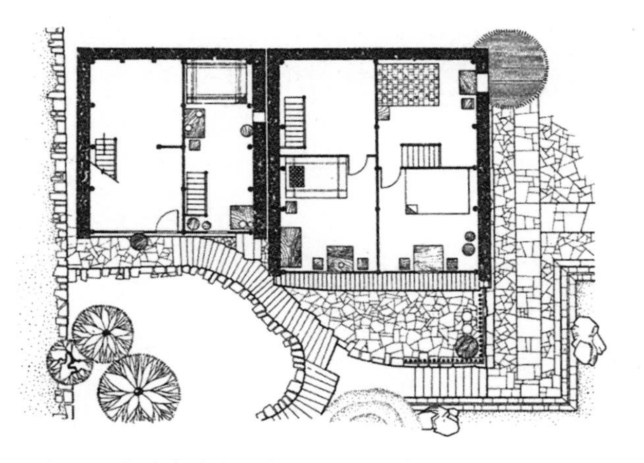

图153　宁波陶公山忻宅二层平面图

图154　垂直等高线布置的住宅

3. 适应复杂地形的一些灵活处理手法：在坡地、陡峭的崖壁上或山溪旁修建住宅或扩建时，常常用悬挑的方法来争取使用空间（图 155），像丽水下南山某宅是建在路旁的峭壁上的，部分向外挑出（图 156）。杭州中天竺某宅则是向溪涧挑出一部分（图 157）。也有用吊脚楼的办法，用木或石支撑起来，楼层作居住用，底屋作畜舍（图 158、图 159）。

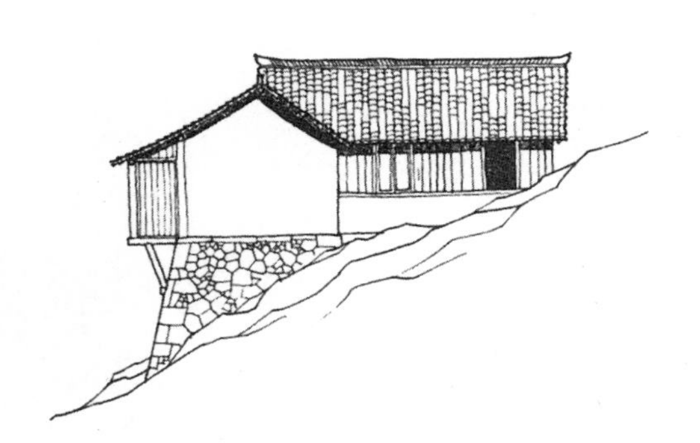

图155　坡地上带悬挑的住宅

图156　丽水下南山某宅

图157　杭州中天竺仰家塘某宅

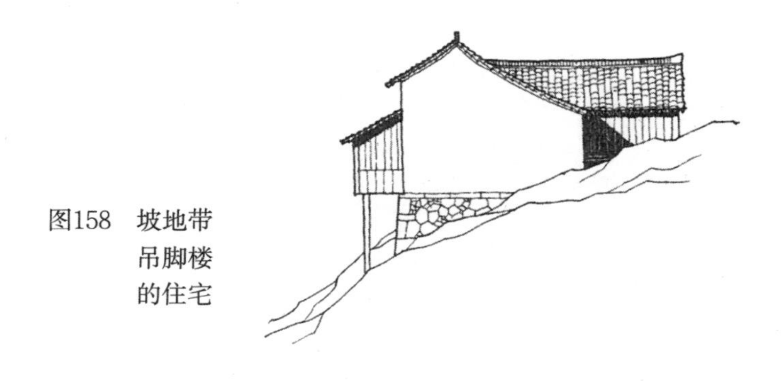

图158　坡地带吊脚楼的住宅

图159　桐庐临江某宅

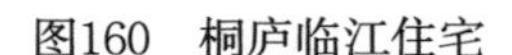

图160　桐庐临江住宅

在断崖或地势高差较大的位置上建房时，常见将崖壁组织到建筑中的做法，像桐庐临江某宅，杭州上满觉陇某宅和宁波陶公山忻宅都是这样的例子（图 160 ～图 169）。建筑物从正面看是楼房，从背面或侧面看又成了单层，可以从楼层直接走到室外的高地上去。以崖壁作为房屋的墙壁可节省部分工料。另外像杭州扬梅岭殷宅，原来是一开间的住宅，扩建时因基地不足，将山崖包括到底层室内来了，崖壁顶部低于楼层，底层开间的宽度又因崖壁的关系小于楼层，于是在崖壁顶部、外墙、楼板之间出现了 1.10 米 ×0.90 米宽高，与进深同长的一个空间，形成了一个大壁柜，用来存放东西（图 170 ～图 175）。也有利用山崖作院墙的（图 176）,像杭州城隍山下元宝心某宅的后院，就是天然峭壁围成的。在山脚有泉水渗出的位置用石板围砌一个储水池（图 177）。在崖壁上挖洞做储藏或畜圈的也很常见。

利用崖壁作房间的墙壁时，潮温和塌落的问题较大。浙江民居在处理这个问题时，除了尽可能地加砌挡土墙，支撑或遮上木板之外，另外还有一些措施，例如，平面布置上凡属楼梯的设置或杂物的堆放均设在靠崖壁处，人不经常在那里停留，另外加强通风措施以免过于潮湿。

总之，顺应山势加以利用和适当改造使之便于生活居住，这一原则在浙江山村民居中到处有所体现，与自然地形的紧密结合，影响并丰富了建筑的外观。

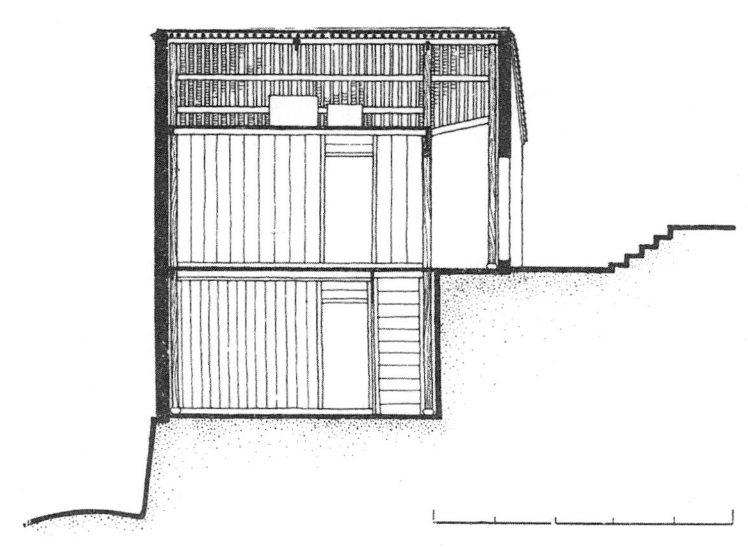

图163　宁波陶公山忻宅剖面图

图161　宁波陶公山忻宅透视图

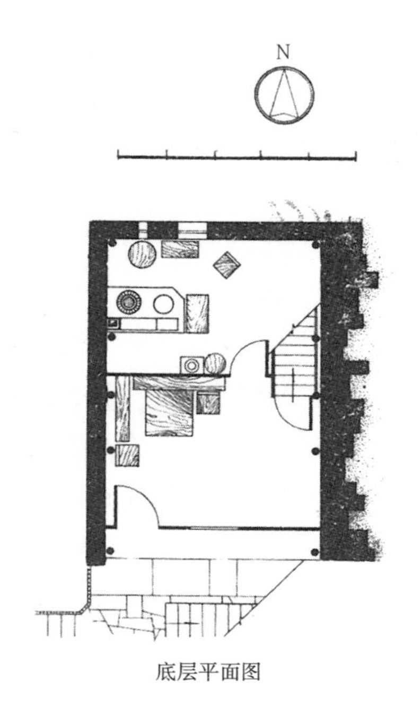

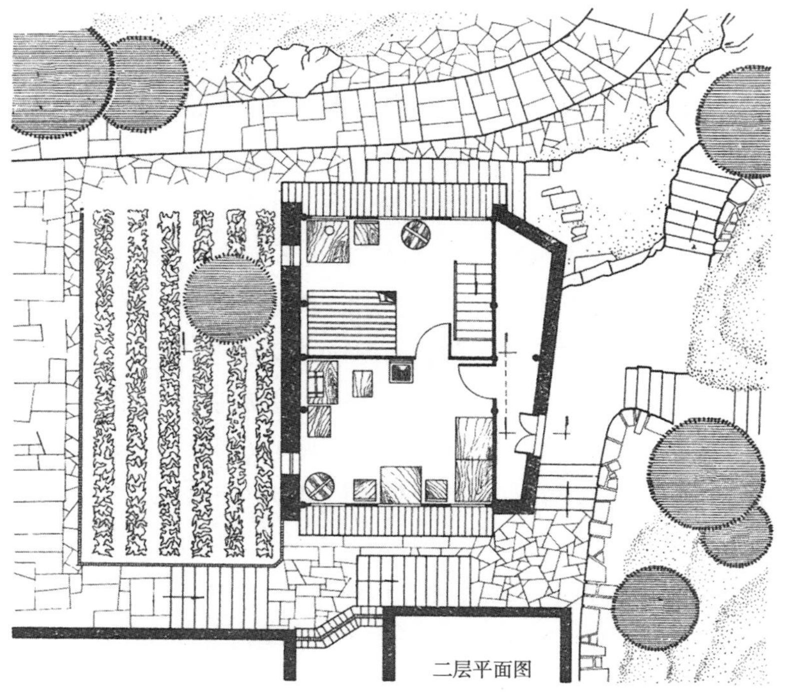

图162　宁波陶公山忻宅平面图

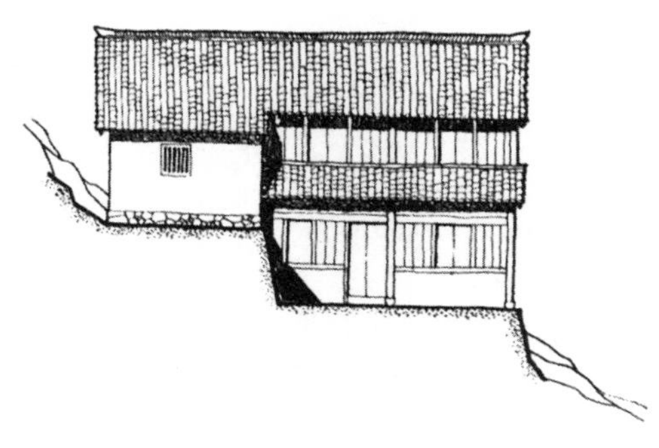

图164　杭州某宅

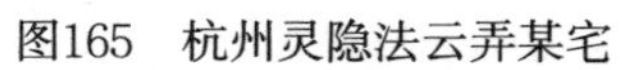

图165　杭州灵隐法云弄某宅

图166　临海江厦街沿江建筑

图167　杭州中天竺某饭馆

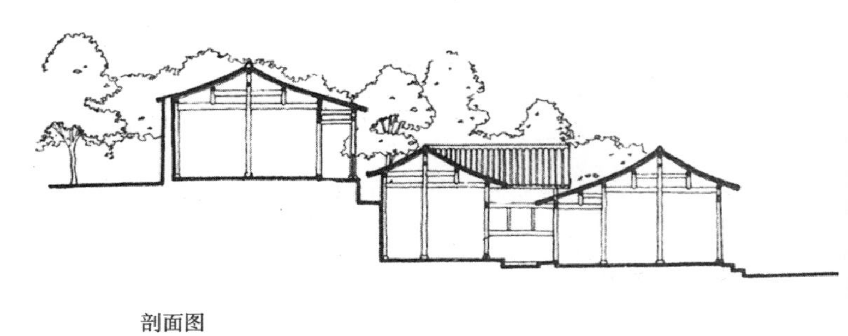

剖面图

图168　杭州中天竺某饭馆及后部住宅透视图

二层平面图

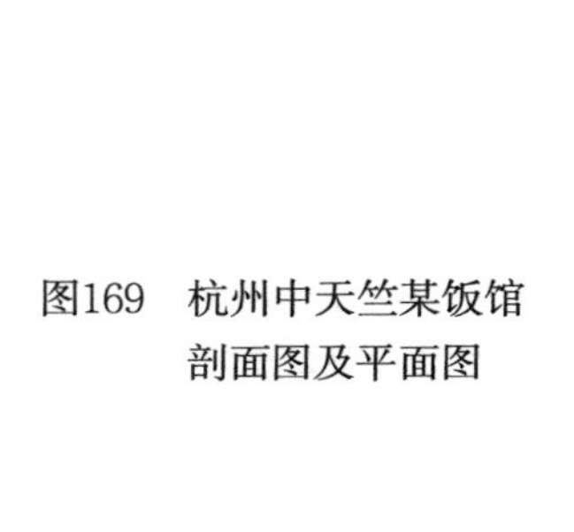

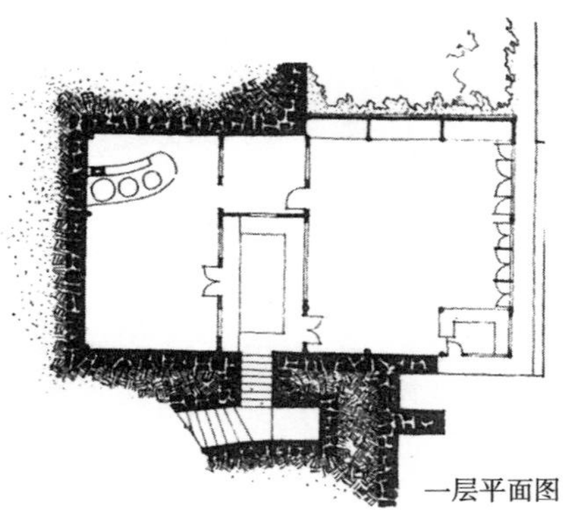

N

一层平面图

图169　杭州中天竺某饭馆
剖面图及平面图

图170　杭州杨梅岭殷宅透视图

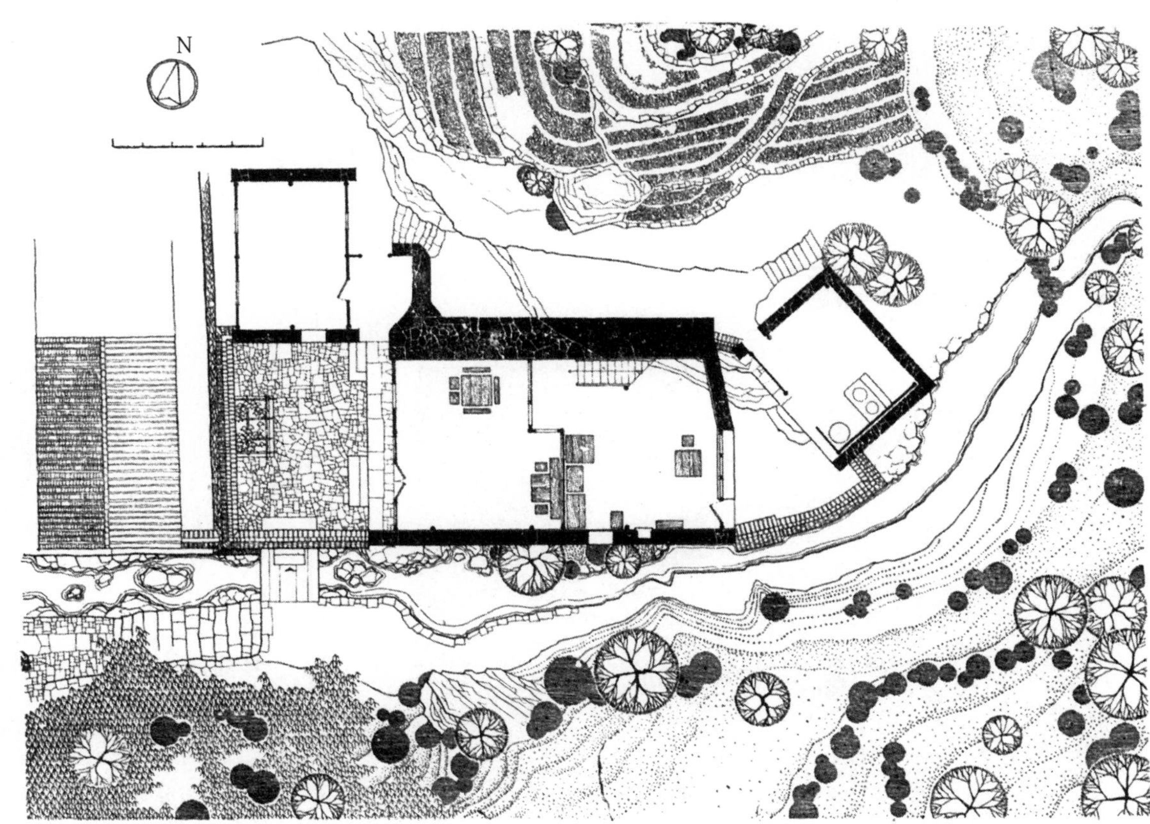

图171　杭州杨梅岭
殷宅总平面图

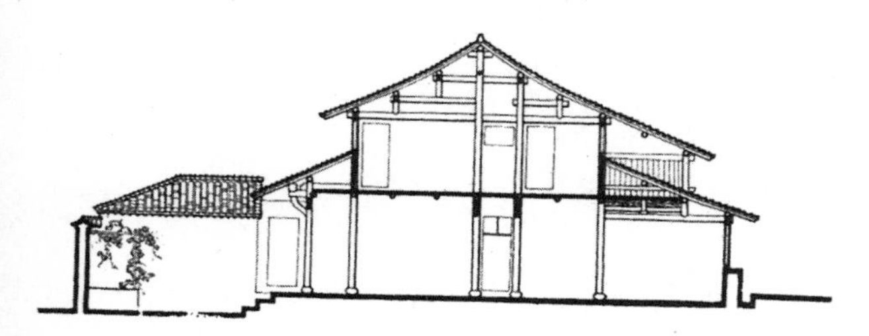

图172　杭州杨梅岭殷宅剖面图

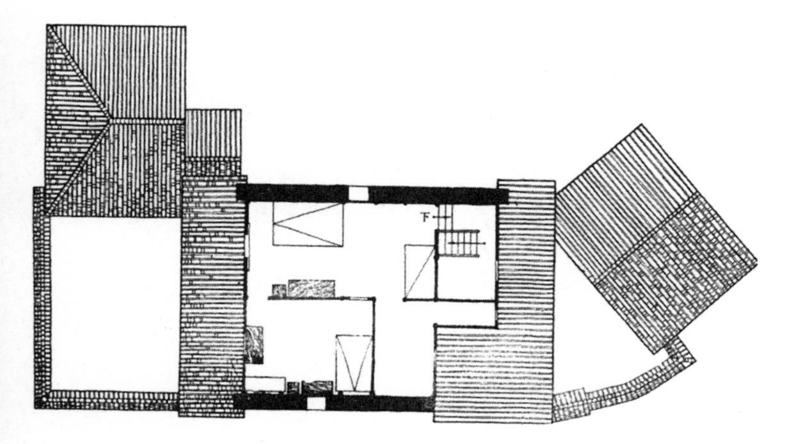

图173　杨梅岭殷宅二层平面图

图174　杭州杨梅岭殷宅室内透视图

图175　杭州杨梅岭殷宅外观

图176
龙井村某宅

图177　杭州元宝心某宅

第四章
平 面 与 空 间 处 理

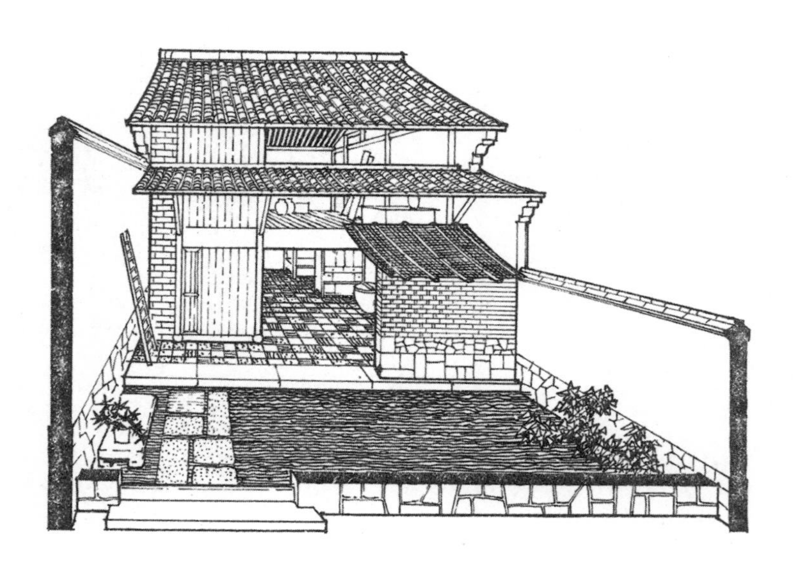

空间的基本组成单元

1.“间”：浙江民居同样以中国传统的“间”为基本单位，“间”是横向拼联成住宅的基本组合体。房屋开间多为三、五等单数，每间的面阔一般为 3 ~ 4 米，进深由五檩到九檩的都有，檩距一般在 1 ~ 1.5 米，所以房屋进深多在 5 米以上，甚至有的超过 10 米。大的进深造成屋内阴凉。房屋的高度也较大，常在 4 米以上，室内一般不做吊顶，故愈显高大，可以形成室内空气较好的对流。这些都是与浙江湿热气候相适应的（图 178）。

2.“廊”：房屋前后多设廊，成为浙江民居中不可缺少的建筑组成部分，“廊”的功能作用主要有三个方面：

（1）遮阳：南方日光辐射较强，多用深廊，廊深常达 2 米。

（2）防雨：浙江阴雨天占全年天数的 40%以上，设廊可以防止雨水打湿墙面，便于雨天开窗。

（3）可以作为交通联系及半室外生活空间（图 179）。

3.“厅”：厅、堂多布置在正房轴线中部的明间位置上。浙江地区暖季较长，厅、堂的装修常做成可拆卸的。甚至不做装修成为敞厅。因为卧室强调要阴凉，光线较暗，日间生活起居、副业生产及应接宾客都喜欢在敞厅内进行。冬季的敞厅如果有阳光照射，有时反较不设采暖的卧室为暖，所以敞厅就成为使用上不可缺少的建筑组成部分。在大住宅中，常将三开间的正房做成一个总的大敞厅。有时在厅堂内设屏门，将厅堂分成前后两部分，前部约占厅堂进深的四分之三，楼梯放在后部。小住宅的敞厅布置比较灵活自由，不一定在轴线上（图 180 ~图 182）。

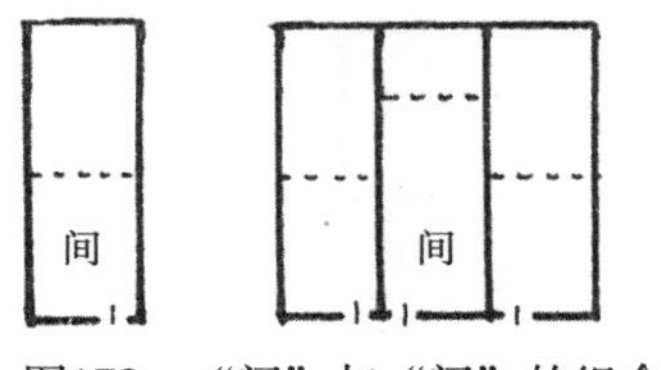

图178 “间”与“间”的组合

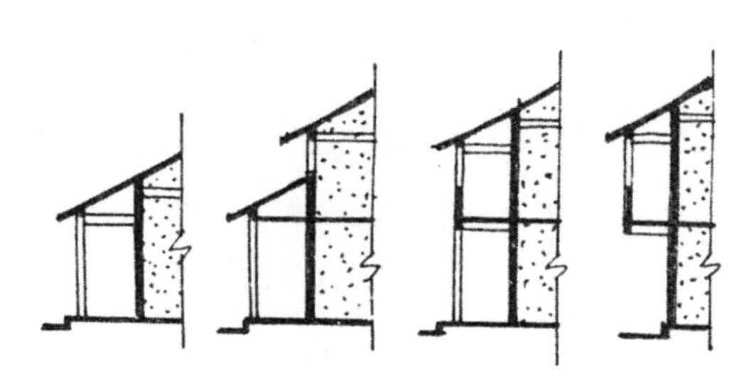

图179 “廊”的几种形式

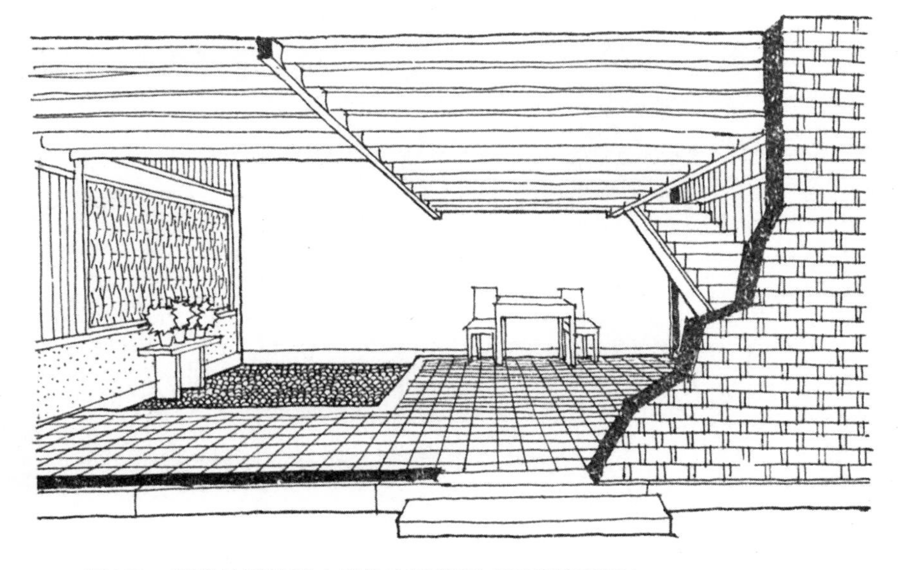

图180 嵊县甘霖镇某小型住宅的敞厅（不规则平面）

A　三开间大敞厅透视

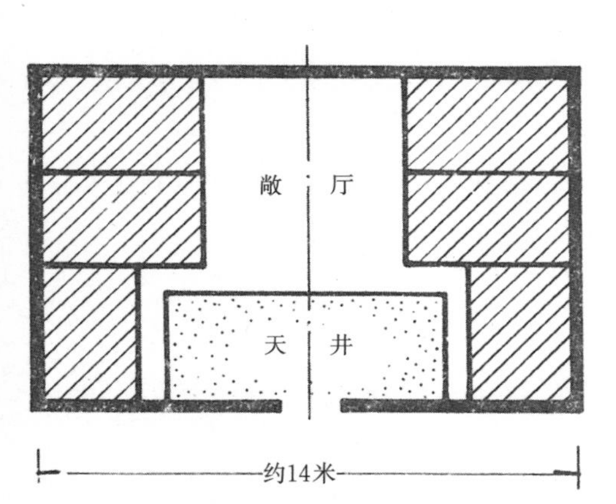

图182　小型对称平面的敞厅

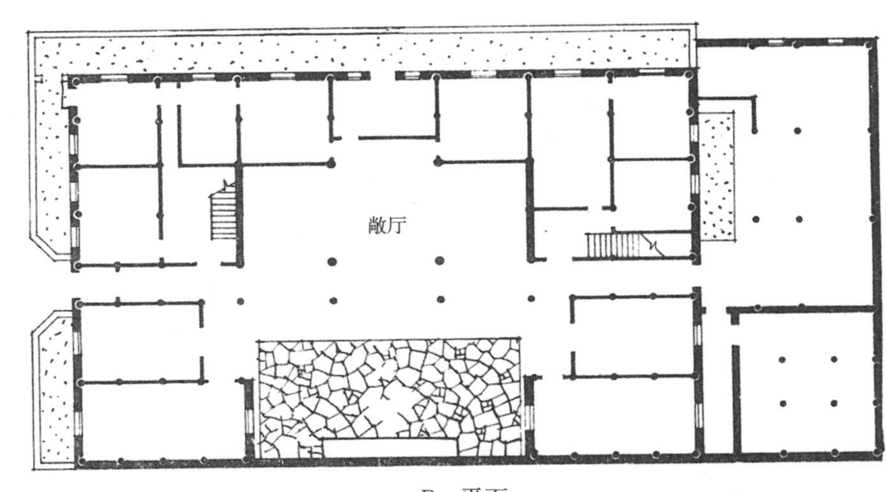

B　平面

图181　东阳巍山镇平面图、透视图

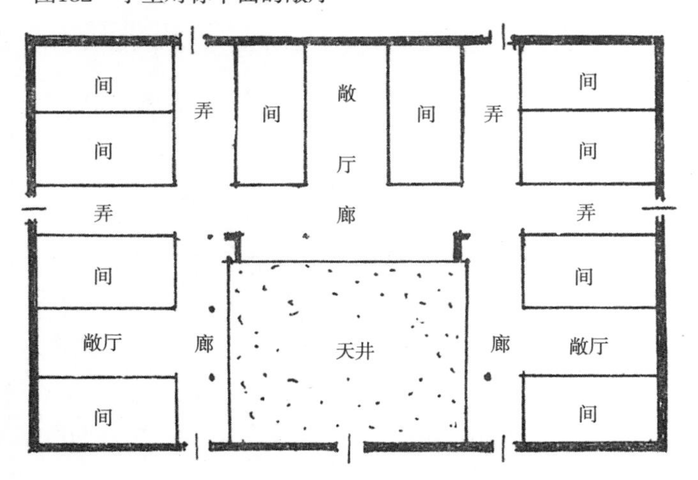

图183　"间"、"厅"、"廊"、"弄"的典型平面关系

4. "弄"：作为交通线用的较窄的"间"称为"弄"或"穿廊"。在多院落的住宅中，"弄"即成为前后院或左右院的交通联系线。图183表明在一个比较典型的三合院平面中，"间"、"厅"、"廊"、"弄"的关系。把"弄"的后面用墙封住就成了"弄间"，常作为楼梯间或堆放杂物用。

5. “披”：是指依附于主体建筑，或从主体建筑延伸出来的单坡房屋。这种房间比主体建筑低矮，常作辅助房间来使用，“披屋”多见于小型民居（图 184）。

6. “楼层”；为了节约用地，浙江地区楼房比较普遍。一般做二层，沿街有三层的。利用木构架的方便条件，楼房可以上下层对齐，或上层挑出，或上层退入，形成多种立面形式（图 185）。

7. “阁楼”：阁楼的处理，总的可以分为两大类；一种是房屋局部做楼层，楼身一半露在底层屋顶之上，一半隐在其中；另一种是在房屋大跨度的情况下，屋顶山尖有足够的高度可以做一隔层，形成一个完全隐蔽在屋顶下的阁楼（图 186 ～图 193）。

设置阁楼有下列几个作用：

（1）利用屋顶下山尖的空间，增辟使用面积，提供了防潮和通风条件较好的贮藏处所，有时也可以住人；

（2）使底层室内层高有高低变化，因有高的部分，使低的部分也不感到太压抑；

（3）楼层屋顶与底层屋顶参差错落，因而丰富了建筑的体形面貌，提供了构图上灵活变化的可能性；

（4）通过上下层门、窗及楼梯口等开口，加强了上下层的空气对流。

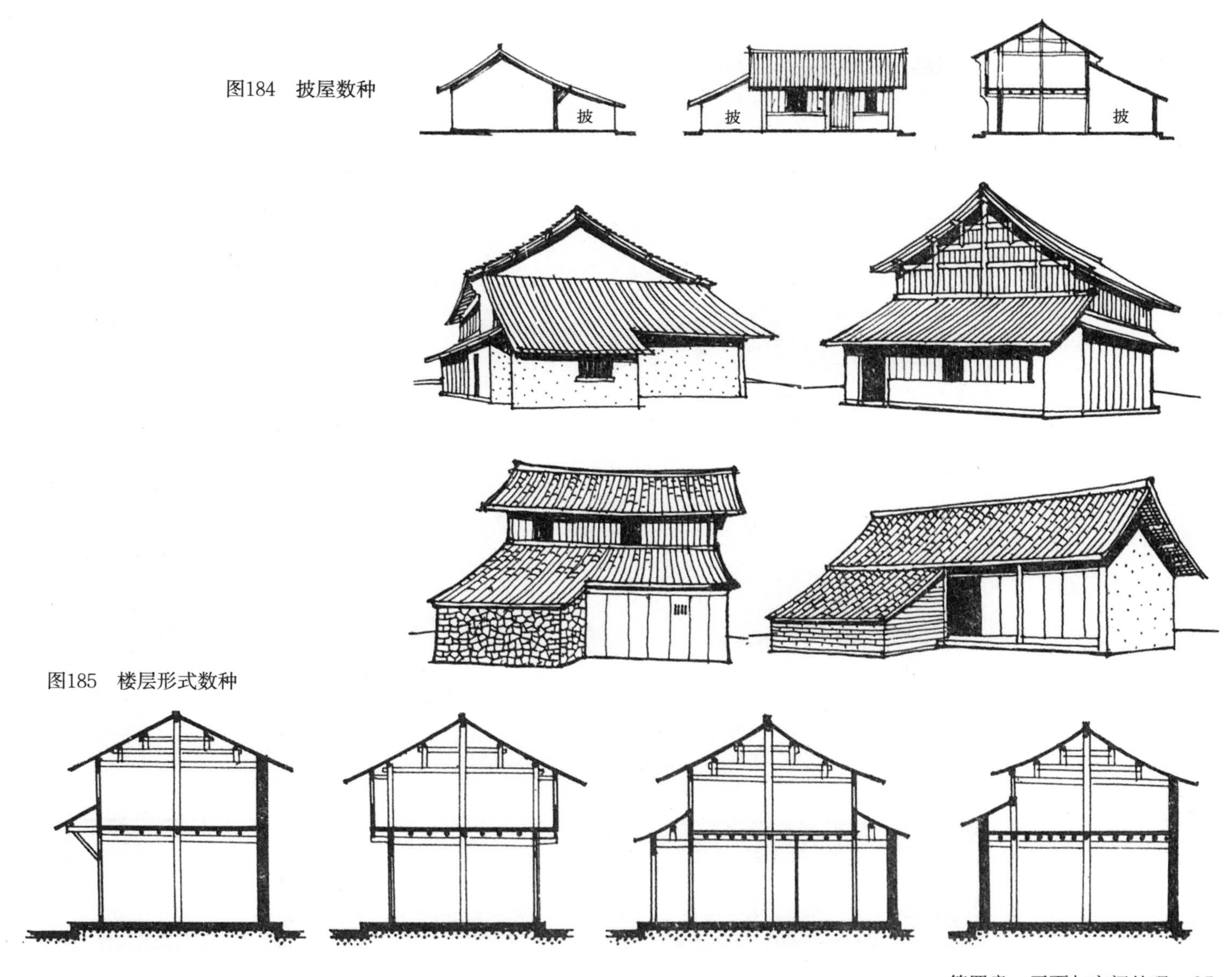

图184　披屋数种

图185　楼层形式数种

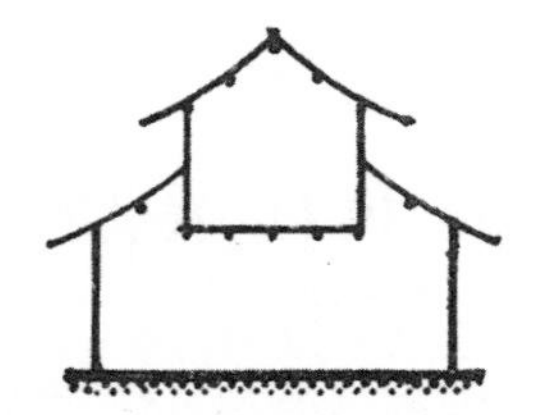

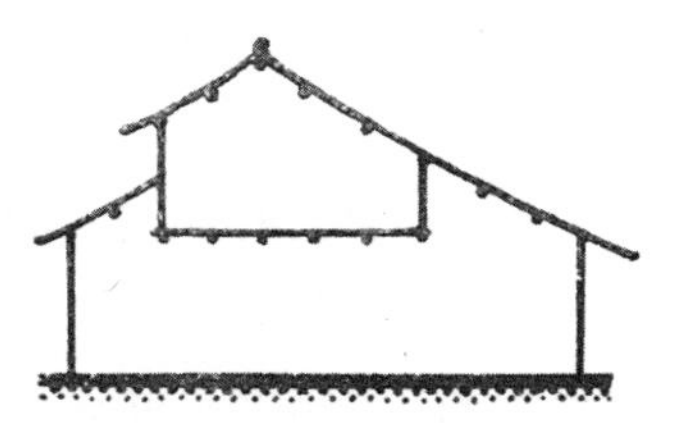

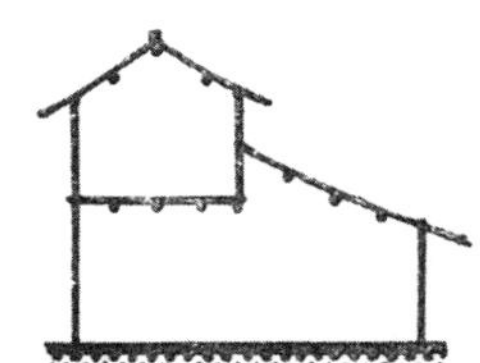

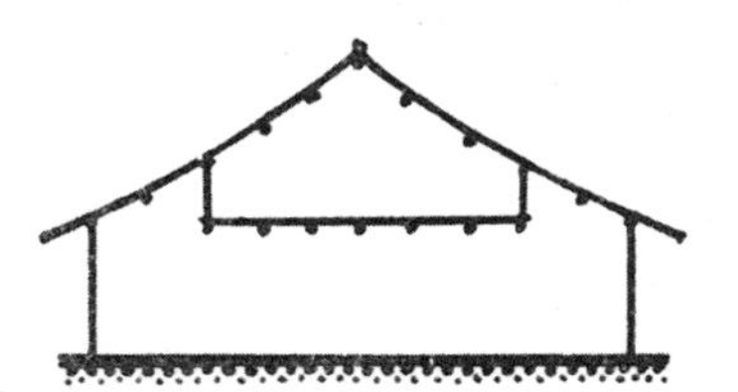

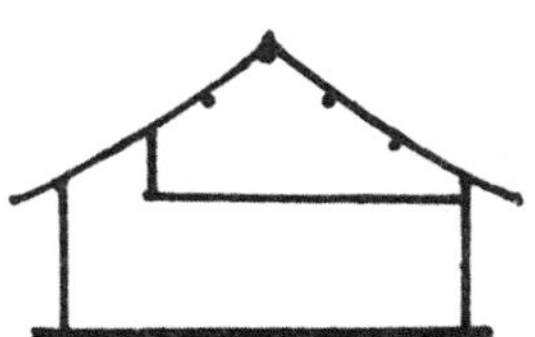

图186　阁楼的基本形式

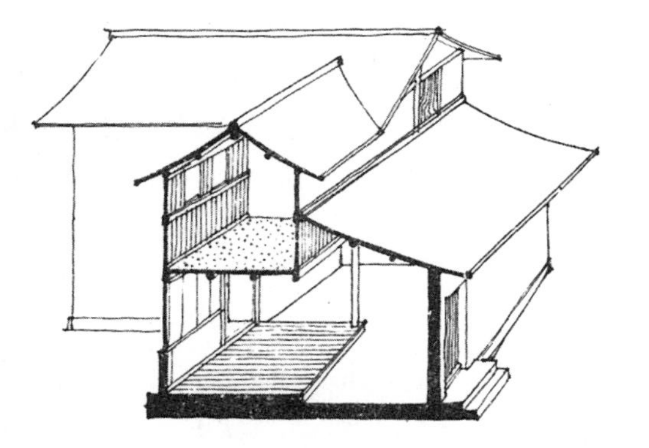

图187
吴县红门馆街某宅

楼下层地面与顶棚都有高低变化，楼上小阁楼可做储藏间或居室

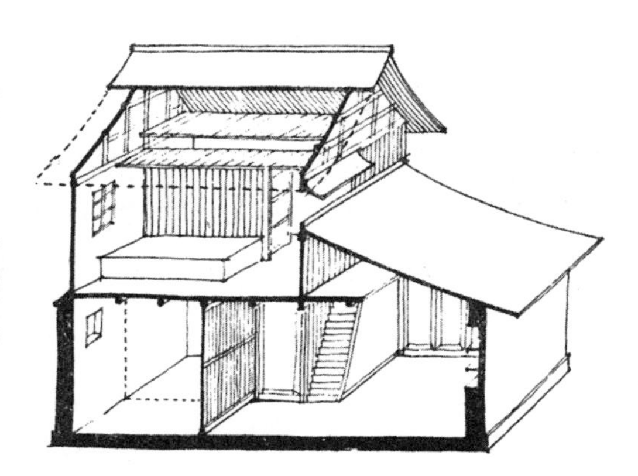

图188
吴县甘棠桥范宅

楼下主要生活间平面呈L形，储藏空间巧妙地利用了披檐抬高部分。上层储藏空间充分利用了屋顶下山尖部分，分层搭出格板，不妨碍通风

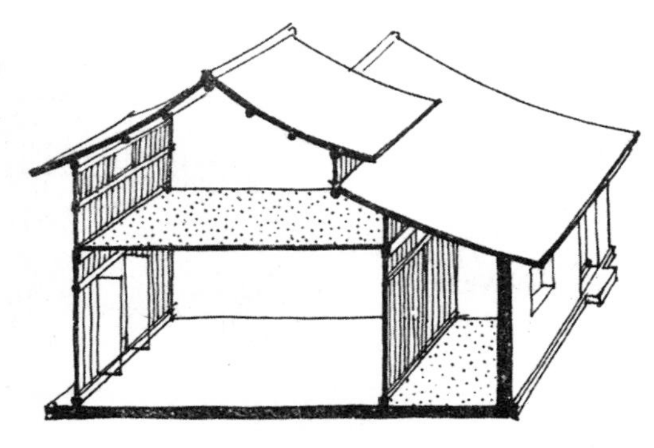

图189
东阳某宅阁楼处理

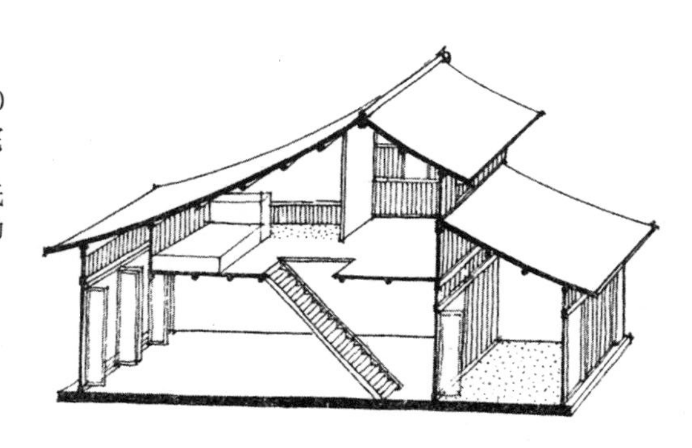

图190
吴兴甘棠桥范宅

利用阁楼的高低不同部分分别做活动场所及睡眠场所

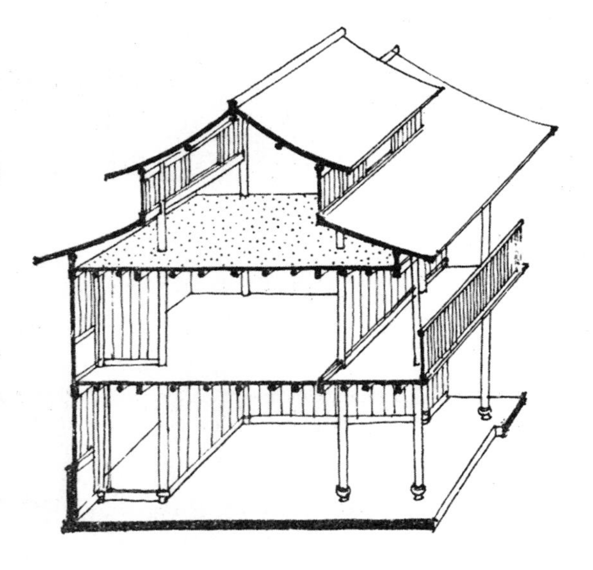

图191
东阳巍山镇某宅

三楼做储藏室，兼起隔热层作用，使一二层颇为凉爽

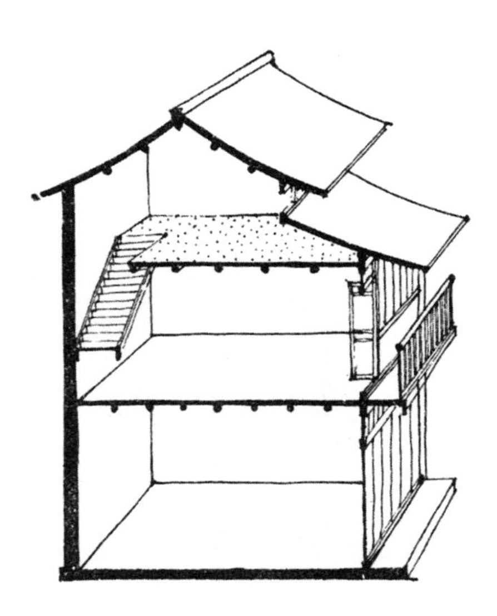

图192
东阳西街某宅

三楼做储藏室及隔热层

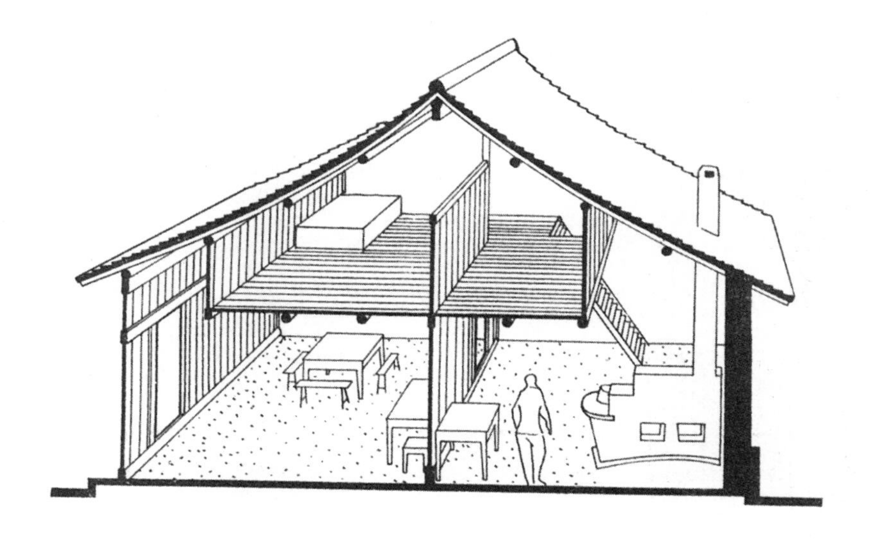

图193　完全隐藏在屋顶下的阁楼

8.“夹层”：在一个房间内部，部分做成二层，其余部分保留单层，形成了夹层。这种夹层多作贮藏使用。在墙面不能开窗的情况下，可以让屋顶天窗的光线射入下屋。同时也因有相当的高度，增强了空气的对流（图 194 ~图 197）。

9.“楼井”：楼井是在楼层地板的一部分开洞，周围加上栏杆。有些楼井不一定开在房屋中央，有时开在靠墙的一侧或一角。楼井使空间上下延展，除了空间构图上的需要外，还有与夹层类似的作用（图 198）。

10. 屋顶山尖：屋顶山尖是指屋檐以上、屋脊以下的三角形空间部分。浙江民居进深很大，致使山尖部分容积相应增加，变成一部分相当大的空间，对这部分空间充分利用，使之成为民居中不可忽视的空间组成部分。

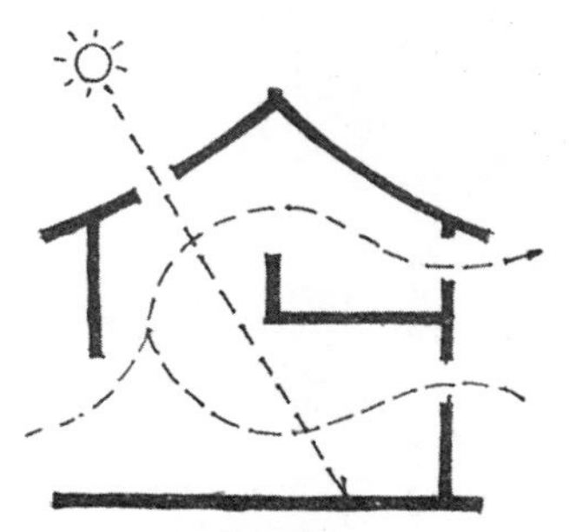

图194　夹层

夹层扩大了下层空间，加强了空气对流，并使屋顶天窗的光线可以透入底层

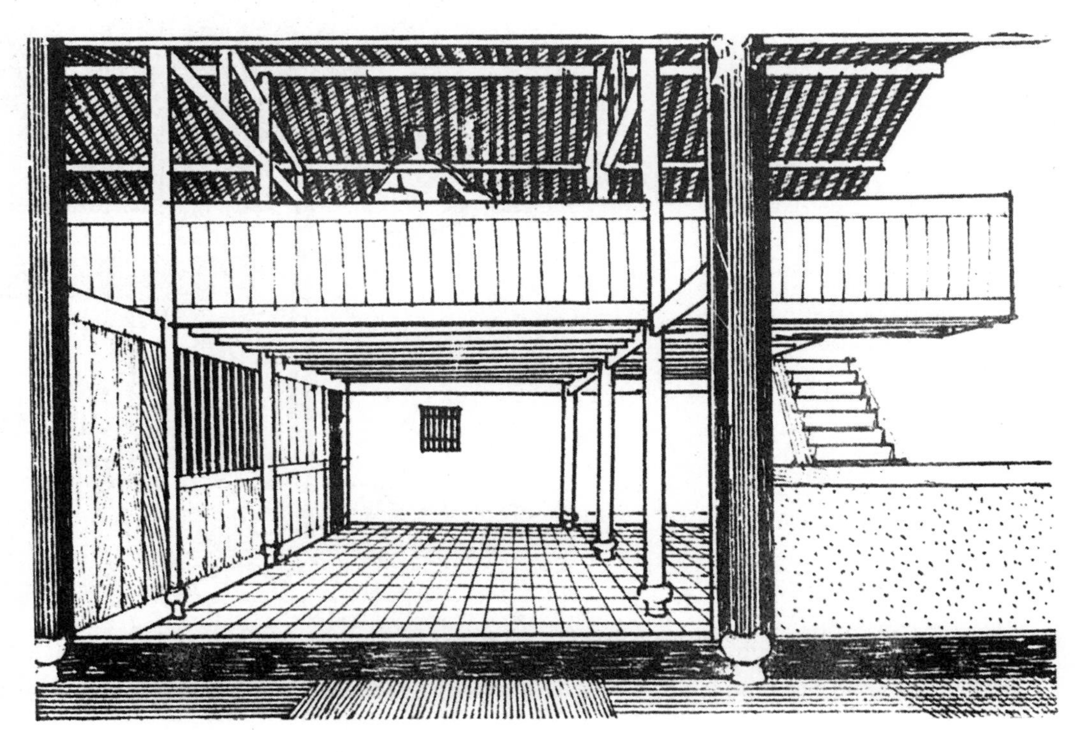

图195　金华曹宅镇某宅夹层

约占平面的 3/4，其余 1/4 上下连通，使上下层空间连续

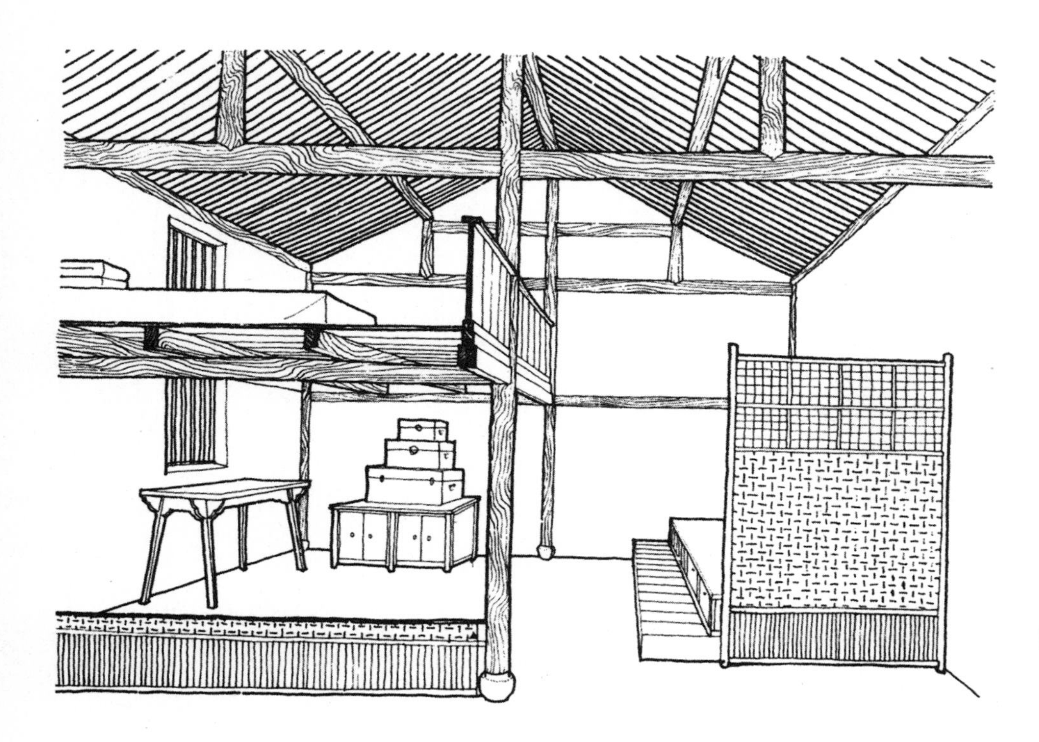

图196　甘霖某宅夹层

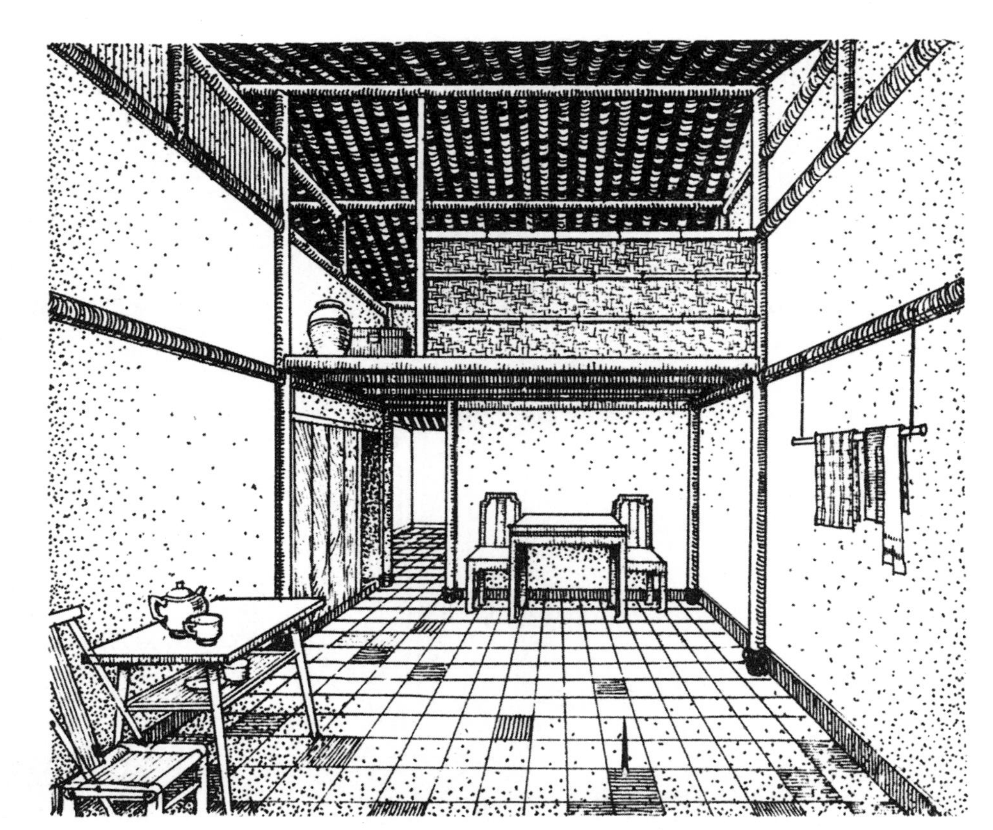

图197　甘霖新兴路某宅

生活间设夹层做储藏之用，形成空间高低大小的对比，前后间不隔死，相互连通，空间没有闭塞之感

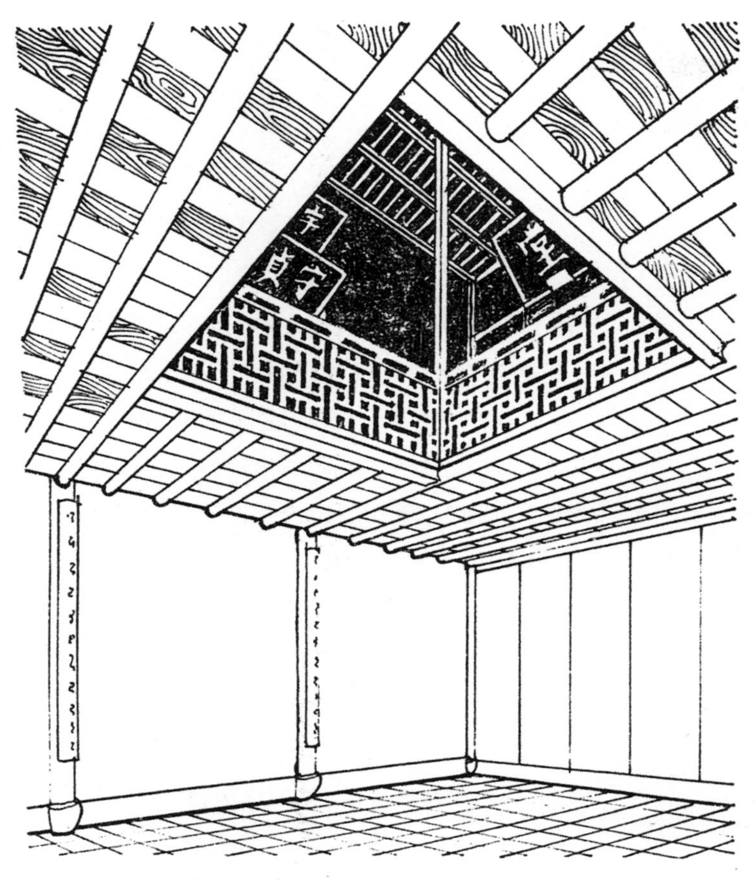

图198　绍兴孙宅燕翼堂

11.“敞棚”：是为了适应热天在室外休息活动操作而设的，有时用来堆放杂物，或作灶间。敞棚多数是利用天井的一部分空间搭设而成（图 199、图 200）。

12.“骑楼”：傍街或沿河的楼房，有时将底层的前面部分辟为可以互相联通的人行道，人行道的上层为住房，形成骑楼。这样做，一方面争取了更多的楼层空间，另一方面，给行人以遮阳、避雨的方便。有些不做骑楼的街道，常以凉棚代替（参见“村镇布局”部分的图 43、图 44、图 54）。

13.“过街楼”及“过河楼”：是跨小巷或小河而建的楼房。巷或河的两侧建筑为同一房主所有时，以其作为联通之用（参见“村镇布局”部分的图 105、图 106）。

图199　吴县红门馆某宅敞棚之一

狭长天井，一端的屋顶下完全不用隔墙，变成一个大敞棚，布置灶间，室内外没有明显的界限

图200　吴县红门馆某宅敞棚之二

14. “走马楼”：在大型住宅中，有时在“口”形或“日”形平面的楼层上，做可以环行全宅的檐廊，使上下前后交通联系都很方便，对于防火也有好处（图 201）。

15. “纤堂”；在“𠻞”形房间组合中，同时与周围四室相联系的当中一间称“纤堂”。以此“𠻞”形为单元，横向拼联可以组成密度很大的建筑组合体。内天井虽然很小，但每个房间都有一部分邻天井，以利通气采光（参见下节图 205）。

16. “门道”：大型住宅的大门内常设一个过厅式的敞间，作为宅院内外的过渡缓冲。

17. 庭院和天井：是住宅内部的室外空间，是生活起居、通风采光和绿化美化环境等功能部分，在浙江民居中有许多处理方法，在下文还要详细论及。

以上就是构成浙江民居的各种空间单元，不论是大、中、小各种类型的住宅，都是用这些基本的空间单体组合而成，这样一套特有的建筑词汇，使浙江民居具备了自己的建筑体系。

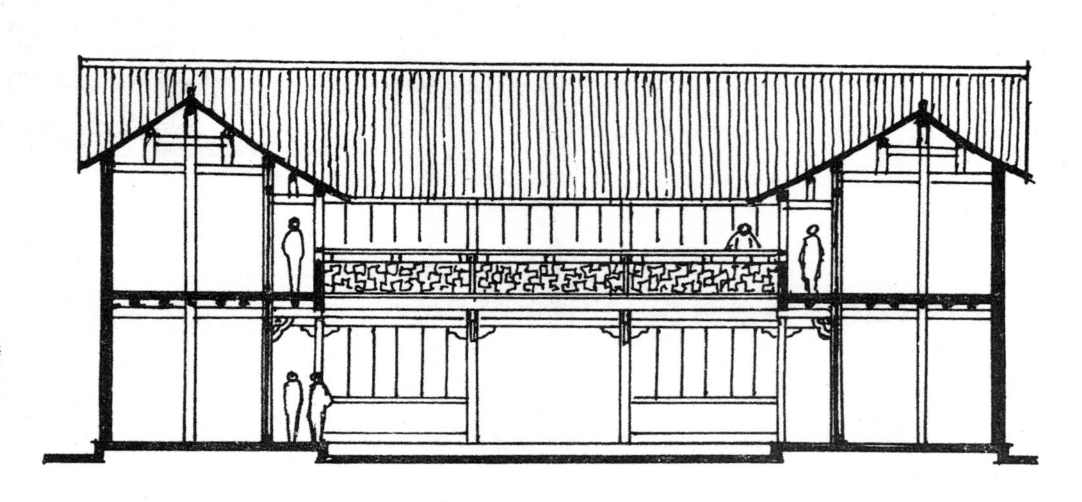

图201　二层用挑廊的走马楼
（住宅的横向剖面示意图）

平面类型

浙江民居的平面类型很多，由于有不同的阶级、不同的经济条件，不同的地区、不同的规模、不同的职业等等差别，从而产生了各种不同的平面与空间的布置形式。一般来说，除了某些大型住宅，各类平面都设计得比较紧凑，在人多地少的浙江，为了节约城市用地和农村耕地，在平面处理上，经过长期的实践，浙江的传统民居找到不少很好的经验。特别是一些小型民居，在占地有限、财力不足的情况下，要求以最经济的手段来最大限度地满足生活及生产上的需要，并能适当照顾到体形的美观，适应不同的地形地势，合理地使用材料，充分地利用空间，很少受到大型住宅的那些规整格局的影响，因此能够自由灵活地布置平面、空间和体形，表现出生动活泼、富有生机、丰富多彩的面貌。这些不拘一格的小型民居有很多优秀实例值得我们参考借鉴，但是由于其形式多不统一，很难一一归纳。浙江民居的平面类型，可以参见本书实例一章以及其他各章节中的有关实例。以下仅就各类比较有规律的典型平面加以介绍；

1.“■”形平面：平面外墙大致成一方块形或矩形，内部用木板墙分隔成三、四个房间，各房间联系方便，比较经济适用，是一种独立式的小型民居，由于其经济性，常为一般农户、小生产者或小商人所采用（图 202）。

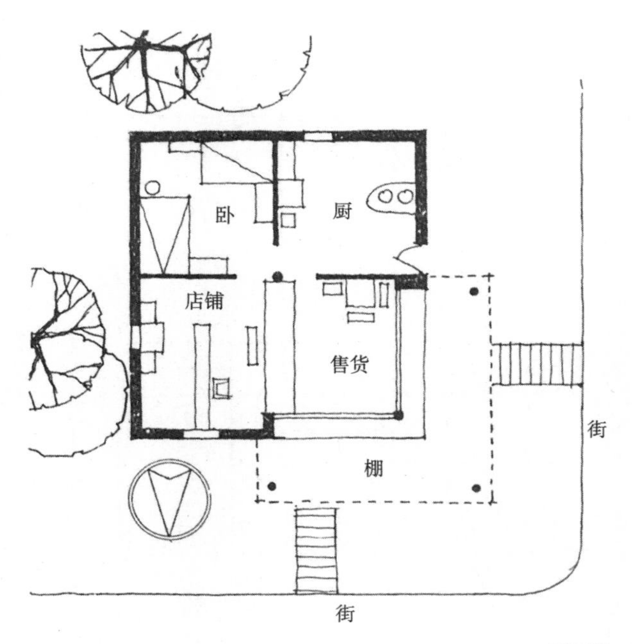

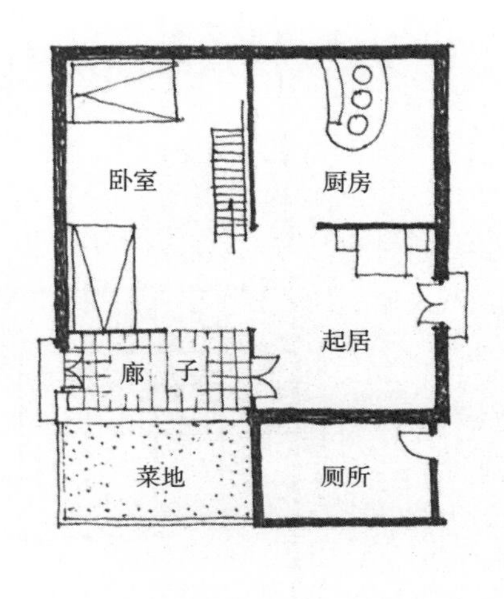

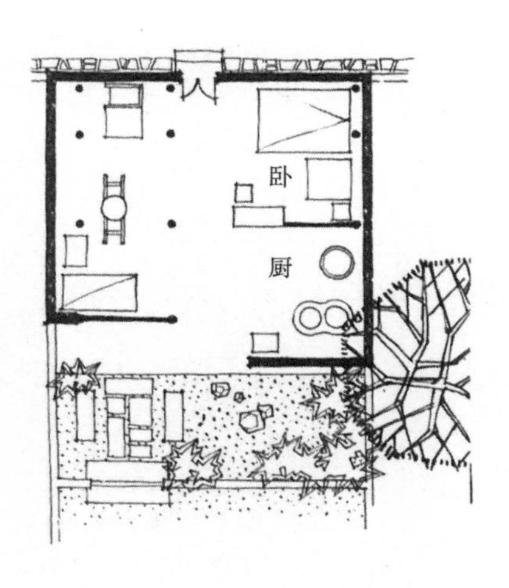

图202　方块形平面的小型民居三例

2. “一”形平面：此类平面是以开间为单位横向拼联而成。每个间分前后室，或前、中、后三室，前室做起居，中室做卧房，后室做厨房，有时做成楼房，则楼上做卧室：有时在房前后或中间加小天井。图 203 是带楼层及天井的形式；图 204 是平房加前后天井；图 205 是中间以“纤堂”联系前后室并带有内天井的形式；图 206 是多开间带前廊、楼层、内天井及后院的住宅平面，称为“十四间头”。从以上各例可以看出，此种类型的平面适于多户集居，密度很高，用地经济。总平面布局多与街道平行。每户直接对外，交通方便。住户多是经济条件不大充裕的农民或城市居民等。

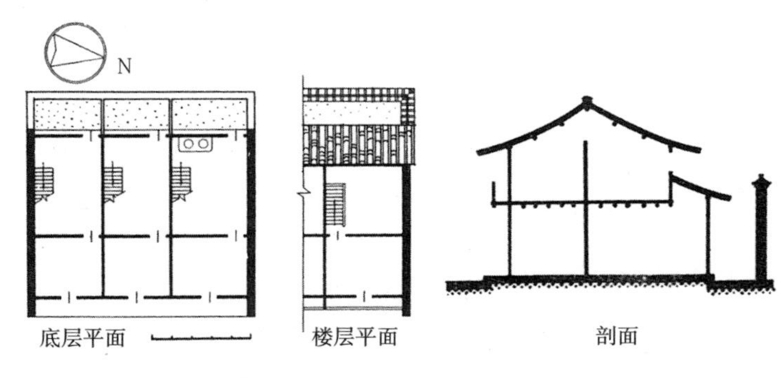

图203　杭州竹杆巷某宅

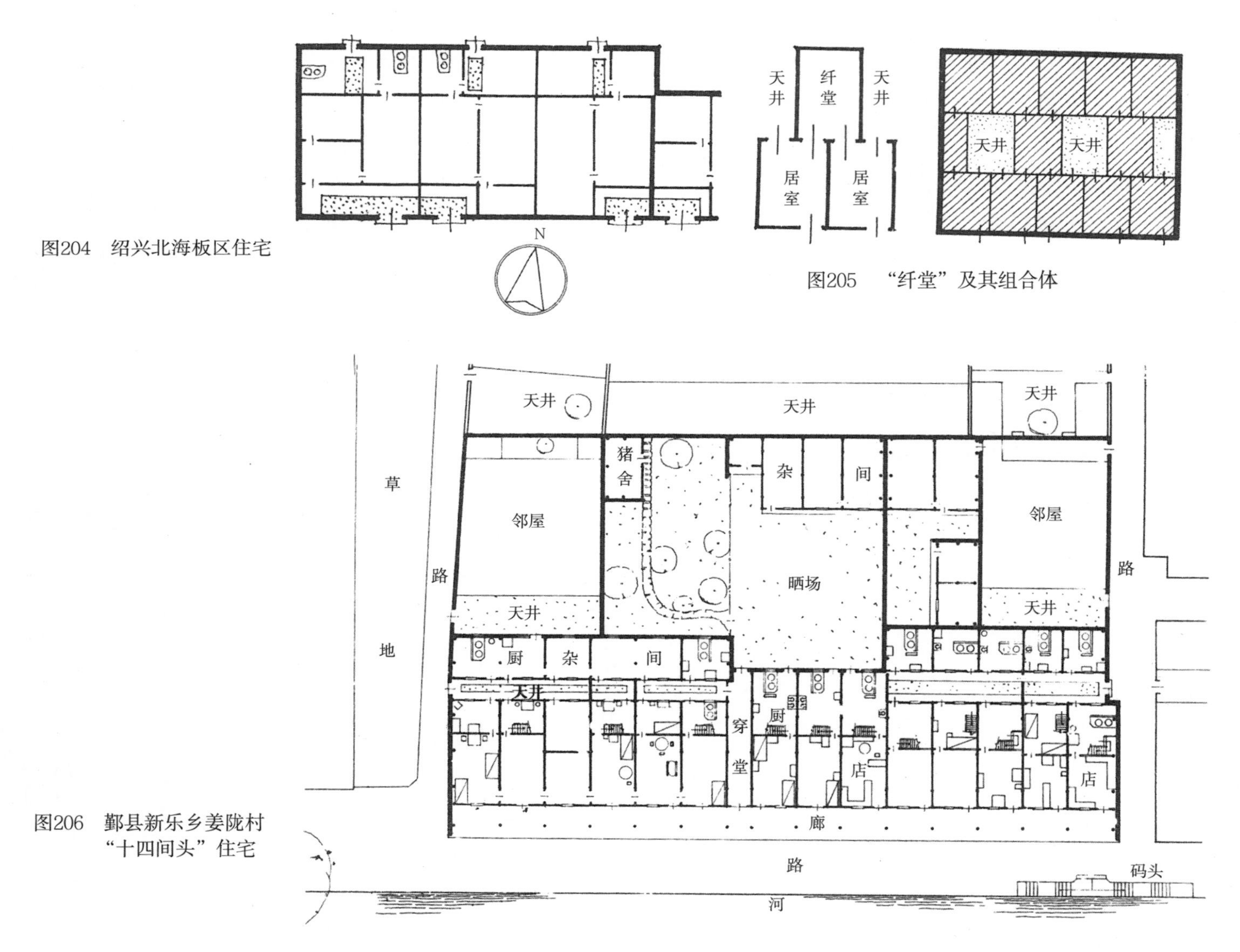

图204　绍兴北海板区住宅

图205　“纤堂”及其组合体

图206　鄞县新乐乡姜陇村“十四间头”住宅

3. “|”形平面：此类平面是为适应城镇中沿街临河或前街后河的街坊而产生的。因为沿街每户不能占街面太宽，所以平面只能与街道垂直，向纵深发展，侧墙均为实墙不开窗，以便与邻户靠拢。在许多情况下，每户只有一两个开间，由于侧墙不能开窗，在住宅深度很大的情况下，内部通风采光依靠巧妙地穿插一些小天井来解决。为了争取更多的居住面积，这些小天井往往占地很小，仅仅起通风采光的作用，同时也使宅内空间有了一些变化。住宅的临街房间做起居室或店面，临河房间（或不临河的后部房间）做厨房、厕所或仓库等，中部房间做卧室或作坊、仓库，楼上做卧室。这类平面构成的街坊密度很高，用地经济，与水陆交通联系方便，内部空间利用率也很高，是水乡城镇街坊中常用的一种经济而适用的住宅形式，多为城市沿街的一般居民、小店主或手工业小业主所采用（图207 ～图209）。

4. “L”形平面：以“—”形平面为主体在一个尽端向前加一两间房屋，形成一个两边长短不同的曲尺形，为的是加少许围墙就形成了一个带有窄长天井的封闭住宅。长边多面向好的朝向，前有天井，作为生活的主要用房，短边通风采光条件较差，作为辅助用房。这种住宅多用于农村，独家使用，有时可以做到二、三层（图210、图211）。

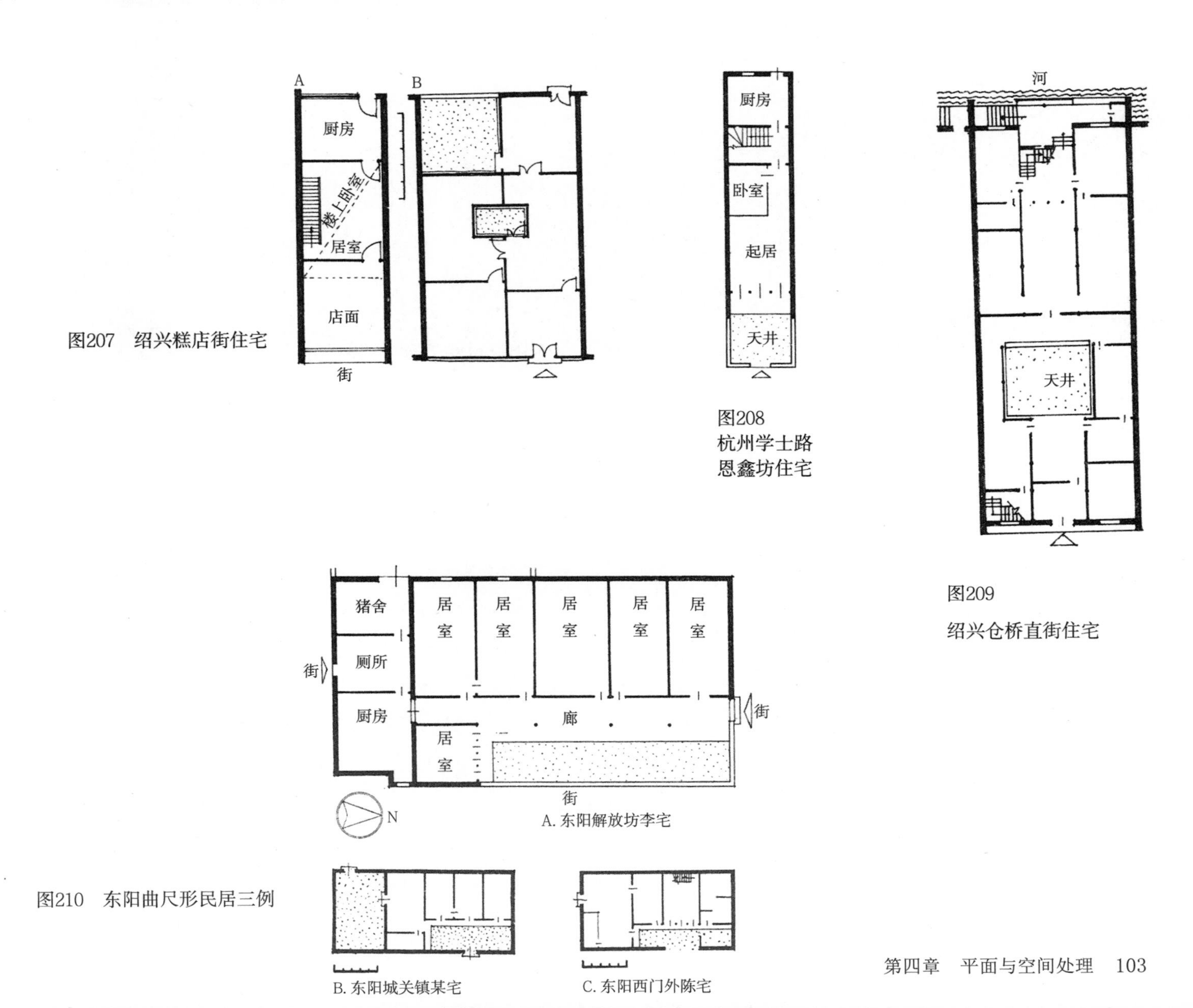

图207　绍兴糕店街住宅

图208
杭州学士路
恩鑫坊住宅

图209
绍兴仓桥直街住宅

A. 东阳解放坊李宅

图210　东阳曲尺形民居三例

B. 东阳城关镇某宅

C. 东阳西门外陈宅

图211　仙居某宅

5.“冂”形平面：亦称三合院，根据住户经济条件的不同，可有大小不同，最典型的是“十三间头”的形式，即正房三间居中，朝南面天井，中央一间为敞厅，厅侧两间为居室，是为主人居住之所。正房东西两翼各有三间面向天井，称为厢房，有时中间一间亦做敞厅，是为晚辈居住之所。转角处的房间条件较差，作厨房及贮藏之用。三合院是规整和对称形式的住宅最基本的形式，其他常见的规整形式，如“口”形、“H”形、“日”形、“目”形、“田”形或规模更大的住宅，都是在三合院、四合院的基础上发展演变或是以它为标准单元拼接出来的。图212是一个典型的三合院平面和一个较紧凑的带有楼层的三合院。另参见实例一章水阁庄叶宅（图581、图582）。在农村一些农民的三合院往往做成敞口，不加围墙，这样便于农具出入及农副业生产。三合院在农村十分普遍，图213～图218示三合院的各种外形处理。

图212　三合院民居二例

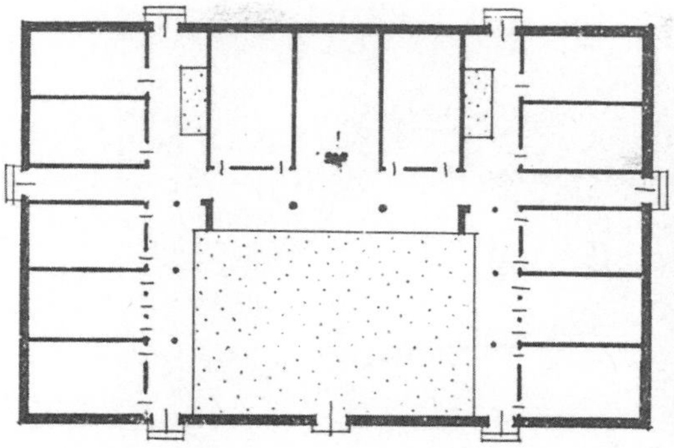

厨
卧
堂
卧
廊
院子

底层

卧
卧
卧室
屋面
屋面

楼层

A 东阳市白坦乡务本堂侧院平面

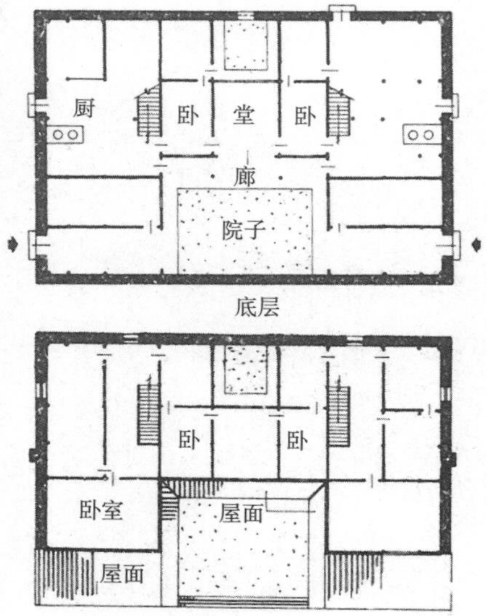

B 天台县云河乡八村陈宅

图213　东阳巍山镇某宅

图214　杭州某宅

图215　新昌青山岙梅宅

图216　衢县某宅

图217　嵊县民居

图218 临安某宅

6. “H”形平面：是由两个三合院背靠背组合而成。这样处理，在外墙封闭的情况下就获得前后两个天井，改善了正房的通风采光。有时更在两厢外侧再设占地不多的狭长天井，进一步改善厢房的通风采光。为了节约用地，此类住宅多设楼层。图219是一小型住宅；图220、图221是较典型的“H”形平面；图222是“H”形的发展形势，加了门道及侧天井，使前院变成一个四合院，图223是它的外观。

较富裕的农民及一般商人，为要创造一个封闭、独立而安适的生活环境，投资又不太多，常喜采用较规整的小“L”形，小“⊓”形，或小“H”形平面。而较大的“⊓”形、“H”形及“口”形住宅则为经济条件更好的房主所采用。

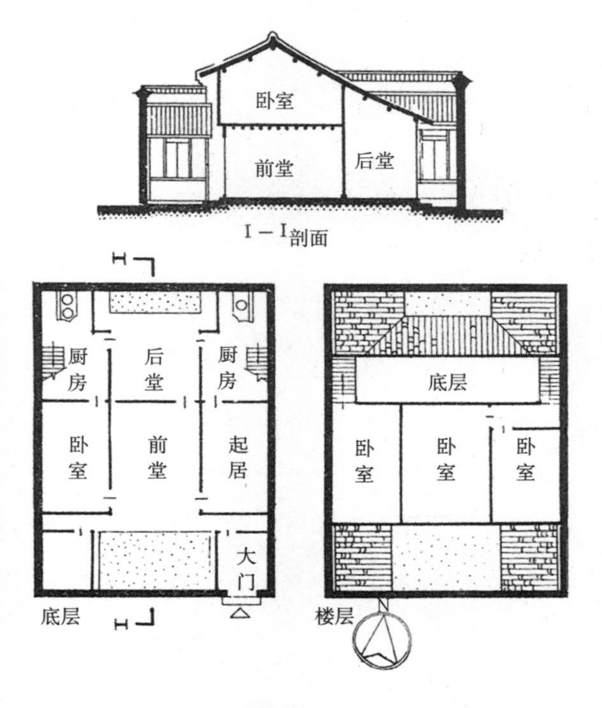

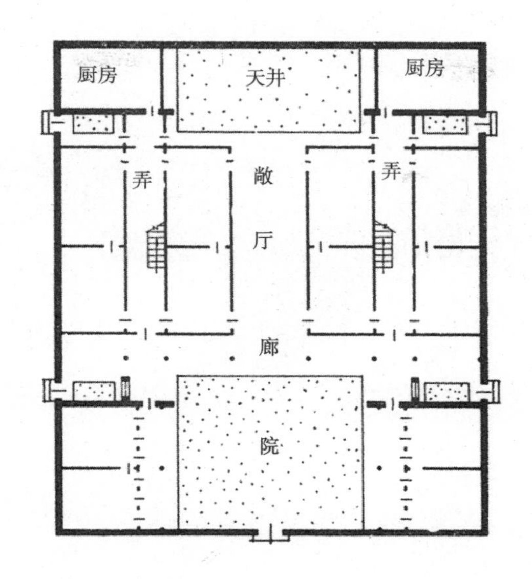

图220　鄞江县庄市镇大树下某宅

图219　杭州市金钗袋巷盛宅

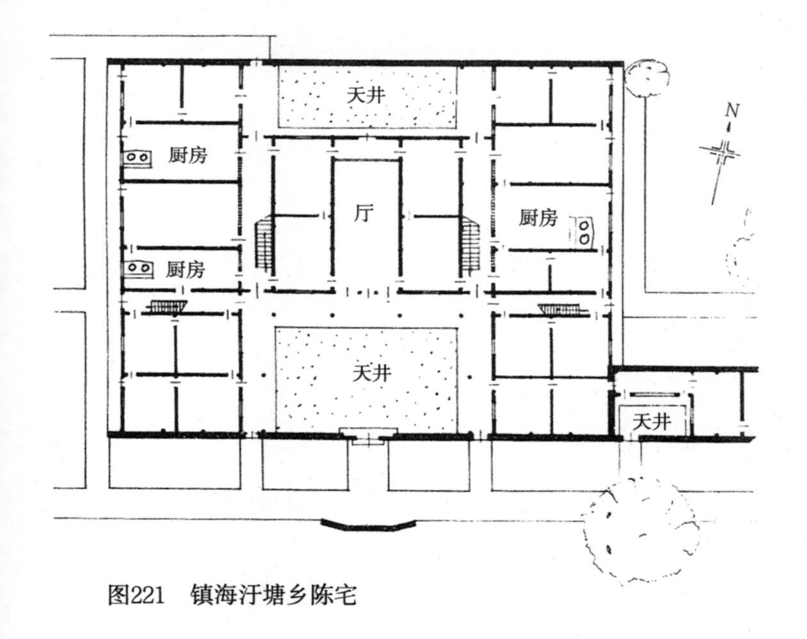

图221　镇海汙塘乡陈宅

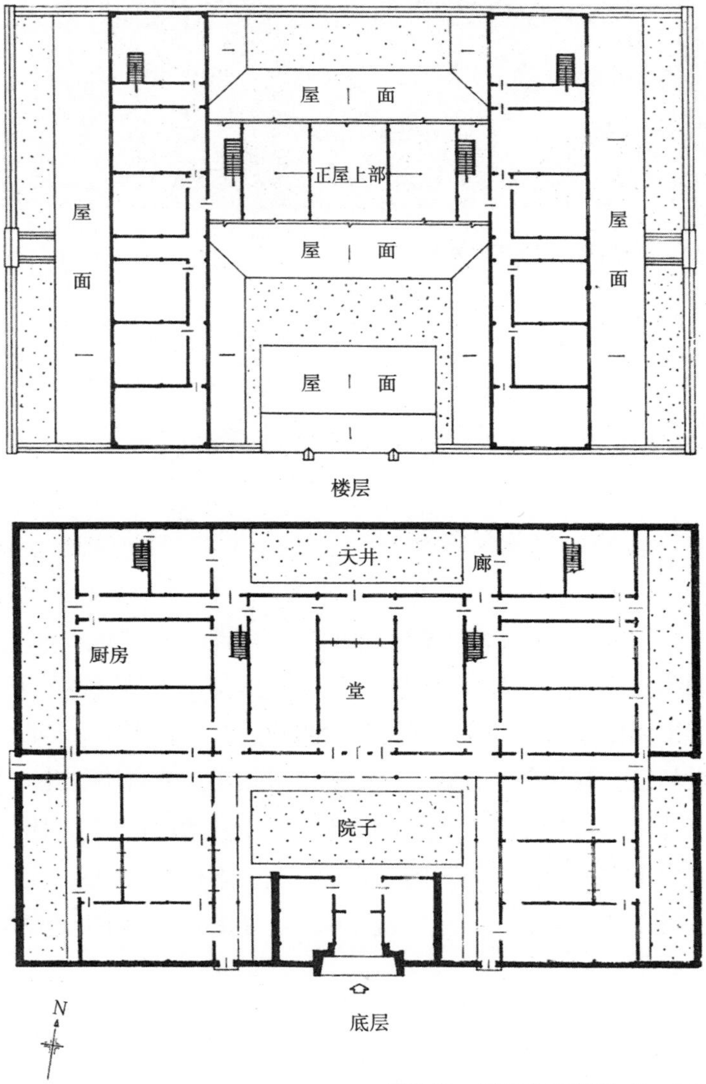

图222　宁波市庄桥镇第六村葛宅

图223　宁波市庄桥镇葛宅外观

7. “口”形平面：亦称“四合院”，即房屋围绕天井四面布置成为一个对外封闭的住宅。一般是将三合院朝正房的围墙做成门廊，或与正房对应做成房间，留出中央一间做门道。与北方四合院不同的是院子很小，并且不像北方那样都是单层平房，而是多做楼房，这是因为南方炎热，院内不需采纳太多的阳光，院子小些，不仅较为阴凉，而且可以节约用地。另外与北方不同之处就是大门不像北方开在旁边，而是多开在中央，强调立面的对称，对通风也有好处。图 224、图 225 是两个中小型四合院；图 226 是由“十三间头”式院落向前发展出来的；图 227 是适应狭长地形向纵深发展的例子。另参见图 617 的实例，是为四合院的一个变化形式。四合院外形也有许多形式，图 228 是一个二层楼四合院的外观。

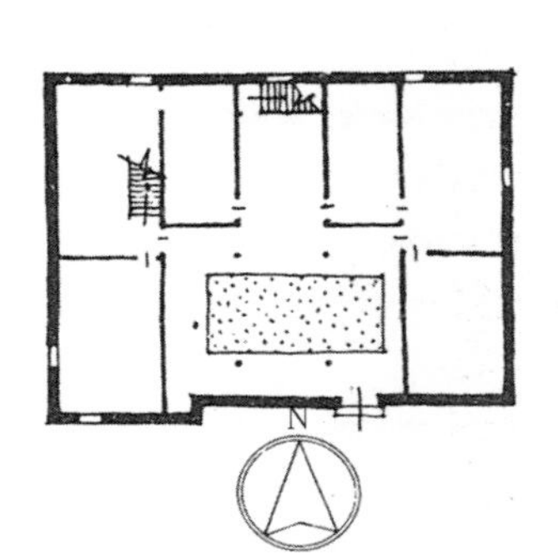

图224　新昌县青山岙顾宅

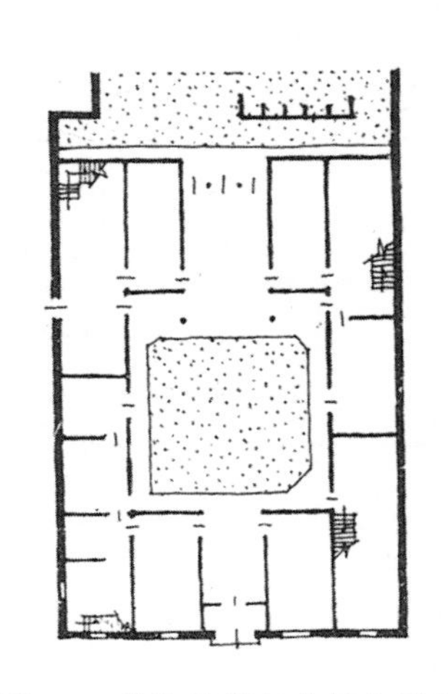

图225　临海县税务巷某宅局部

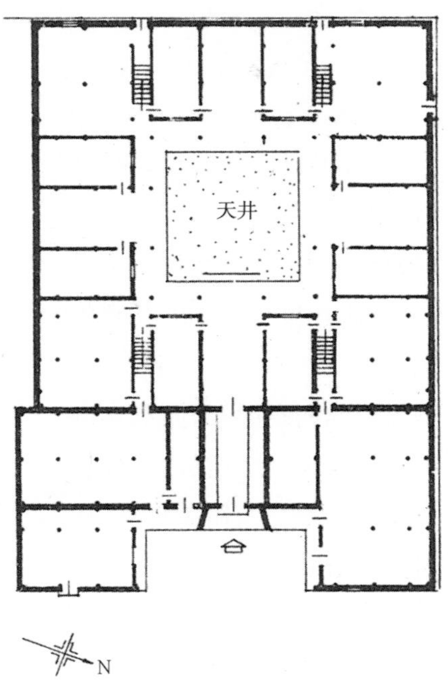

图226　天台光明路某宅

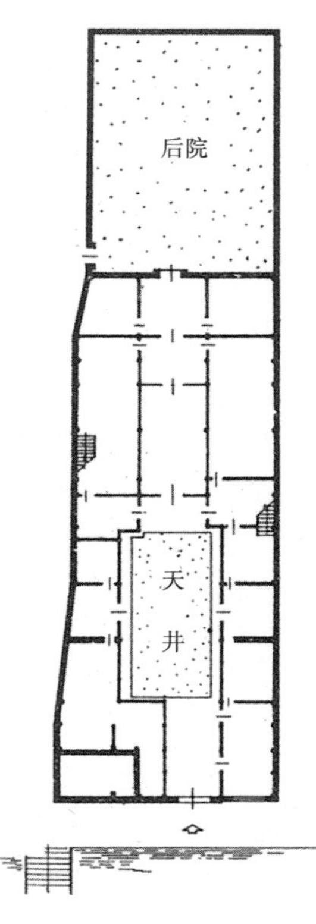

图227　绍兴县镇塘乡桥头村鲁宅

图228
萧山区另浦镇某宅外观

8. 三合院或四合院的发展形势：当住宅规模逐渐扩大时，多是以三合院、四合院或 H 形平面为单元，根据不同的基址范围，向纵向或横向拼接组合。如果情况可能，首先向纵深发展，构成“日”形、“目”或进数更多的住宅。如纵深方向受到限制，再向左右扩展，构成“ꝏ”形、“ꝏꝏ”形、“田”，形、“田田”形或更大的组合体。所以说，在规整对称的大住宅中，三合院或四合院实际上就是一种可以向纵横拼凑的标准单元，可以适应不同形状的基址，又便于分期扩建、接建，不论扩展到什么程度，都不失其整体的完整性。图 229、图 230 是向纵深发展的例子；绍兴小皋埠乡胡宅（图 231）是一所正房五开间的多进大宅；在实例一章中的东阳白坦乡“务本堂”（图 593）是向横向发展的例子；图 232 表示用一个“十三间头”的三合院为标准单元，向纵横拼接后所构成的组合体，纵横方向的弄道和廊子均能对接，成为贯通全宅的交通网。至于像东阳卢氏大宅，则是一处明清四百余年间世代豪门大地主、大家族的住宅群，总平面有五条显著的纵轴线，其中主轴院落达九进之多，像这样巨大的住宅群体，已经大大超过一般住宅的规模，成为封建权贵在政治上权势地位的表征（图 233）。

以三合院或四合院为基本单元所组成的大型住宅。每个院落都是以正房的厅堂为生活活动地点。正房与厢房的开间数，按住宅规模不同，而有多少之分，加上“弄”或“弄间”，民间通常用“几间几厢房”或“几间几弄几明轩（厢房）”的称法来表示住宅的规模。某些地区对某些固定的规模形式常有一些固定的称法，如“十三间头”即是东阳一带的习惯称法。

封闭性多进院落的大型住宅是官僚地主的典型住宅形式，这种对称严整的格局，除为追求气派并为防御着想外，与中国封建社会的宗法观念和家族制度有密切的关系，在过去官宦地主人家，讲究几世同堂，等级分明的大家族集居习俗，要求住宅有一定规模。一般经过大门道（门厅）、仪门（二道门）、进入前院，正房大厅为迎宾会客之用。二进院的大厅一般为祖堂（香火堂）。三进及以后院的正房为坐楼，是主人及内眷居住之所。各重院落的大厅亦是婚丧喜庆招待宾客及宴会之所。各重院落的厢房则为辅助用房、书房以及儿孙晚辈的住所，每套厢房成为一个小的居住单元。仆人则居内外院通风采光条件较差的房间，这种主从分明、长幼有序、内外有别的格局，就构成封建大家族的典型居住方式。

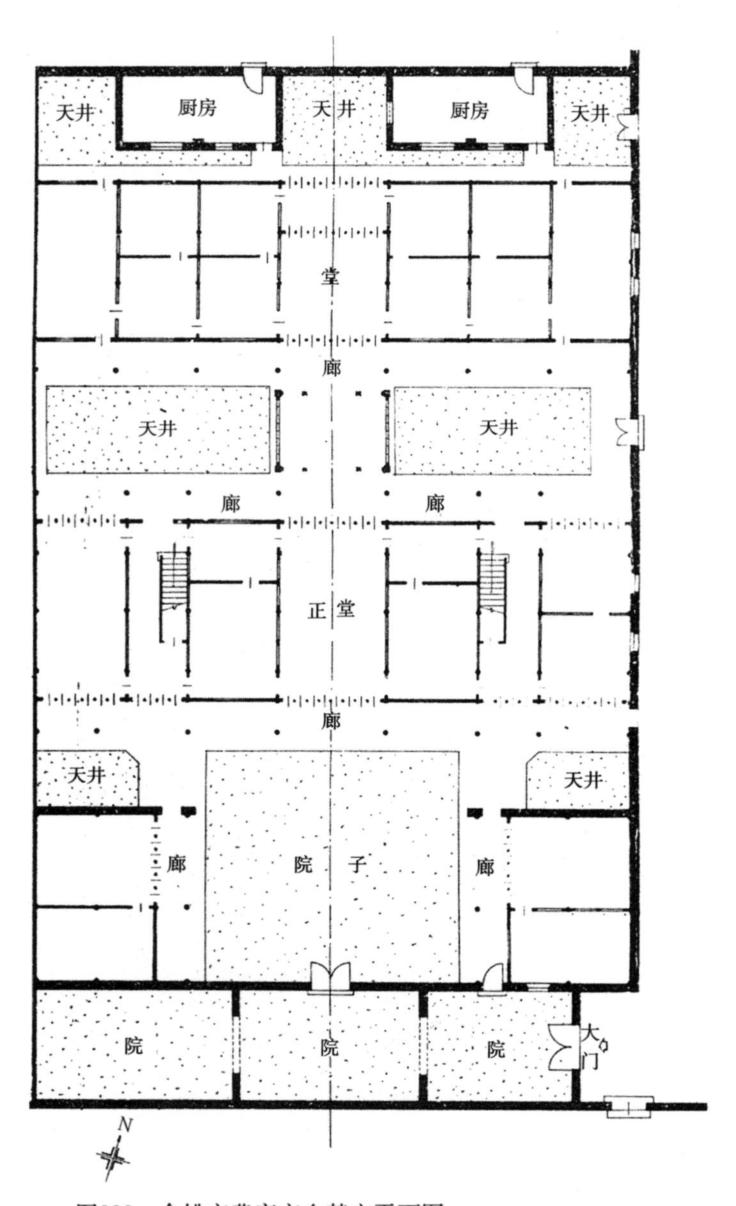

图229　余姚市费家市乡某宅平面图

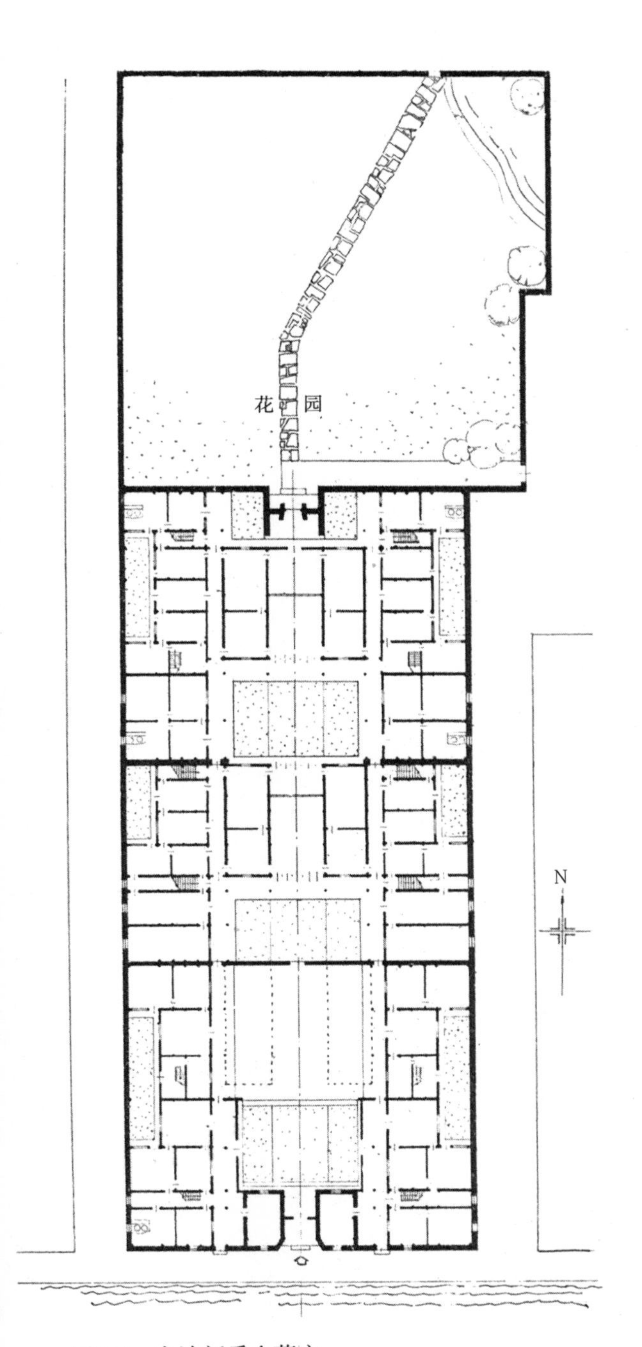

图230　宁波新乐乡蒋宅

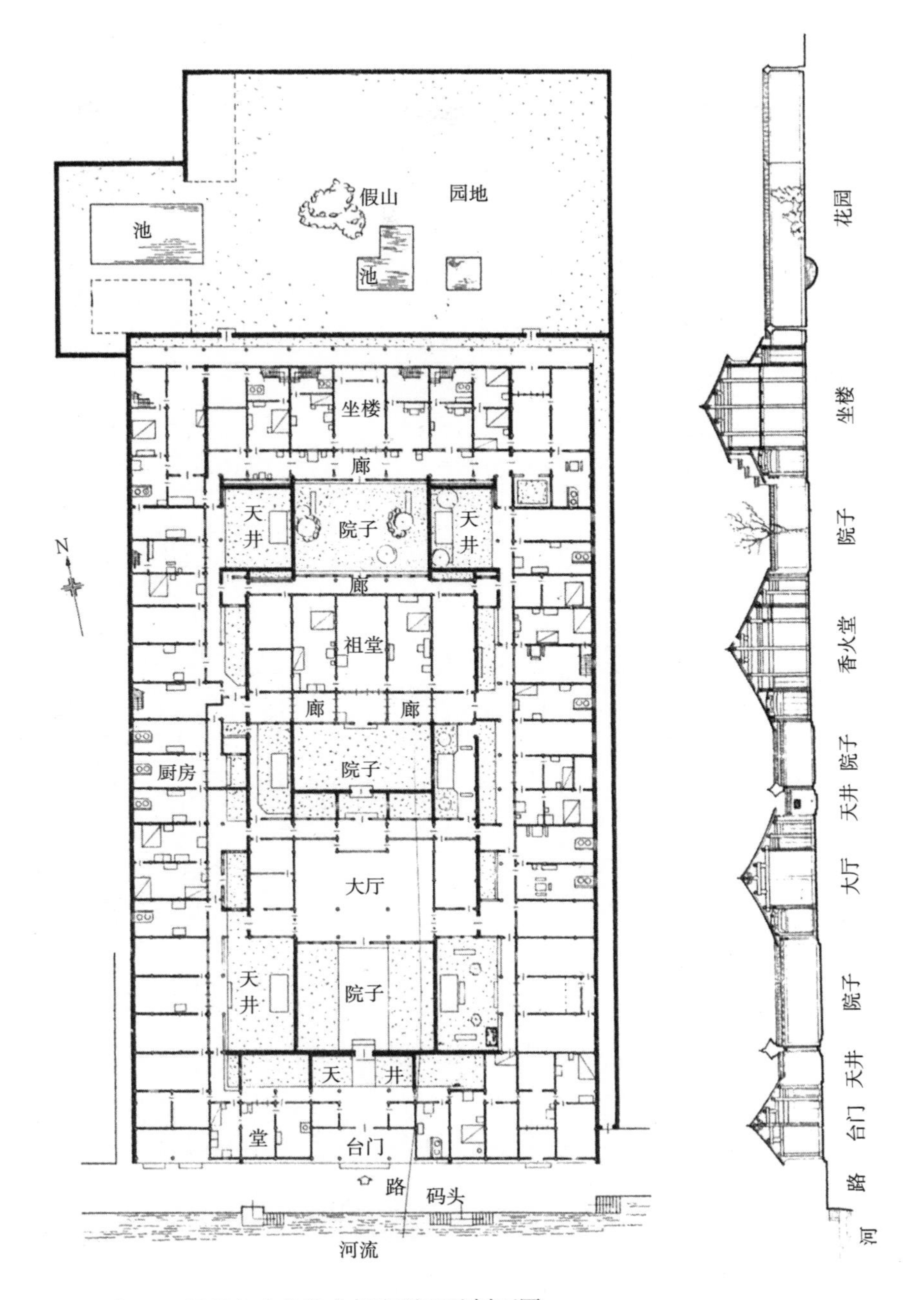

图231　绍兴市小皋埠乡胡宅平面及剖面图

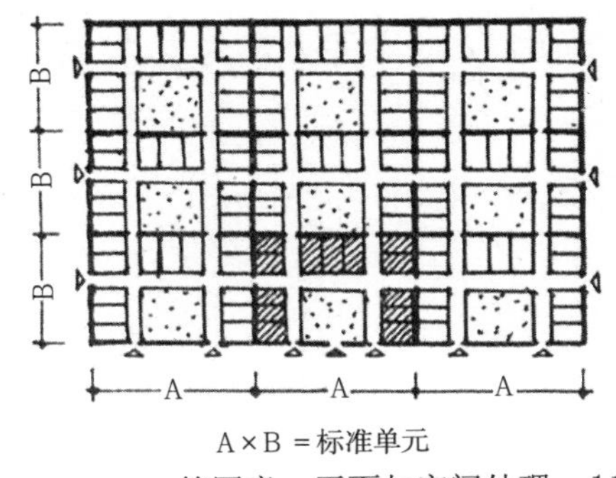

图232　用三合院拼联的组合体

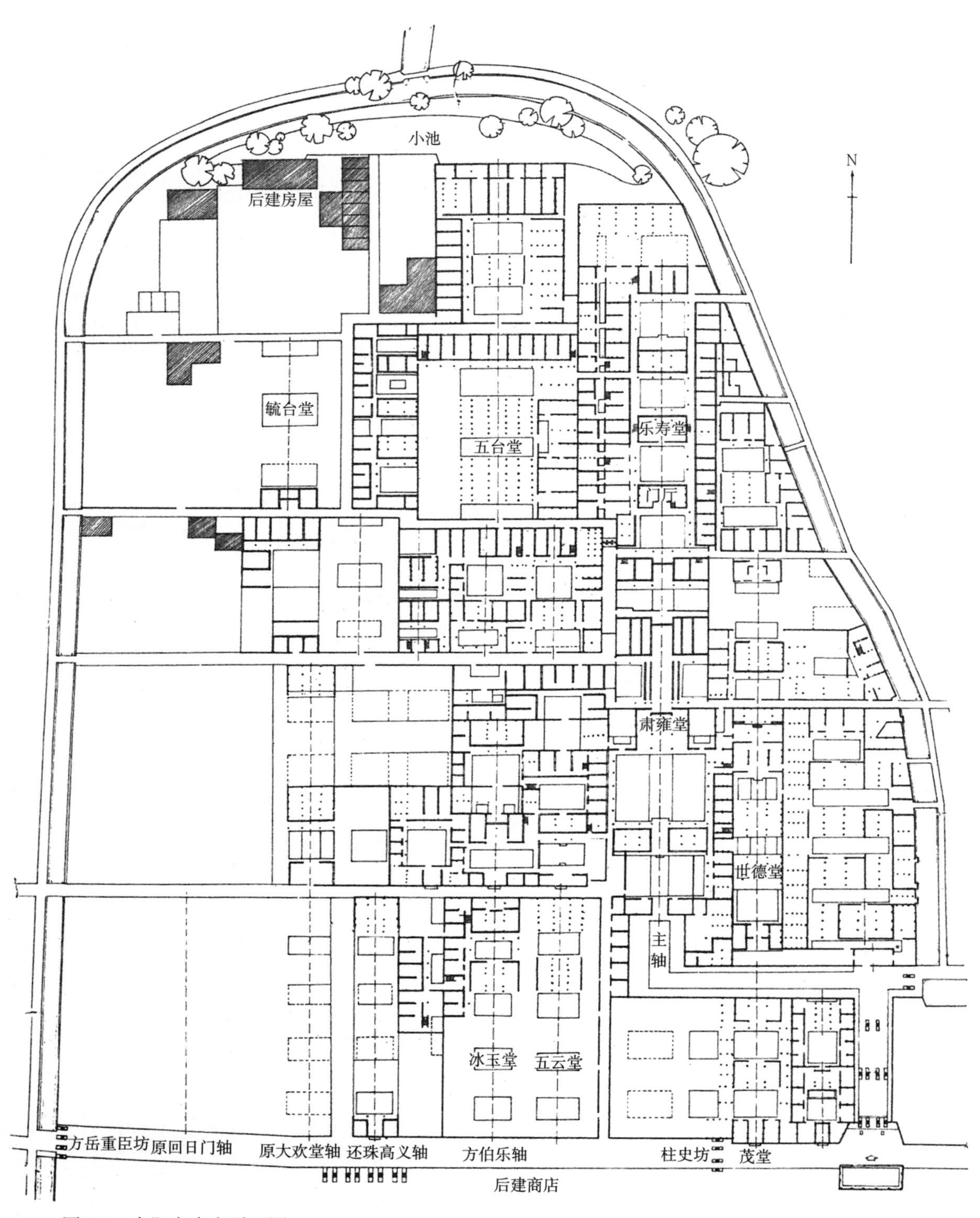

图233　东阳市卢宅平面图

9. 高密度的住宅平面：浙江民居有许多平面类型的居住使用面积与占地面积比较，住房的密度是很高的。天井往往只占用地的八分之一、九分之一、甚至十分之一，变成仅仅是通风采光的开口。这类住宅固然居住条件较差，缺少或根本没有室外活动的余地，但是基本上还是解决了通风采光问题，其最大特点就是体现了很大的经济性，以有限的用地来解决尽可能多的住户。在以上列举的“一”形及“|”形平面中有些即是密度很高的。图 234 是一幢独家使用的住宅，后面设有狭长的小天井；图 235 是一幢多户集居住宅，以每两个开间为一标准单元拼接而成，由于进深很大，把采光通风的狭长小天井设在中部，使建筑密度达到极高的程度；图 236 为一拉长的“H”形平面，中轴线上的狭长天井实际上即是一条不带顶的内走廊，设有一间厅堂，两侧的带形天井仅为通风采光而设，并按居住单元用隔墙分成若干段落。这样的平面，既做到了高密度，又保证了较好的居住条件。

以上所列各种类型的平面只是一些基本的类型，不能包括浙江的所有类型，而且每一种类型又有许多变体形式，在此就不一一列举了。

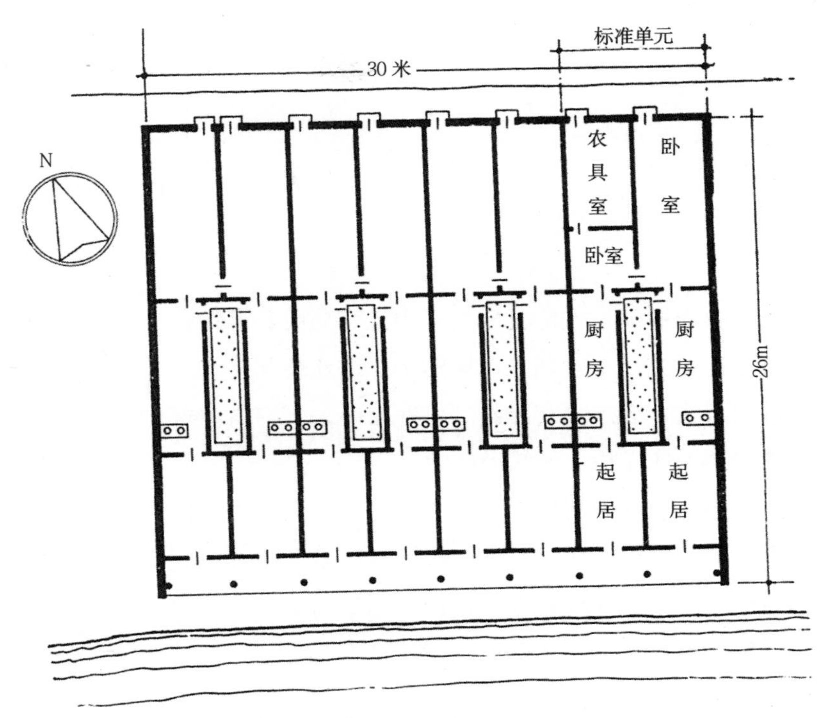

图235　杭县临平小林乡住宅平面图

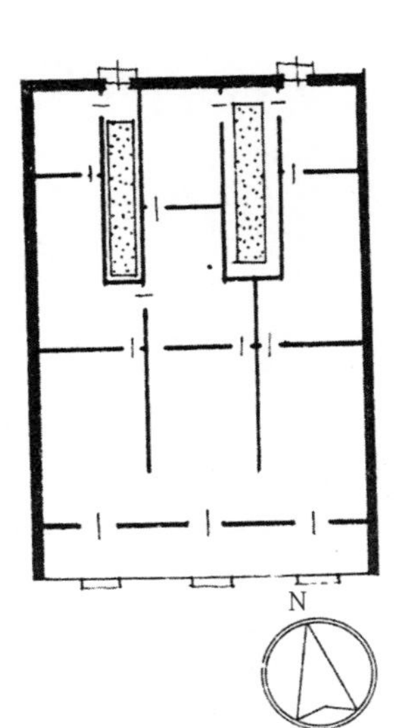

图234　杭县小林乡胡宅平面图

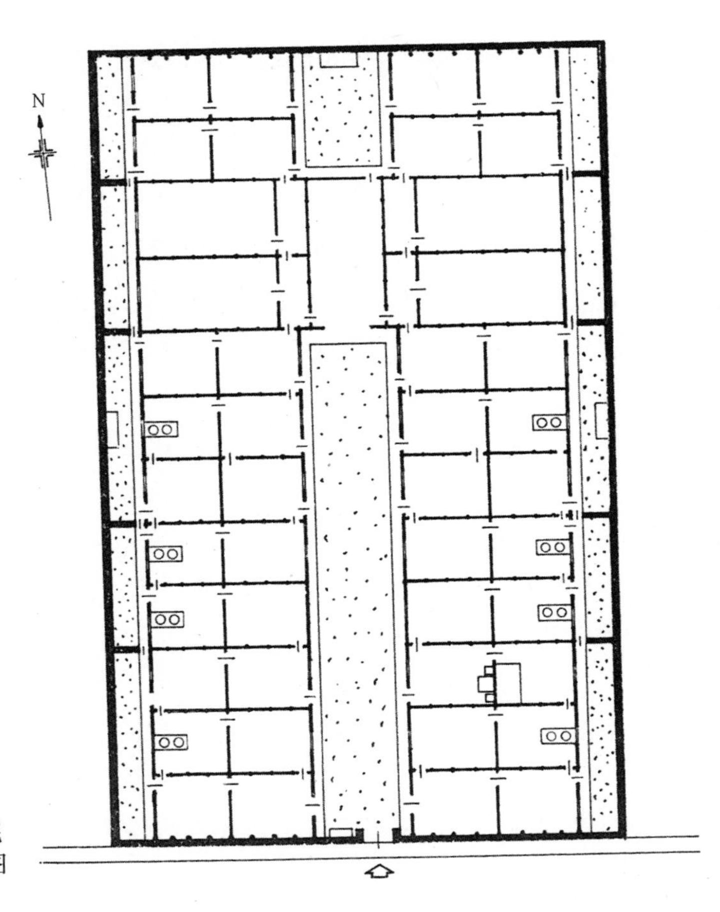

图236　鄞县梅墟镇泥桥头钱宅平面图

空间的争取和利用

由于浙江省大部分地区是山地和丘陵，城镇建筑密度较大，一般稍具规模的房屋都建楼房，二层楼很普遍，沿街也有建到三、四层的，这样就增辟了许多居住面积，节约了耕地。

为了争取和利用更多的使用空间，除了大量修建楼房与增设阁楼外，最常用的办法是“出挑”和利用屋顶山尖部分的空间，并把零星的小空间都利用起来。

常用的出挑方式是二层自一层挑出，有时三层更自二层挑出，另外楼层外檐还有许多不同的出挑方式，如：

1. 挑出“檐箱”：悬在屋檐之下，对外封闭，对室内开口，相当于在板壁上辟出一条箱厨（图237B）。

2. 挑出“檐口栏杆”：在窗槛的位置挑出一排小栏杆，离地板面 50~60 厘米，相当于靠背栏杆，可供休息使用。如在高出地板面 1 米多的位置挑出，则其上可存放需要风干的物件（图 237C、D、G、H）。

3. 挑出“出窗”：在窗槛以上的部分连同窗扇一齐挑出约 50 ~ 60 厘米，在室内可当长条桌使用（图 237E、F）。

4. 楼层整个挑出，扩大上层使用面积（图 237I）。

总之，各种挑法等于在室内加了许多固定家具而不占用地面面积，很适用。同时，从建筑的体形上看，出挑给外观带来很大的影响，使立面有了凹凸及阴影的变化，可见这些手法是很巧妙的。图 238 ~图 244 是各种出挑的内外部透视。

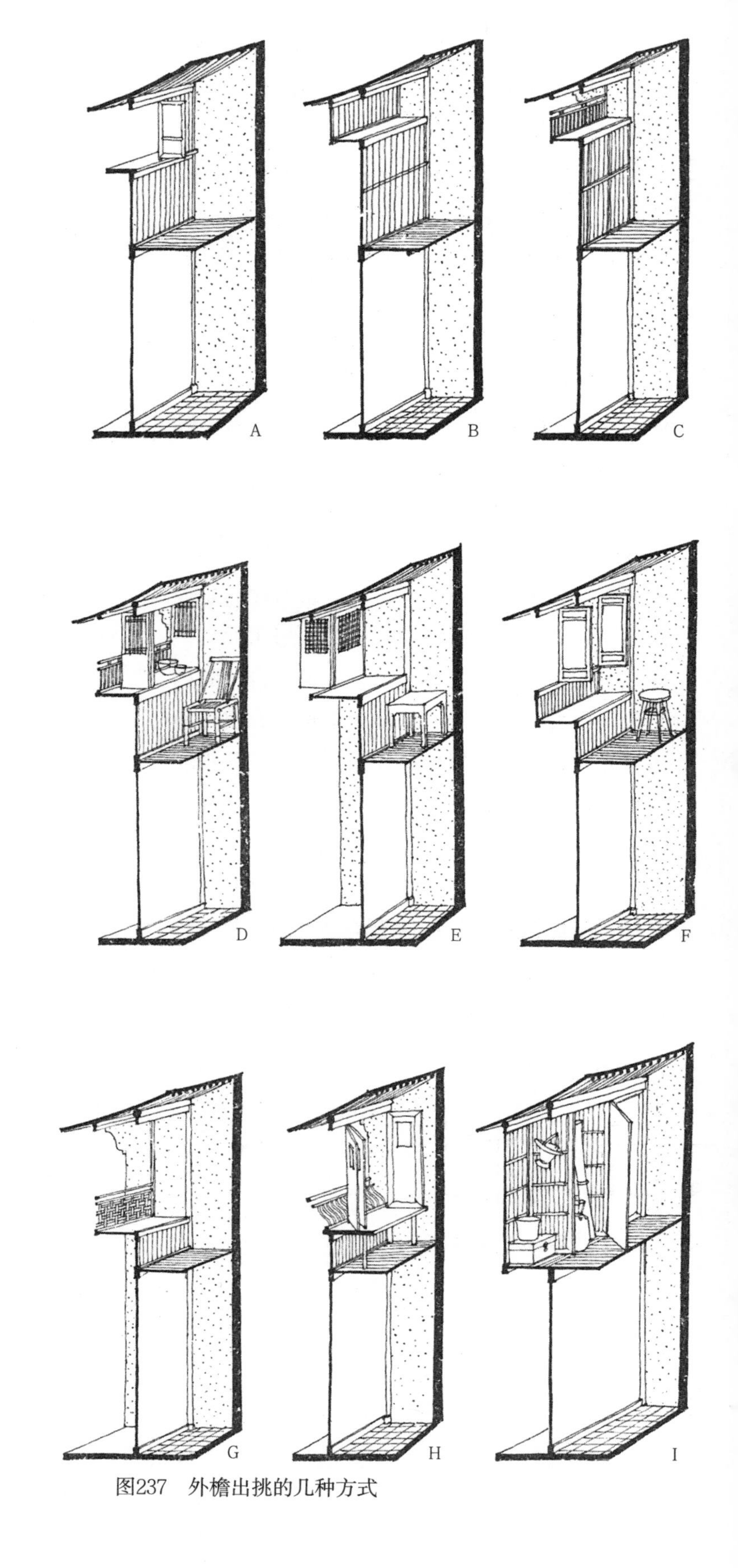

图237　外檐出挑的几种方式

图238　临海太平路七号临街建筑　　楼房层层挑出

图240　东阳卢宅镇某宅檐箱

图239　金华赤松门某宅　　檐口栏杆的外观

图241　金华八咏门某宅之一　　出窗外观

图242　金华八咏门某宅之二

挑出“出窗”后，室内形成“条桌”式的宽窗台，木隔断墙不封到顶，室内空间不觉狭小，但平面面积很小

图243　义乌某宅

窗扇及窗槛全是挑出的，内部形成长条“靠背椅”

图244　金华赤松门某宅

挑出较低的“檐口栏杆”后的室内情况

由于多雨的缘故，浙江民居一律是坡屋顶。为了排水顺畅，屋顶必须保持一定的坡度，一般在 30° 左右，而一般房屋的进深又较大，所以屋顶下山尖部位的容积往往很大。这部分空间如果不加以利用，对于整个建筑体积的利用，将是很大的损失。图 245 示当房屋进深增加一倍时，也就是室内空间增加一倍时，山尖部分的容积却增加了三倍。浙江民居对这部分空间大多加以利用，方法是：

1. 将屋顶山尖的空间作为室内净高的一部分，这样可以降低檐口的高度，节省墙体围护结构的建筑材料。

2. 对于比较小型的住宅，常将屋顶山尖部位作为局部的储藏空间，因为这种住宅跨度小，墙较矮，一方面要利用屋顶下的高度增加室内净高，另一方面还要利用它解决存贮问题（图 246）。

3. 将屋顶山尖部位作为储藏室，这种做法往往是在跨度大，屋顶山尖高度也大的情况下采用。如果跨度是 8 米，山尖的高度可达 3 米。人在山尖中的隔层里行走毫无阻碍；若是跨度为 6 ~ 7 米时，山尖隔层的最大高度只有 2 米，靠近外墙处人不能直立行走，这就需要适当地增加隔层内的高度，一般将外墙增高几十厘米至一米，归入隔层内，就有足够的空间高度来做一个储藏室使用了（图 247）。

4. 山尖隔层楼板面往往留出通风的空格，在做储藏室的同时，起到增加室内空气对流的作用。

图 248 是一些利用山尖空间的例子。

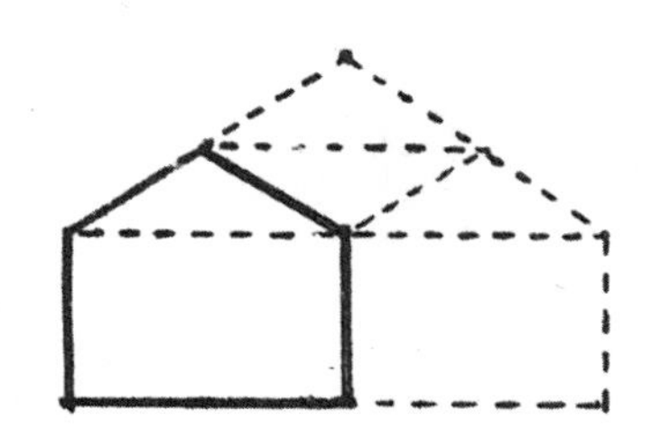

图245　进深与屋顶山尖容积的关系

房屋进深增加一倍，山尖空间容积增加三倍

图247　利用屋顶山尖的空间做储藏室

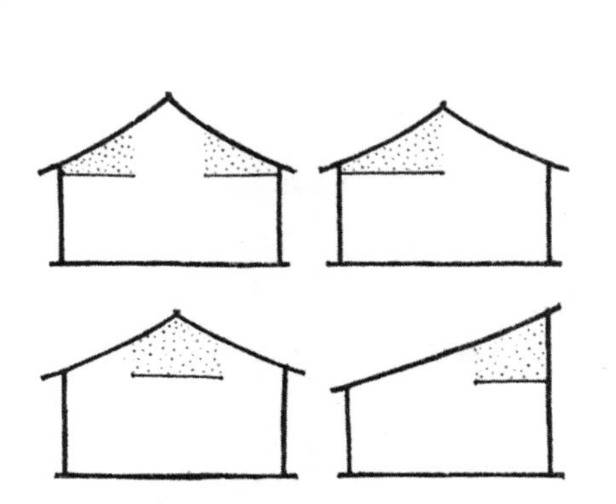

图246
利用局部的屋顶空间做储藏之用

图248　几种利用屋顶山尖空间的例子

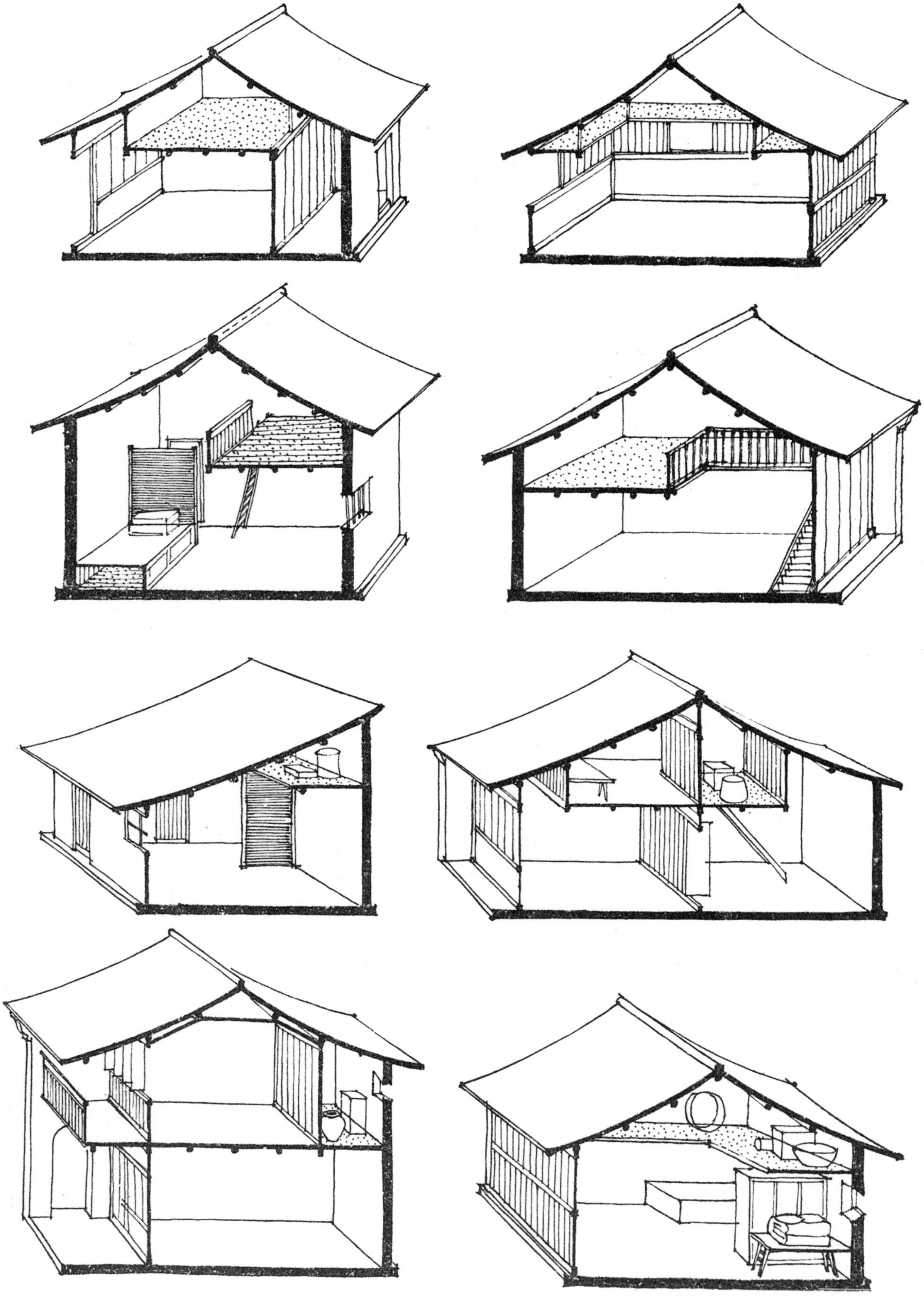

浙江民居，在充分利用零星小空间方面也做得很好，下面举一些例子：

1. 利用腰檐或披檐下部做储藏（图 249、图 250）；

2. 利用柱与外墙间隙做格架（图 251）；

3. 利用墙壁厚度做壁龛或炉灶（图 252 ~ 图 254）；

4. 利用墙壁厚度差所形成的台槛存放东西（图 255）；

5. 利用宽窗台内外存放东西（图 257）；

6. 把橱柜凸出在墙外面，不占用室内空间（图 256）

7. 做悬吊式的存物架（图 258）；

8. 把楼梯口的栏杆做成挂晒衣物的架子，并在楼梯口的搭格板放置箱子（图 259）；

9. 楼梯扶手采用横木，既便于攀扶，又可挂晒衣物（图 260）；

10. 利用楼梯踏步的背面，做置物架子（图 261）；

11. 将壁橱和推拉窗结合起来（图 262）；

12. 利用楼梯间的板壁挂东西（参见图 530）；

13. 合理的平面布置，如厨房灶台与格架、吊架、桌子、橱柜、窗口等位置的合理安排，能够给炊事工作提供最大的方便（图 263）。

从以上已列举的种种手法，可以看出浙江民居对阁楼、屋顶山尖及零星小空间等的利用十分重视，想出了很多办法，较好地解决了一些居住生活中的功能问题，特别是储藏问题。

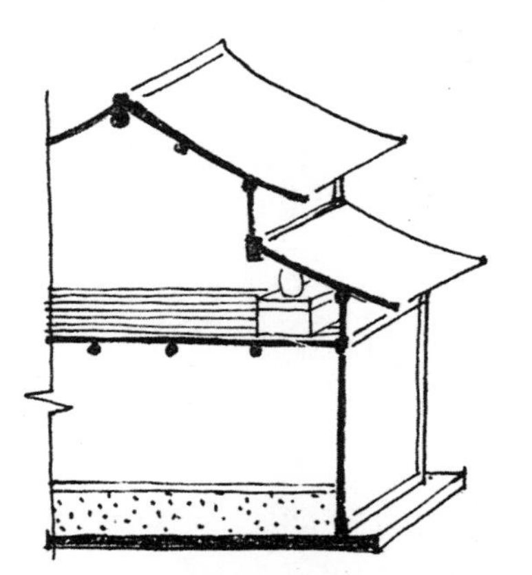

图249　利用腰檐或披檐下做储藏

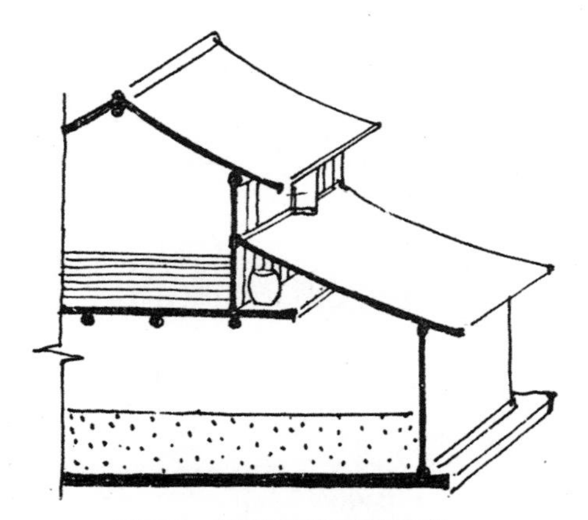

图250　利用披檐下做储藏

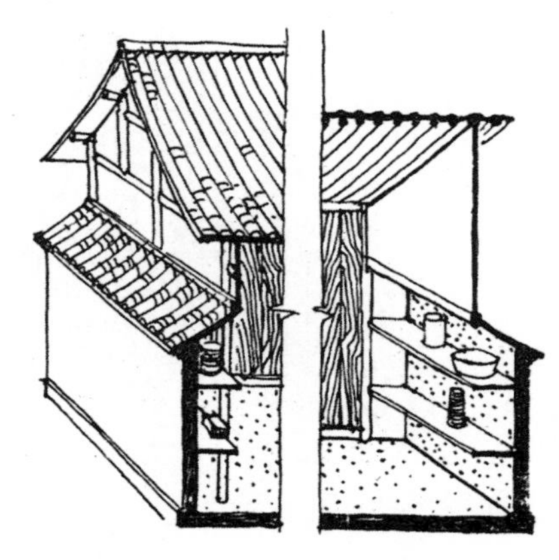

图251　利用柱与外墙间隙做格架

图252　利用墙的厚度做多种形式的壁龛

图253　利用墙的厚度做壁龛

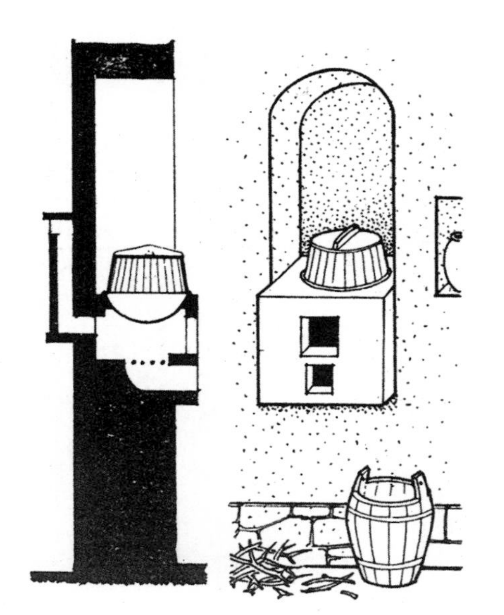

图254　利用墙壁厚度做炉灶

图255　利用墙壁厚度差存放东西

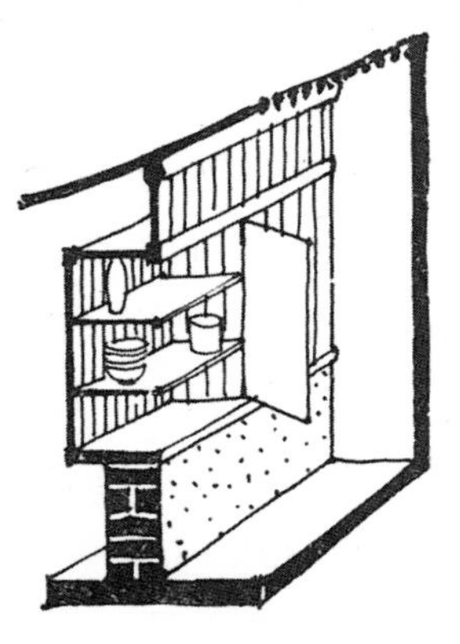

图256　将橱柜凸出室外

图257　利用宽窗台内外存放东西

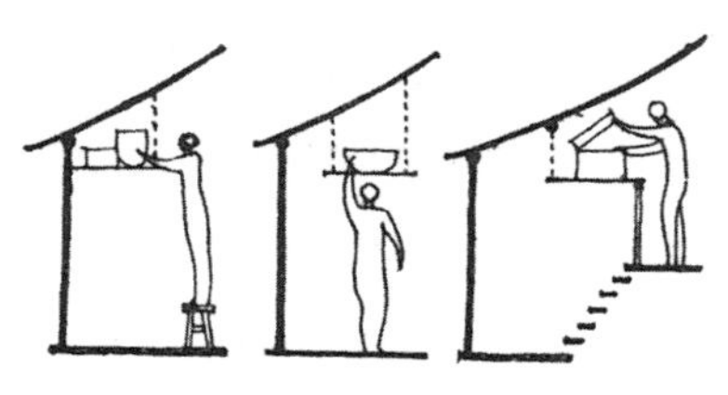

图258　悬吊式存物架

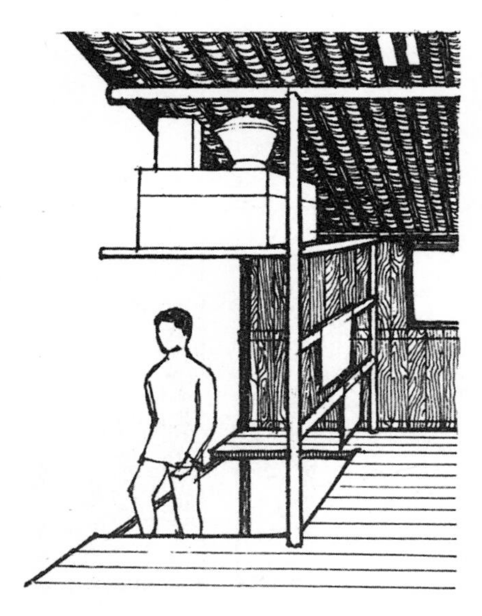

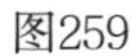

图259

利用楼梯口栏杆做晾衣架及楼梯口上部做放物架

图260　利用楼梯扶手挂晾衣服

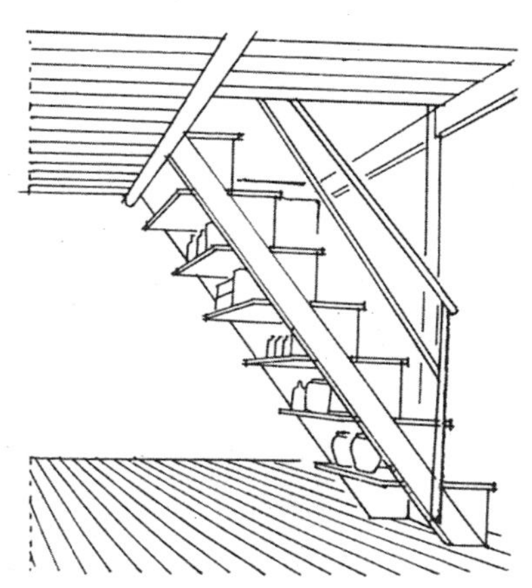

图261　利用楼梯踏步背面做放物架

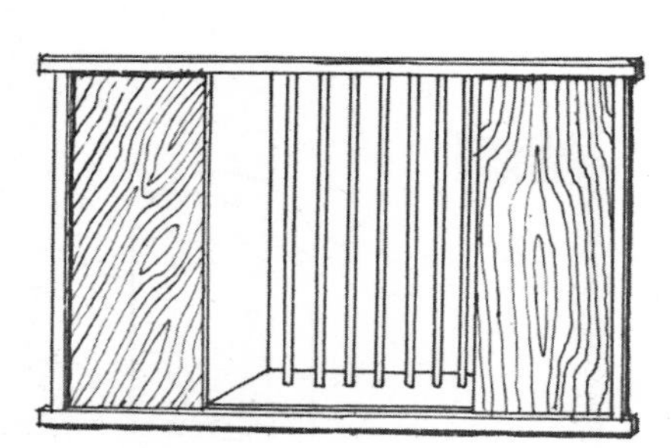

图262

把推拉窗与壁橱结合起来

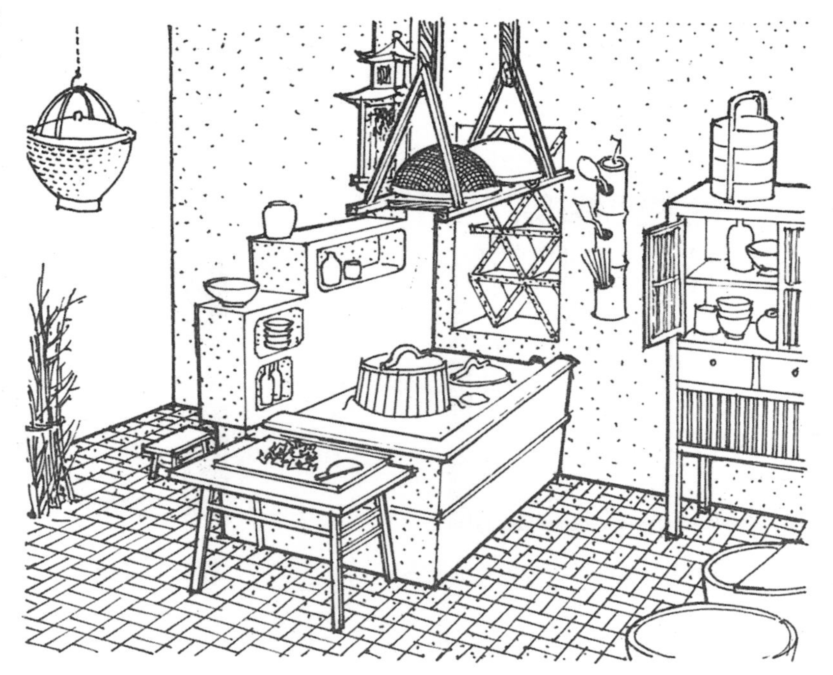

图263　厨房的布置

空间的分隔与联系

在浙江民居中，室与室之间、室内外之间以及各庭院天井之间的空间划分，都比较灵活、自由，具有可变、通透的特点。这主要是湿热的气候对建筑有这样的功能要求，而木构架梁柱承重系统使墙壁可以不必承重，也为建筑空间的任意分隔提供了可能（图 264）。

1. 室内空间的分隔与联系：浙江民间的房屋，内部分间多用木板做隔断；也有用竹篱笆外抹灰泥的薄墙，竹席编的隔屏（图 265），以及悬吊式的隔屏（图 266）。总之，多是用轻质隔断。一般分间常不隔死，而是按生活需要做灵活的部分分隔。有许多是隔在 2 米左右的高度，上面与邻室相通；或是隔一边空一边，间与间一半连通，一半分隔，往往不做门限；有时也用立柜、架子等家具来做房间的分隔，这样可以有很好的穿堂风。由于和邻室的空间互相因借，使面积很小的房间，不觉拥塞狭窄。

采用轻质隔断，不仅造价低廉，而且拆装方便，随时可以根据需要不同而变换隔墙位置。例如，在农忙、养蚕季节，或有其他需要时，可以把邻房间的隔断取消，合几个小房间为一个大间，临时辟为生产劳动的场所。

通过各式楼井、夹层的处理，使上下层的空间也取得了视线与气流的沟通和联系。

图264　黄岩樟树下路许宅

木构架承重的结构体系，为空间的灵活分隔提供了方便条件

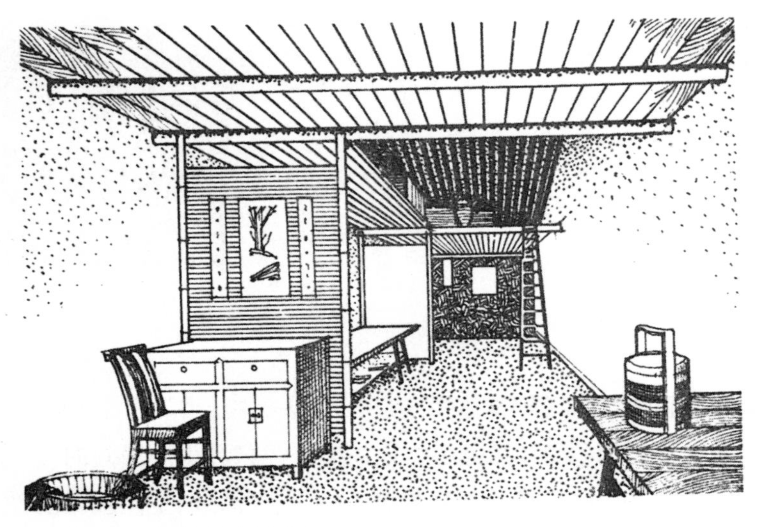

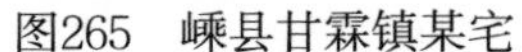

图265　嵊县甘霖镇某宅　　房间用竹屏仅做部分分隔

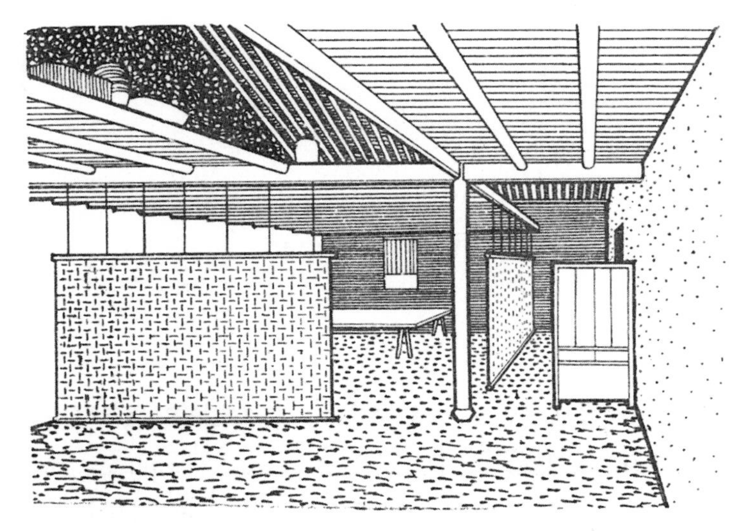

图266　东阳某宅室内采用悬吊式隔屏

2.室外空间分隔：院落式住宅常用围墙划分宅的内外。一般围墙为了与宅外隔绝并起防卫作用，往往做得很高，常达4米上下。这样做有时可以起到遮阳的作用，但对通风不利，因此常把围墙上端做成花墙的形式，并在墙上开漏窗，不但解决了通风问题，而且成为很好的墙面装饰（图267、图268）。

住宅内部院落之间的隔墙，因为没有防卫的要求，仅做空间的划分，所以多做得很低矮，有时采用大面积的漏窗、花墙，镂空部分更有所增加（图269）。

在大型住宅的庭院内，往往用廊来联系各组房间，使空间曲折而有层次（图270、图271）。

图267　绍兴鲁迅故居内的花墙漏窗

图268　庭院内隔墙上的漏窗

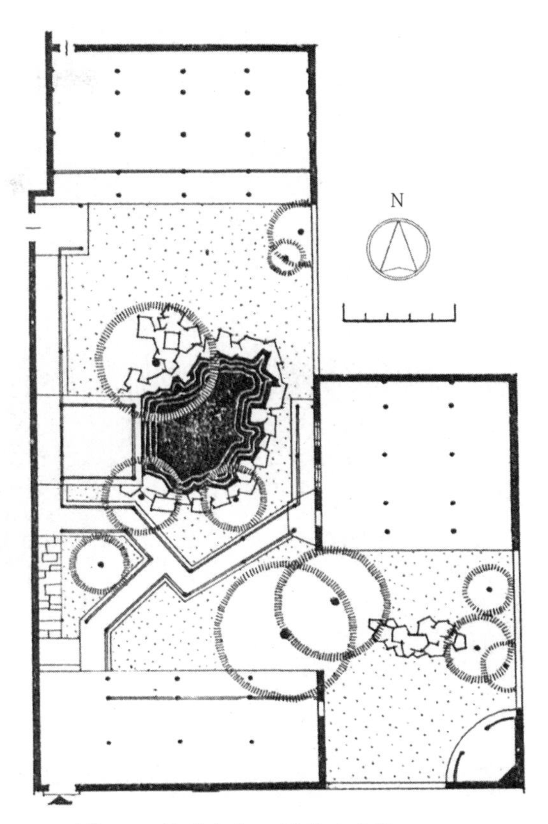

图270　吴兴东街92号沈宅庭院

图269　温州某宅庭院内隔墙的花墙及门洞

图271　吴兴南浔镇张宅庭院鸟瞰

3. 内外空间的分隔与联系：夏天为了通风换气，取得风凉，住宅房间应尽量向室外开敞，所以面向天井的一面，往往把整个开间做成通长的格扇门或通长的活动格扇窗，在夏季可以全部卸掉，变成敞口厅（图 272）。

有时把临天井一面的格扇门、窗全部做成空格，使气流通畅，视界开阔；或者把室内敞开与廊子完全打通，成为一个统一的开敞空间（图 273），甚至把整个居室向天井的一面不做门窗隔断，全部敞开（图 274、图 275）。

图272　绍兴某宅的格扇门

夏季将门扇卸掉，室内向天井完全敞开

图273　义乌北口门12号

楼上廊子一面挑出靠背长椅，临房间一面夏季将木装修全部挪除，形成风凉的敞厅

图274　东阳巍山镇某宅的三开间大敞厅

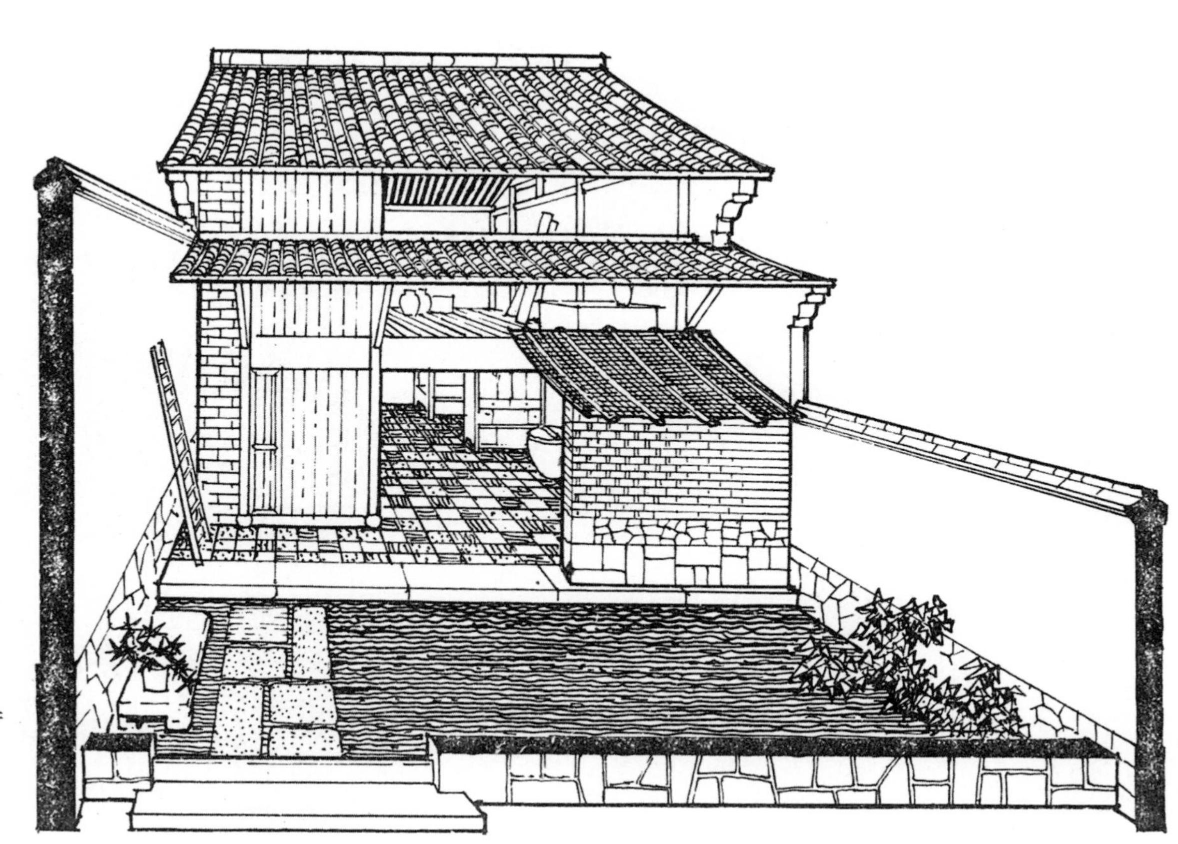

图275　东阳卢宅镇某宅敞厅

部分的屋顶向天空开口，使室内出现一个很小的“天井”，取得良好的通风采光，并使室内具有一定的室外感觉（图 276）。

敞厅、敞棚、加宽的廊子等半室外空间是室内外空间的过渡（图 277）。

把居室的外廊加上一道廊栅或矮墙，就可以把这部分空间当作室内的生活空间（图 278、图 279）。

当天井的开口很小，而廊子很深，敞厅很大，檐下部分远大于天井部分时，则天井的室外感觉被削弱，天井就变成一个大的“天窗”，使室外的天井具有了室内的感觉。

从上述情况看来，浙江民居建筑的室内外空间有时没有显著的分界，往往互相联系，互相沟通，很好地解决了炎热多雨地区的通风、防潮问题。同时也因“通”、“透”的原因，减少了密集房屋狭小拥挤的感觉。

图276　金华曹宅镇某作坊

底层各间打通并与天井连成一片，空间向前、后、上、旁各方伸展延续，形成空间变化

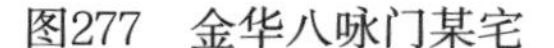

图277　金华八咏门某宅

楼上走廊一面向外挑出靠背长椅，另一面部分退入，形成一个较宽阔的敞廊，供室外生活起居之用

图278　东阳东街某宅的“廊栅”

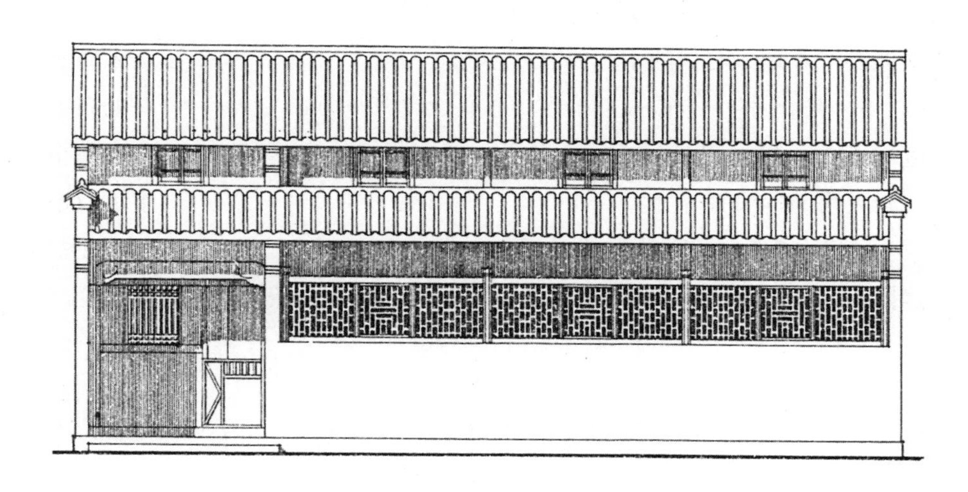

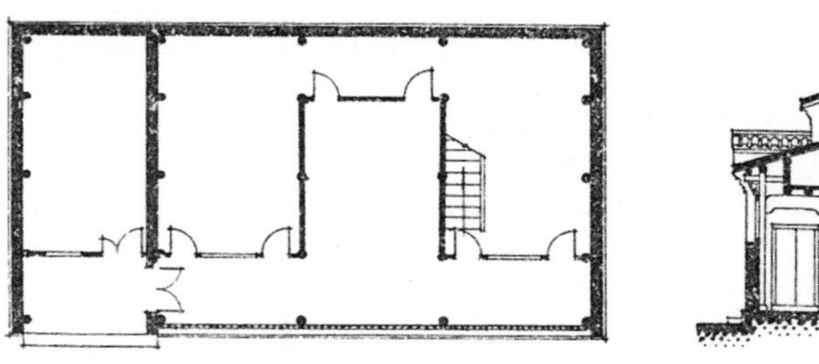

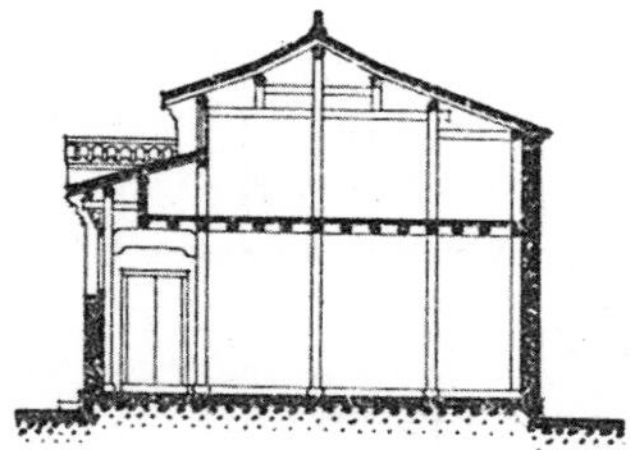

图279　东阳巍山镇某宅的封闭廊子

庭院天井处理

浙江民居中的庭院天井是根据南方的气候条件及生活习惯来处理的。由于室外生活的功能要求较多，庭院天井成为不可缺少的生活空间。

浙江民居对庭院天井的功能要求主要包括：通风换气；接受日照，解决采光；排泄或收集雨水；通过设置水池及绿化来调节小气候；满足农村副业生产的某些需要；堆放杂物；室外纳凉、休息、活动；宅内交通；美化生活环境等。

庭院天井在平面中的布置，随着住宅形式规模大小、功能要求及地方习惯的不同而有所不同。

外墙封闭的三合院及四合院，虽使大部房间面临室外庭院天井，但在天井很小的情况下，缺少通畅的穿堂风，转角处房间通风采光尤差。

“H”、“日”、“目”等形式的平面，因有前后天井，通过门窗、敞厅、弄廊等开口，改善了正房穿堂风的通风条件，但两厢房屋的通风采光仍不理想。因此在某些大型住宅沿厢房外侧，更加上一条狭长的小天井，这样就解决了所有厢房的通风采光条件（图 222、图 236、图 280、图 281）。同时这种小天井有别于主天井的公共性及交通线的功能，具有隐蔽性。如果按每套厢房为居住单元来加以分隔，就可以成为这个居住单元内部的私用天井了。

中、小型住宅的天井除了小三合院或小四合院的中央天井及“L”形平面的条形天井外，一般都布置得比较灵活，没有一定的格局，占地也很小，往往只有一个房间大小或一个廊子的长宽，甚至更小到变成一个通风采光口。小天井的布置成为浙江民居中一个重要的空间处理手法，使得在房屋很密集的景况下，不占用更多的基地而能解决室外生活及通风、采光、排水、遮阳等问题（参见图 203 ～图 212、图 219 ～图 227、图 229 ～图 231、图 234 ～图 236、图 280、图 281）。

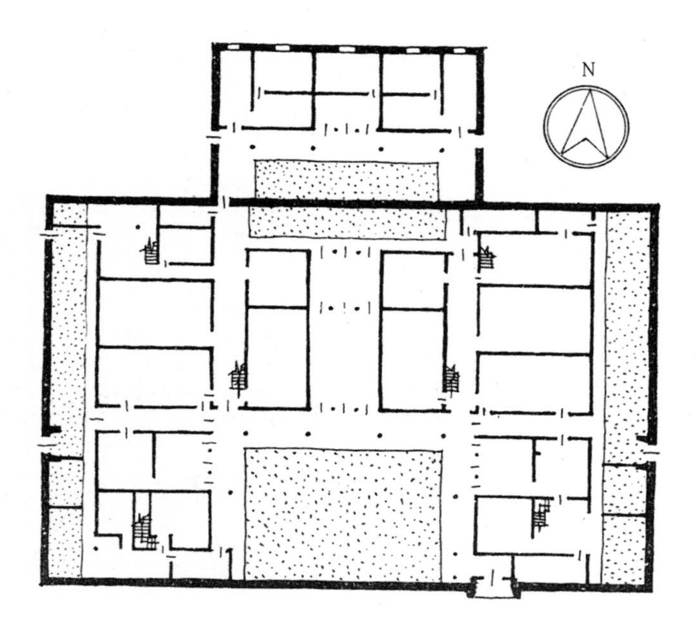

图280　余姚鞍山乡某宅

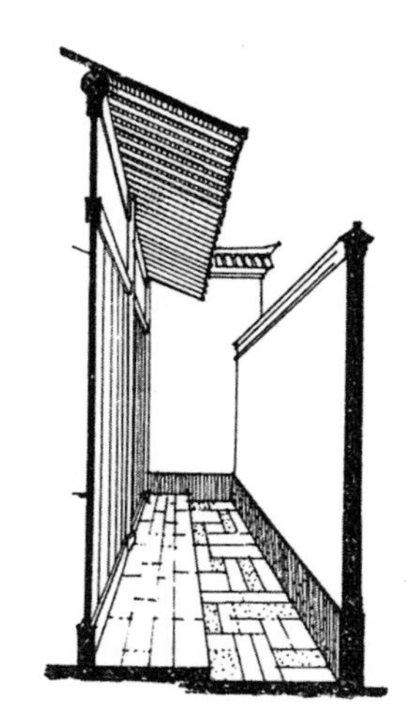

图281　慈城某宅侧天井

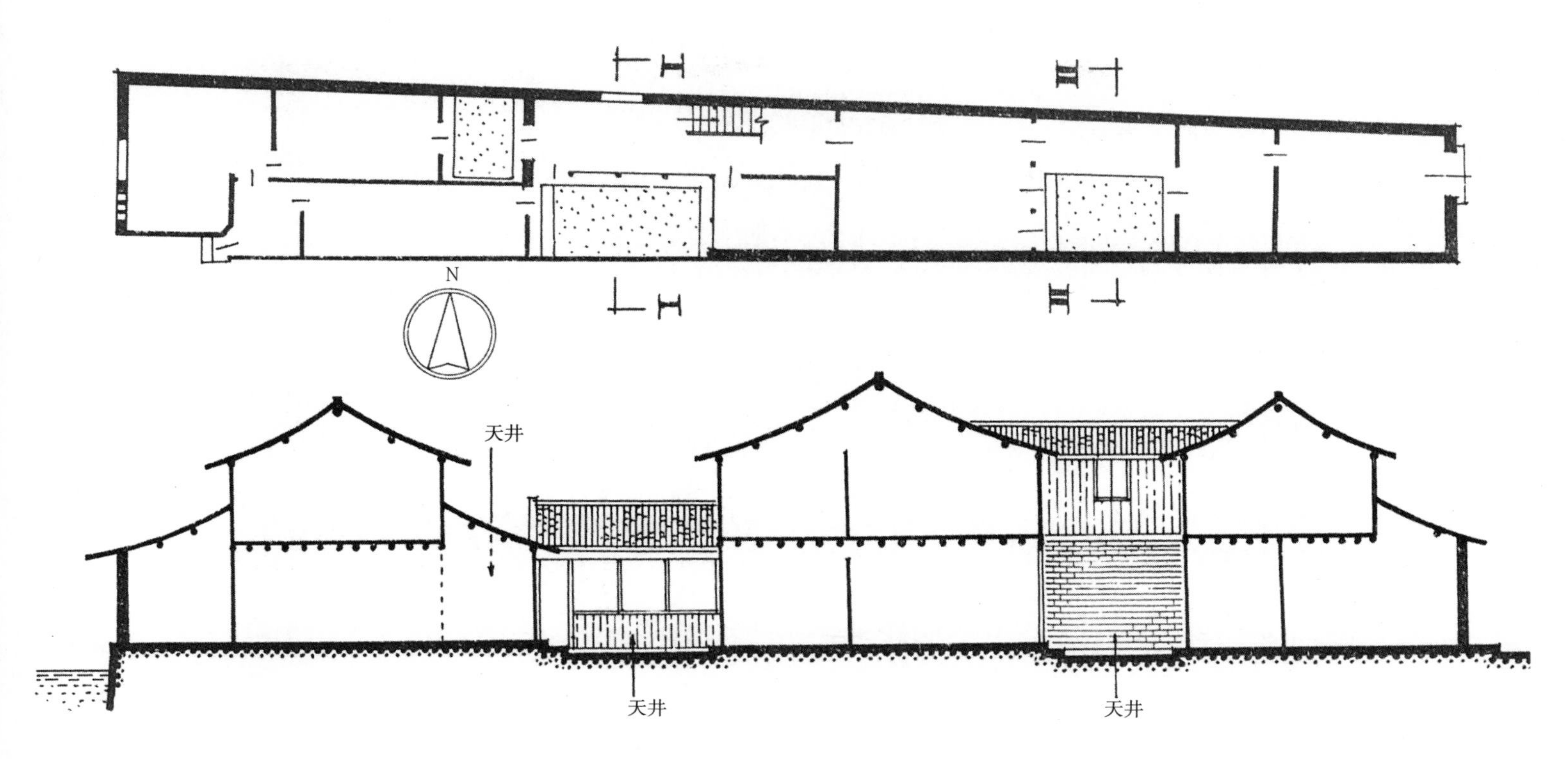

图282　绍兴某宅平面及纵剖面图

图284　绍兴某宅Ⅱ－Ⅱ剖视图

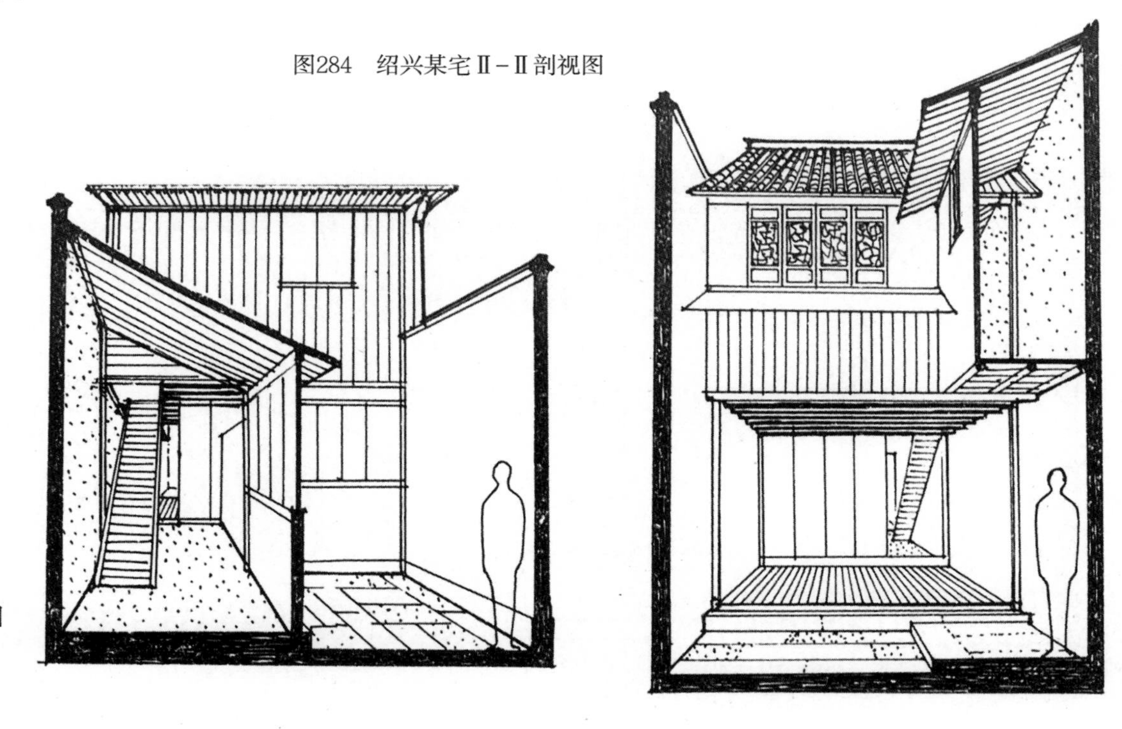

图283　绍兴某宅Ⅰ－Ⅰ剖视图

图 282 ~图 284 是一幢面积仅一个开间的“|”形的住宅，两边都是邻宅，通过巧妙地布置小天井来解决其通风采光的问题，并使这一长串狭长的一二层房屋之间，有了室内、室外、半室外等明、暗、开、闭的空间变化，使它在这样局促的条件下，仍能形成一个很好的居住场所。

在大型住宅里，有时庭院很大，空间感觉空旷，往往用花墙、矮墙等做适当分隔，划一个大空间为几个大小不同的空间，造成变化和对比，有时则把一个狭长的天井分割成几段，避免一望到底（图 285 ~ 图 287）。

庭院天井内经常布置水池、鱼缸、树木、花盆、盆景等等，甚至有时把整个庭院天井做成水面，一方面美化了生活环境，另一方面也调节了小气候（图 288 ~ 图 294）。

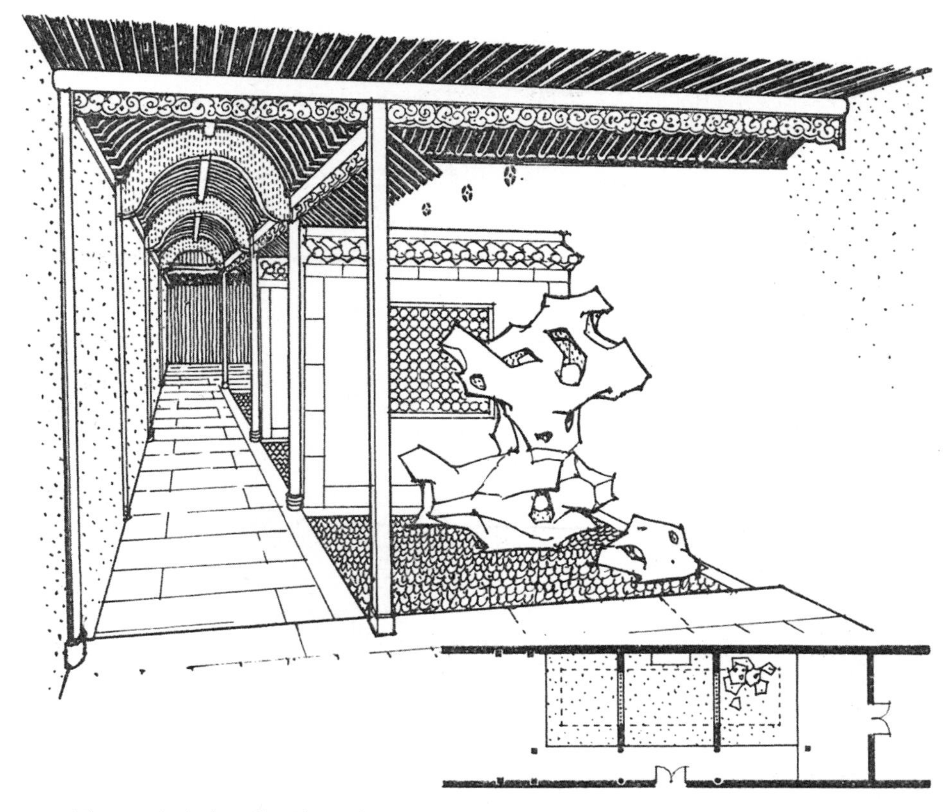

图285　绍兴鲁迅故居侧天井透视及平面图

图286　绍兴鲁迅街某宅

加隔墙划分庭院空间

图287　鄞县新乐乡蒋宅

图288　宁波天一阁后院水池

图289　绍兴鲁迅街
某宅水天井

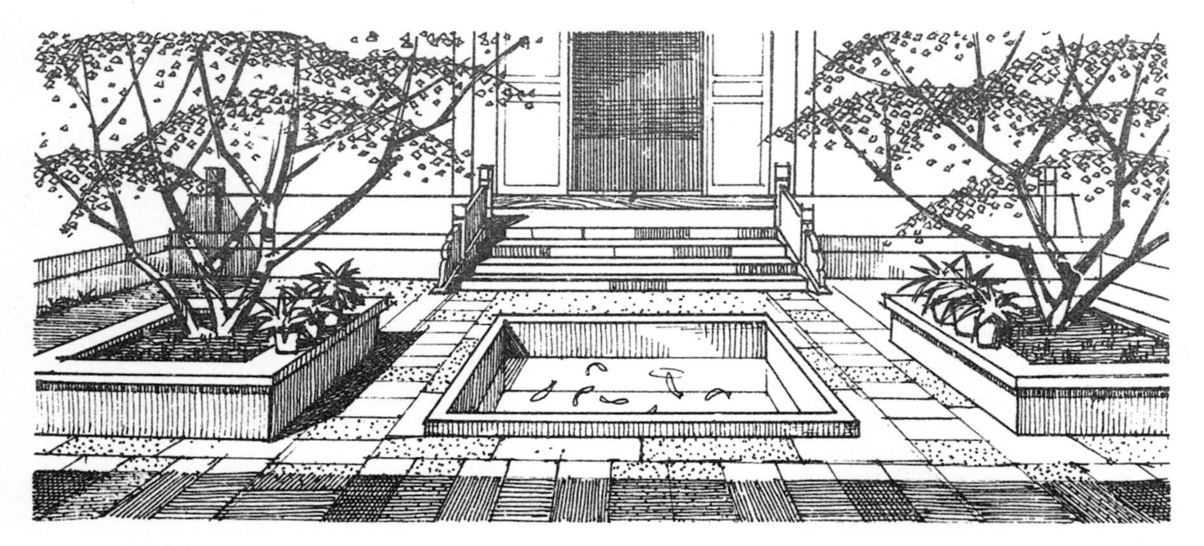

图290　天台某宅花坛鱼池

图291　温州某宅庭院水池

图292　庭院中的花架

图293　临海方一仁药店宅院内的水池花坛及盆景

图294　绍兴新台门庭院

有些住宅，天井不大，但房屋出檐深远，使一部分天井地面处在阴影里，不受阳光的辐射，给人格外阴凉的感觉（图 295、图 296）。

总之，浙江民居大部分为对外封闭的，在这种封闭型住宅里，庭院天井是住宅中不可缺少的组成部分。在密度很大的情况下，通过种种巧妙地安排，使庭院天井不仅解决许多功能上的需要，同时又能创造出一个舒适美观的空间环境，在这方面，浙江民居积累了很多好的经验。

图 297 ~ 图 300 分别为大、中、小三种不同大小的庭院；图 301 ~ 图 303 则是带有庭园意味的庭院，其中设有圆洞门、亭廊、叠石等。

图295　天台某宅庭院

图296　金华曹宅镇某作坊

天井与内部空间结合起来，成为一个大的通风采光口

图297　余姚半浦乡某宅庭院

图298　余姚半浦乡某宅的主庭院

图299　丽水某宅庭院

图300　义乌某宅庭院

图301　绍兴新台门庭院

图302　临海某宅庭院

图303　遂昌青年路叶宅庭院

第五章

体形面貌

功能要求引起的体形变化

由于功能要求引起的体形变化，处理得当，能够起到丰富体形面貌的作用。

1. 因借主体与辅助建筑之间的体形组合关系

自由灵活、主次分明是浙江民居特点之一。在一些中小型住宅中，“堂”与卧室连成一排，构成建筑的主体。主体建筑尺度大，体量高，装饰加工也较多。在它的周围常建一些当地称为“披”的单坡顶棚屋，作为厨房、杂屋、储藏等辅助房屋。这类房屋所用材料很小，构造简单，跨度可到三椽至四椽。外檐装修按不同使用需要做成栅栏、栏杆、矮墙或是门窗墙壁等等。

这样做不仅可以使功能关系安排得更恰当，合理地降低造价，便于按需要分批加建，同时由于在体形上主次分明，互相呼应，给美化建筑外观创造了方便条件。

披的具体运用有下列几种；

（1）主体左右对称加披　在温州、永嘉、青田等地的民居，主体面阔三到五间，明间做堂屋，次、梢间做卧室，屋顶阁楼做储藏室。在两山的外侧各加一个披，形成工字形平面，披内又可分成用餐、灶、备餐、储藏等部分，最后部分还可做畜舍（图 304）。这种布置在平面空间的利用上是非常紧凑的。在外观上，两山下部被遮住，上面露出一小部分山尖，在山尖上开窗以解决阁楼的采光通风。此处，窗的花样很多，有时在窗上加小雨披，把山尖部分处理得很丰富，成为侧立面上的重点装饰。在屋顶组合上，主体的屋顶自中心至两端每步架的檩都向上“生起”，形成双曲的屋面，而披的屋面只是单坡，没有“生起”，屋顶形式的不同，很明显地区别出主体和辅助建筑。在用料和装饰加工上，有些民居主体用梭柱、月梁和斗栱，两披则用一般的小圆木构件，也明显地表示出主体和辅助建筑的差别。从结构上看，温州一带受台风影响较大，郊区民居多不用高山墙，而采用这种主体左右对称加披的组合形式以加强建筑物的抗风能力。所以，这种类型民居的体形面貌是综合地考虑到使用、功能、结构体系、经济、当地自然地理的特有情况而形成的。

图304　温州青田间某宅

图305 温岭泽国镇某宅

（2）在主体的一侧加披　　例如温岭泽国镇一处民居，主体为二层，两开间，下层是起居室，上层是卧室。在主体一侧加披，披侧再加披，形成半歇山屋顶的平房，作为厨房、储藏等辅助房屋。由侧面看去，上下屋面的转折叠落有很好的韵律，而且建筑的功能区分在外观上也能明显地反映出来（图 305）。

（3）后、侧两面连续加披　　黄岩樟树下路许宅，主体三层，正面是临街的店面，后部一、二层连续加二重披，作为辅助房屋。这两层披和第三层后坡组织在一起，三层叠降，造成很美的韵律，并且增加建筑在构图上的稳定感。在侧面上每层加腰檐，和背面的披相呼应，把侧立面分成三段（图 306）。

（4）适应地形、灵活地加披　　杭州龙井村 58 号一座兼营小商业的民居沿着山溪转弯处建造，面阔两间，山墙和溪岸边空出一块很小的三角地，在这块地上加小小的披，做成临水小阁，用作小店面。这个不规则形体的小阁把建筑和溪水、道路、小桥联系起来了，成为很好的风景点缀，是建筑体型组合密切结合地形的好例子（图 307、图 308）。

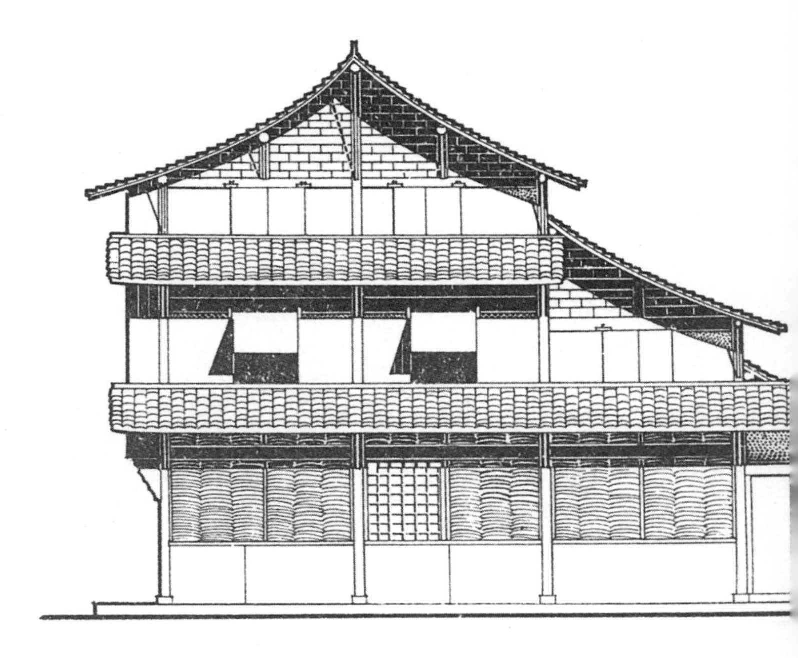

图306 黄岩樟树下路许宅

图307　杭州龙井树某宅透视图

图308　杭州龙井树某宅外观

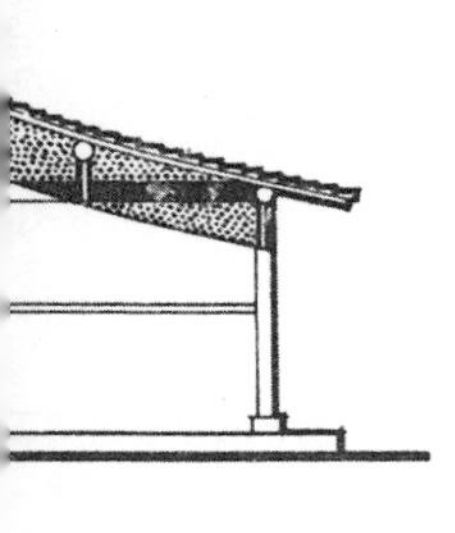

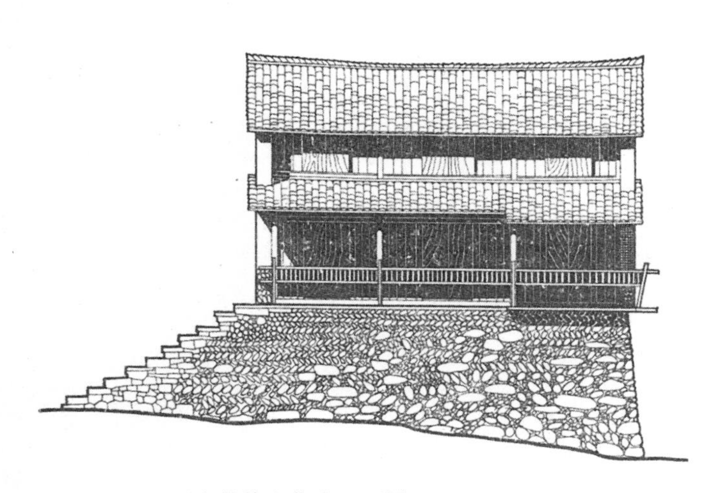

图309　丽水某傍山住宅立面图

图310　丽水傍山住宅透视图

（5）正面加披，做成廊、阁　　在青田、丽水之间，沿瓯江两岸的山区中，有些农民住宅建在陡坡上，下层用卵石堆起台子，台子微微凸出山坡，侧面设台阶通向下面。主体建筑建在台上，距台边 2 米左右，面阔二至三间，明间及靠台阶的一次间作为堂屋及卧室，另一次间作厨房、厕所等。上层作卧室及储藏用。在正面利用这 2 米多宽的空地加腰檐做成敞棚，屋檐伸到台外，在柱间做靠背栏杆，作为家务劳动和手工业操作的地方，厨房外一间则设方桌供吃饭和妇女家务劳动使用。有些民居把这一部分的屋顶和靠背栏杆向外挑出一些，形成一个小阁，此处宽敞、风凉，可作为春、夏、秋三季起居和室内劳动的处所，同时，居高临下，还可以凭栏远眺。这种做法用料少，结构简单，既经济又实惠。由青田到丽水的数十里内，到处都可以看到这种形式的住宅，它和自然风景密切结合，取得了较好的外观效果（图 309、图 310）。

2. 空间处理手段在外观上的反映

民居常常由于一些空间处理而形成外观体形上的凹凸变化。例如：在窗下凸出宽窗台，窗上凸出壁柜；檐下凸出檐箱；加腰檐出廊；临水突出窗棚；楼层挑出栏杆、出窗、窗棚、檐口栏杆；在山墙面上凸出挑廊、楼梯间、靠背栏杆等等。这些处理本是为争取或扩大使用空间而采取的，但在外观上造成了凹凸的变化，形成阴影，增加了外观的变化。下面是一些造型较好的例子。

（1）加柜台及出窗　　东阳西门外某临街民居下层做店面，上层做住宅，左右下角做凸出的宽窗台，内部做成柜台，二层凸出出窗，窗内形成壁龛。这些做法都为室内增加了储藏空间。同时由于出窗所形成的阴影把立面的水平分割线由楼板位置提到上层窗台高度，成为上层低下层高的比例，减轻了上下等分立面的单调感，形成更好的比例（图 311 ～图 313）。

图311　东阳西门外某宅立面图

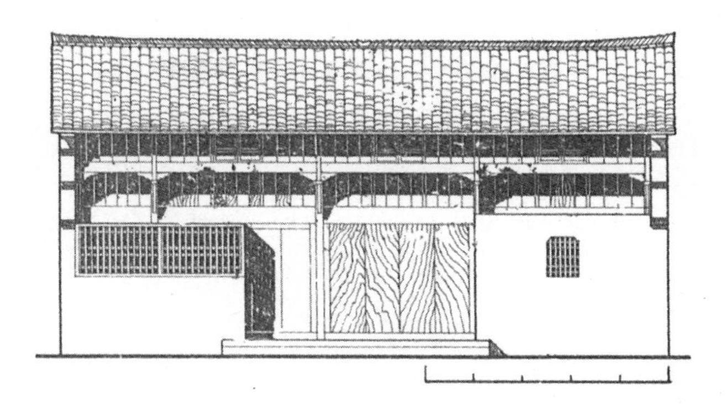

图312　东阳西门外某宅透视图

图313　绍兴禹陵某宅

（2）窗间加壁柜　杭州下满觉陇41～43号民居在主体建筑的背侧两面加披，用块石砌很厚的窗下墙，墙下门窗之间用木板做成壁柜，出现了材料质感、色彩、体量的对比和体形凹凸变化的效果，使外观更加丰富（图314）。

（3）加斜出的窗栅　吴兴某民居面阔四间，两层，一端加披，下层门两旁加凸出窗外的斜窗栅，作为晾晒或储放物品的地方，窗栅的倾斜面和半透空的感觉与垂直的实墙面形成对比，起了突出入口的作用（图315）。

天台四方塘路8号某宅也是这种手法。在入口的侧面加斜出窗栅，上面加披，把门和窗栅联系起来。利用凸窗凹门的体形变化和两旁光墙面的对比来强调入口（图316）。

（4）上层加窗栅　宁波慈城镇南面入口处某宅底层用块石基墙和白粉墙，墙上只开很小的窗洞，楼层则全部开敞，挑出窗栅，作晒晾及储藏用。上下层之间形成虚实深浅的对比。屋顶转角交叉，露出小山面，上施白粉刷，是对称的立面中唯一不对称的部分，使外观更富于变化（图317、图318）。类似的手法见吴兴马军巷某宅（图319、图320）。

图314　杭州下满觉陇某宅

图315　吴兴某宅外观

图316　天台四方塘路某宅入口

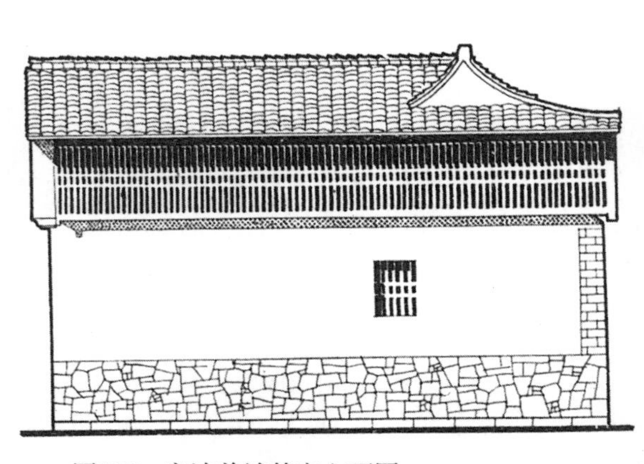

图317　宁波慈城某宅立面图

图318　慈城某宅外观

图319　吴兴马军巷某宅透视

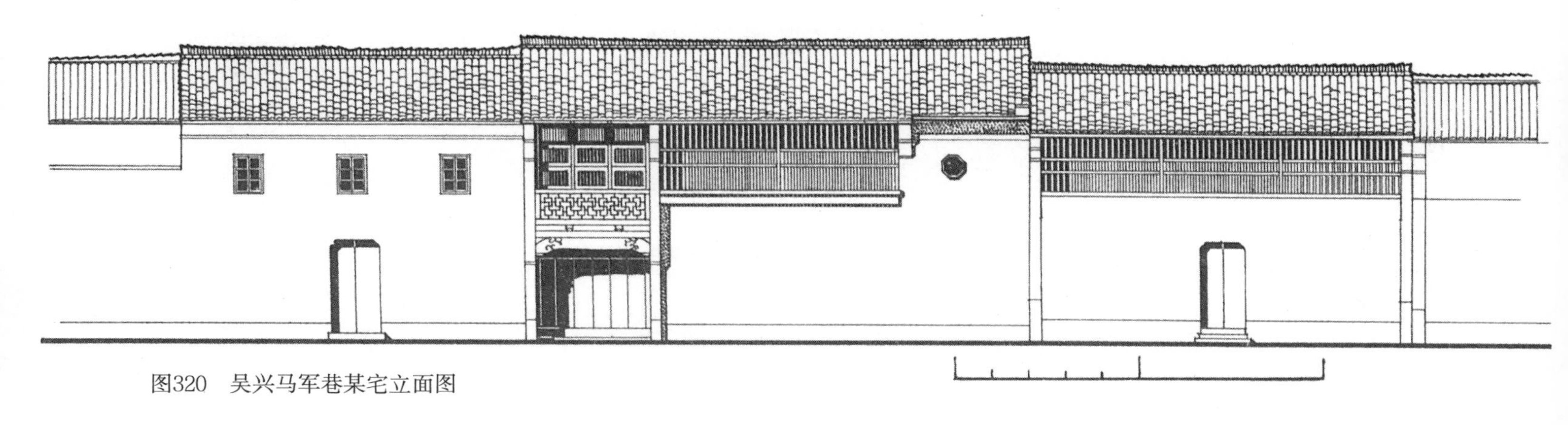

图320　吴兴马军巷某宅立面图

图321　绍兴大夫桥畔某临水住宅

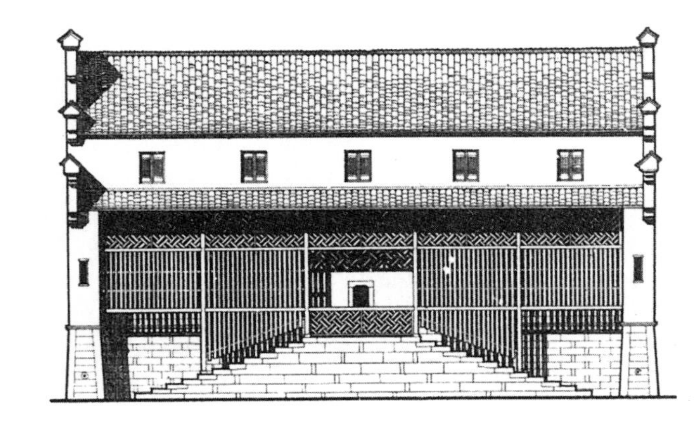

图322　吴兴小西街某宅立面图

绍兴大夫桥畔某宅，临水一面的下层做白粉墙，加三个漏明窗，上层加腰檐退入，窗外做宽窗台并加窗栅，增加了一个层次，造成外观上的下实上虚、下浅上深的对比（图 321）。还有沿河建筑外廊加廊栅的做法，也造成立面虚实繁简对比的效果（图 322、图 323）。

（5）临水挑出平台、栏杆

温岭泽国镇临溪某宅，三间二层，在下层明间窗下很低的位置挑出宽窗台，周围加矮栏杆，作晾晒衣物之用，同时成为立面上的装饰，使建筑的趣味中心下移，和水面联系得更加紧密（图 324、图 325）。

永康某临水民居下层为实墙，上层挑出栏杆装修。下层向水面上伸出平台，这种处理向水面争取了空间，并丰富了建筑外观，加强了建筑与水面的联系（图 326）。

图323　吴兴小西街某宅透视图

图324　泽国某临河住宅透视图

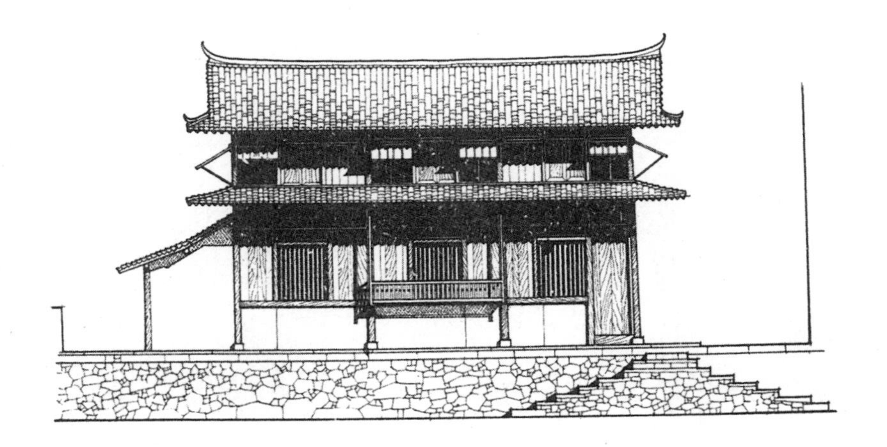

图325　温岭泽国某临河住宅立面图

图326　永康某临河住宅透视图

（6）侧面突出楼梯间，厨房、杂屋　杭州法云弄51号民居的主体建筑侧面临道路，在山面上加披，右端较高作为楼梯间，其余部分做厨房，二层山面部分开大窗，把山墙筑到二层窗口位置以上，其作用相当于窗外的矮栏杆。主体建筑的承重木柱和山墙之间有20厘米左右的距离，窗安装在木构架上，所以窗外有较宽的宽台板，可以存放晾晒较多的东西，起到窄阳台的作用，窗上加披遮盖。整个山面上有很大的体形凹凸和层叠的披檐。背立面尽头上二层屋檐向下延续一段，做另一楼梯间的屋顶。其余部分下层加腰檐，体形上凹下凸，材料色彩上深下浅，也较灵活丰富（图327～图329）。

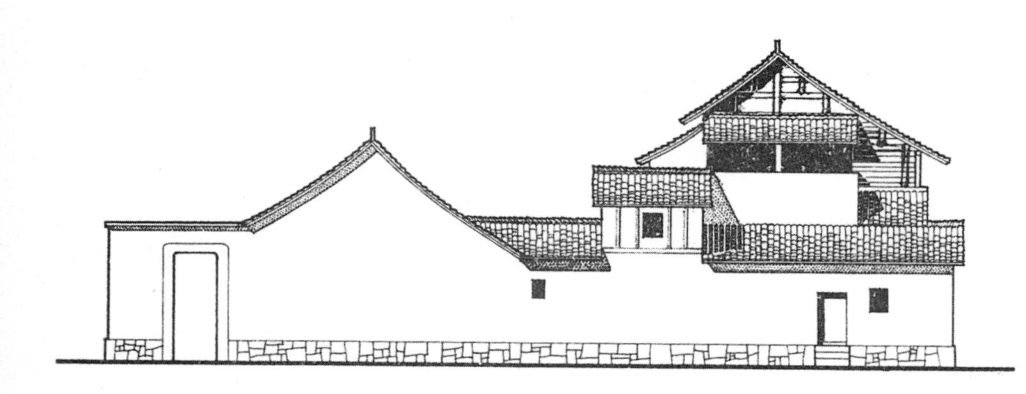

图327　杭州灵隐法云弄某宅立面图

图328　杭州灵隐法云弄某宅透视图

图329　杭州灵隐法云弄某宅外观

类似的手法在东阳卢宅镇某临街建筑中也可以见到，这座建筑正侧两面临街，面阔两间，正面下层用过海梁减去一柱，梁上挑出二层栏杆，二层以上加腰檐，三层前后出廊。侧面前半部为实墙，后半部一层加披，凸出作杂屋，二层做木板壁开窗，以解决二层后部的采光通风，窗上加披，三层两山出挑廊加披，和前后廊连成周围廊。总体效果是上层开敞，下层封闭，而封闭中又有部分的开敞。材料质感上也有所变化。山面上的三层披檐和正面的二层屋檐互相交错呼应，具有一定的韵律感（图 330）。

图330　东阳卢宅镇某临街建筑

结构特点在体形上的反映

民居许多复杂的体型变化是由于结构做法引起的，主要表现在侧面梁架与山墙的关系上。

1. 山墙上加檐

杭州民居使用夯土墙较多，由于杭州的土质较差，一般只夯到一层檐口以下的高度，上面山尖部分改用编竹夹泥墙嵌在框架之间。下层的土墙厚，而且包在柱外，有时甚至还要离开柱子 20 ~ 30 厘米，所以上下墙不在一个垂直面上。为防止雨水冲刷土墙顶部，在墙头上加披檐，这本是一种从构造出发的处理，但在体形上却成为杭州民居的特点之一，从构图上把上下两种墙面接了起来。

杭州上天竺长生街 16 号民居，侧面临山溪，把土墙做到相当于正面腰檐檐口高度，腰檐下覆盖的小部分仍做土墙，整个上墙呈“凹”形，在缺口上加披檐，成为外观的重点装饰（图 331）。

图331　杭州上天竺某宅

吴兴月河街史宅的侧面处理和它很相似，不同之处是史宅的下层墙壁是砖砌的，上层用轻质墙，主要是为了节省用砖（图 332）。

杭州下天竺黄泥岭某宅的山面处理是把墙夯到正面腰檐以上一些，加披檐与正面腰檐组成“⌒”形，也有一定的装饰效果（图 333）。临海民居在山墙的二层楼开横向的扁长窗口，窗上加披檐，造成山墙不对称的立面构图，也很别致（图 334）。

图332　吴兴月河街史宅

图333　杭州下天竺黄泥岭某宅

2. 下层墙壁退入，上层挑出

天台民居常用很厚的块石做承重下墙，墙高2米左右，厚40～60厘米。墙顶平铺宽石板，板上立石柱础或砌砖墩，墩上立柱支承屋面。为了保持石墙中心受压，上层的墙壁就只能包在柱墩以外，所以在铺墙头石板时，总是使板的边缘突出石墙以外3～5厘米，沿边缘用厚4～5厘米的砖立起来砌造（这种单砖墙的厚度只有4厘米，当地称为“单堵”）。这样，上层墙壁就凸出在下层墙以外。这种做法除了是构造上的需要以外，还可在室内石墙上，二柱及柱墩间出现壁龛或高窗台，用来存放零星杂物。在外观造型上，下层石墙很重，有侧脚、质感粗，给人的感觉是厚重稳定，上层墙壁如果一般平砌或是退入一些砌造，势必更加强厚重的效果。因而把砖墙挑出，强调上下两种墙面的粗与细、斜面与直面、厚重与轻薄的对比效果，可以适当地冲淡这种粗犷之感（图335）。

图334　临海民居山墙处理

图335　天台某宅

3. 利用梁架构件形成优美外观

民居梁架的规格是比较一致的，而且也是较美观的。因为一般的步架宽度，屋顶的坡度，都比较接近，所以同一建筑各部之间，或不同建筑之间，常常出现比例近似的相似形，形成优美的外观。

金华八咏门某民居侧面下层做土墙，上层用规律的梁架划成一块块的相似形，就具有一定装饰效果（图 336）。温岭朝东乡林宅也是以构架的规律性来形成一种立面效果（图 337 ~图 339）。

图336　金华八咏门某宅

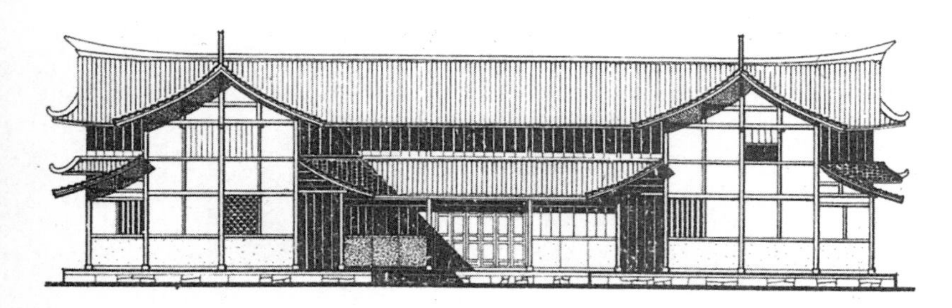

图337　温岭潮东乡林宅立面图

图338　温岭潮东乡林宅透视图

图339　温岭潮东乡林宅外观

浙江民居中很多例子说明，只要充分掌握各种材料和构造的特点，就可以找出与之相适应的构图特点和简易经济的装饰方法，现举例介绍如下。

1. 大型夯土块墙

丽水、缙云、永康一带的民居都使用大型夯土块做墙壁。这种土块宽 80 ~ 100 厘米，高 140 ~ 160 厘米，厚 40 厘米，上下无收分。土墙的施工方法是在高 1 米左右的卵石基墙上，沿水平方向依次夯筑，筑完第一层再筑第二层，上下相邻两块之间的联系，或者是在夯筑时加三条木棒，或者是当一块筑好后再在侧面挖一条凹槽，等第二块筑好以后，两块之间就形成企口缝。这种墙壁因受到施工操作的限制，土块层数不宜太高，一般是四层或五层，所以山墙上不便做复杂的马头山墙，也不能加很多装饰，只是用砖砌成“壶瓶嘴”使檐部的山墙微微挑出，和前后檐口相应。在墙上开门要在夯筑时预埋木框架门道，上层就在山面上砌小部分砖，留出圆形券窗，或者直接在土中预埋瓦筒做圆窗洞。在立面构图上，主要靠大片土墙和一长条卵石基墙的色彩质感对比，以及土块的规律性排列。壶瓶嘴和上层开窗所用的小量砌砖只起重点装饰的作用（图 340、图 341）。

图340　丽水云和小徐村某宅透视图

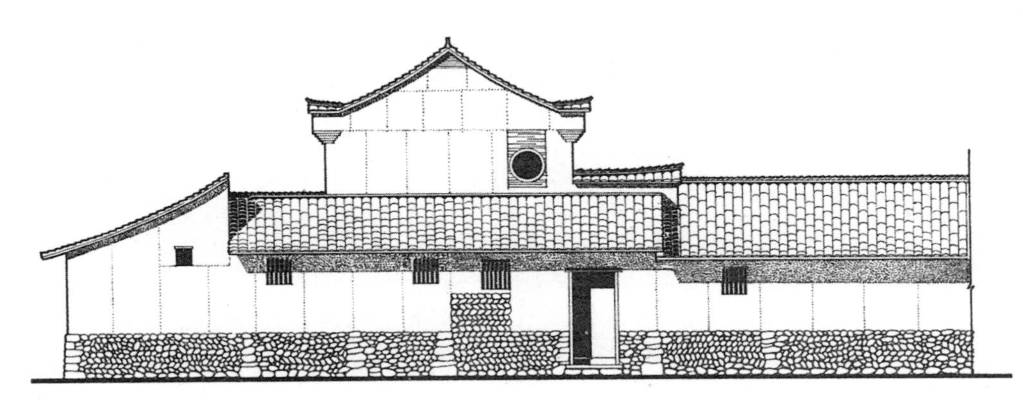

图341　丽水云和小徐村某宅立面图

2. 竖向排列的石板墙

以天台为代表的石板建筑是把石板竖向排列做建筑外墙(板长 200 ~ 240 厘米、宽 60 ~ 90 厘米,厚 6 ~ 9 厘米),手法简洁巧妙，使构造和艺术处理融会在一起。如天台柏树巷某宅的外墙，下层平铺一层石板作墙基，墙基上树立石板，板下凸出榫头插入基墙，板顶开燕尾榫，用木杆和梁柱系统联结成一个整体。石板墙头砌“单堵墙”。由于这部分建筑是作厨房、厕所用，因此，在单堵墙上开出一些空洞，以利通风，这些空洞暴露出单堵墙的厚薄，显示出了施工技巧。由于洞的排列有一定的规律性；也成为外观上的装饰。石板墙一般是每隔几块开一个漏窗，花纹种类很多，从简单的直棂窗到很复杂的仿木窗格都有。在石墙上开门时通常是空出门洞所需宽度，两旁各竖立一块石块，板的外缘突出墙面 10 ~ 20 厘米作为门道，板上再横压一块石板，挑出约 50 厘米作为雨搭。有时还稍加艺术处理，把雨搭两角的下棱和正侧三面中部的上棱微微抹去一条，在透视上获得两角起翘的效果，把笨重的石板处理得较为轻巧，并且充分显露出石板薄、平、挺拔的特点 (图 342、图 343)。

石墙的转角处理也很巧妙，如民主路 118 号住宅，在转角处把两块石板分别在上、下部砍去一条，做成勾头榫，互相咬扣搭接。这种做法几乎是纯构造问题，然而它强调了石板的薄和构造上的简单，在某种程度上加强了外观上简洁轻快的效果 (图 344)。

这类建筑上层的“单堵墙”墙身较薄，不能承重，因此如果在上面开窗，应另立框架柱子然后安窗框。窗框用条石镌成，微微凸出墙面，槛上一般都有凸出的小雨搭，所以总的效果是窗框、窗扇、雨搭自墙面层层凸出，和平直的墙面产生对比，虽然本身未加装饰，却也能成为立面上很突出的饰物 (图 345、图 346)。

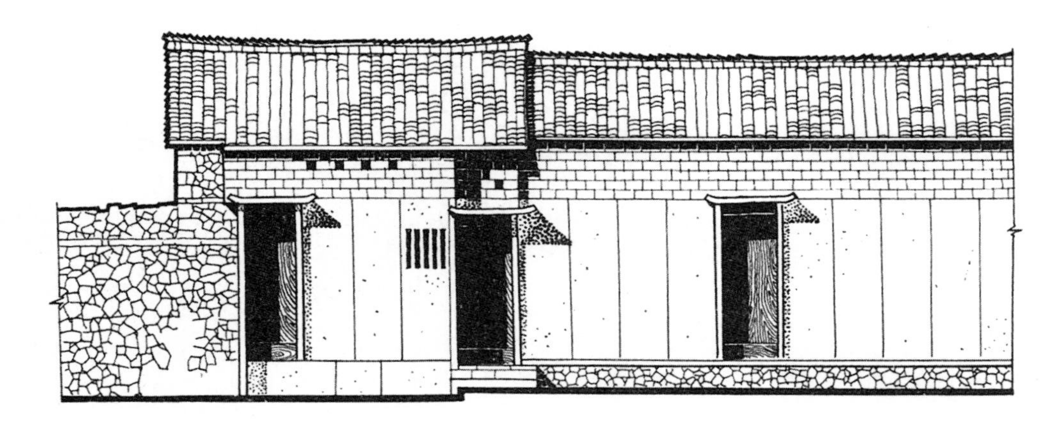

图342　天台柏树巷某宅立面图

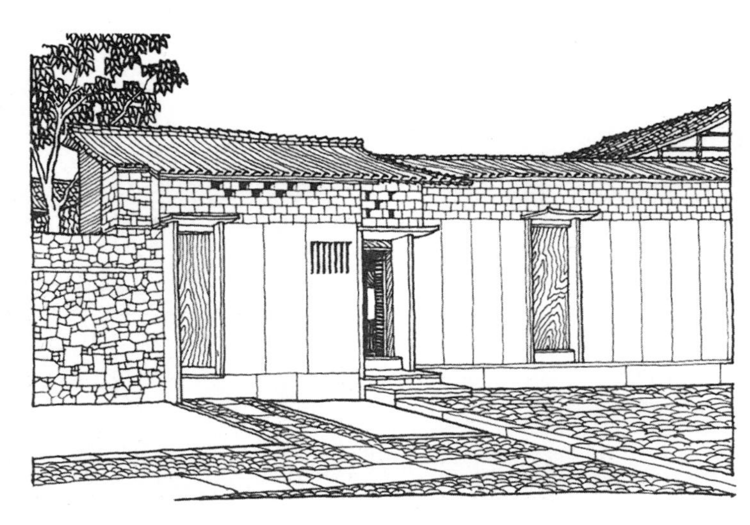

图343　天台柏树巷某宅室内外透视图

图344　天台民主路118号住宅

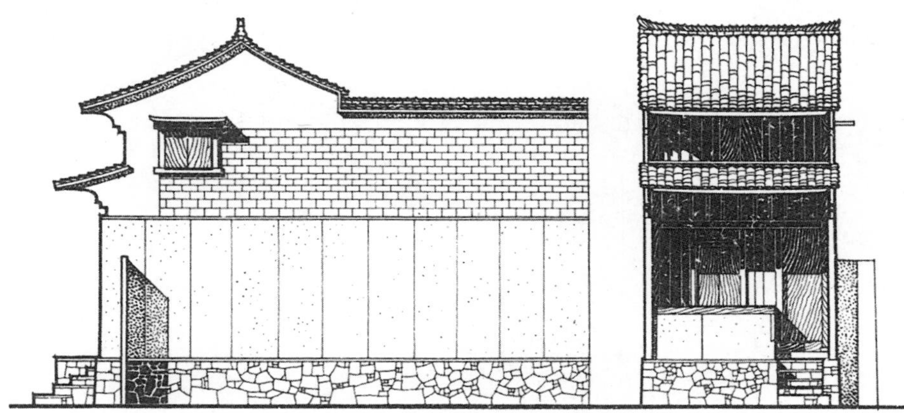
图345　天台溪岸路某宅立面图

图346　天台溪岸路某宅透视图

除了凸出的板窗外，还有一些建筑是在上层砖墙中镶嵌一块石板，板上开圆窗洞，上加雨搭，虽然手法简洁，却能成为立面的重点装饰，在构图上很有作用。此外，有一些建筑的烟囱凸出外墙，成为立面上的垂直线脚。天台十字巷 12 号民居就是烟囱与圆窗组合一起，在外观上起一定装饰作用的例子（图 347）。

天台民居的尺度较小，一般一层檐。高度在 3 米左右，甚至一些较大住宅也是这样。为了使建筑显得高大，常常在临街的后坡上做花墙。先在檐口上平挑出一层单砖，形成一圈凸出墙面 10 厘米左右、厚 4 厘米的线脚，和两端的单堵山墙连在一起，随着山墙的马头墙起伏转折。线脚内包着一片花墙，用板瓦摆成多种花纹，它的表面几乎和线脚的外棱拉平，也有些稍稍退入 3 ~ 5 厘米，在外观上这一圈光滑平直、有棱角的砖线像框子一样，包着一块有规律花纹的粗糙质感面，整块地突出在墙面以外，有较强的装饰效果。天台义学路 6 号民居就是很好的例子（图 348、图 349）。

在黄岩、温岭一带，也常常将石板竖向砌置，作建筑

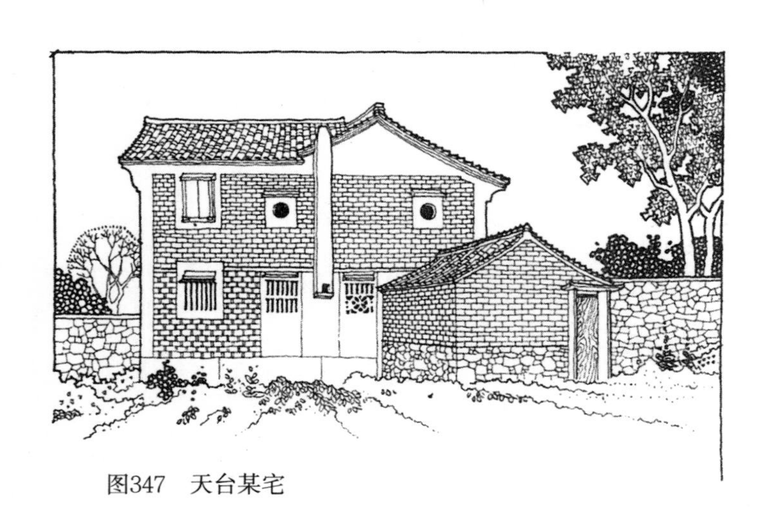

图347　天台某宅

图349　天台义学路6号住宅透视图

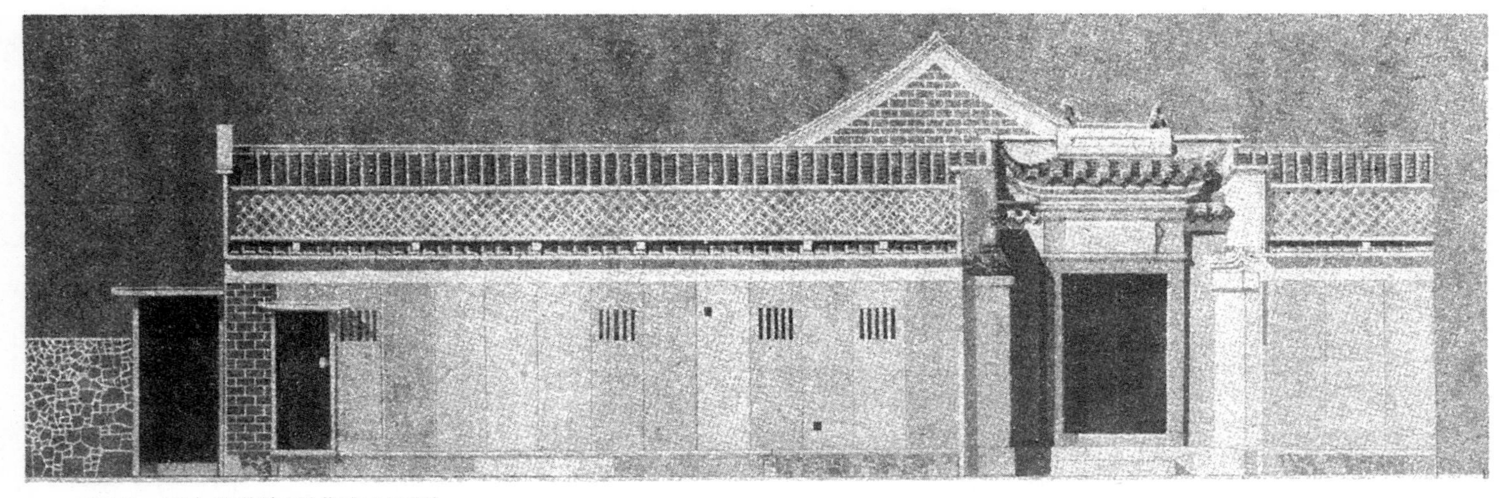

图348　天台义学路6号住宅立面图

的下墙，但不像天台那样放在柱子外面并隔一段距离，而是在两柱之间。石板下端出榫插入基墙，上端嵌在额下的凹槽中，这样便牢固地卡在两柱中间、石板以上的部分通常用竹笆将梁柱等构件盖住，表面抹泥，在与下层石板和横额交接的地方抹出斜棱，然后全部墙面加白粉刷。如果墙面需要开窗，就将竹笆空出一块，露出的竹笆就用做窗格。这种把轻薄的竹夹泥墙凸出在外，把厚重的石板墙向内凹进，用柱和额做墙的边框的做法，本来都是从构造合理出发的，但同时获得了巧妙自然而富有意味的效果，温岭泽国镇的两所民居就是很好的例子（图 350、图 351）。

3. 横向排列的石板墙

绍兴、萧山等地都通行这种做法。墙的做法是在基石上立断面为“工”字形的石柱，两柱间嵌入横向石板，一般叠垒二到三块，最高可以叠到五块，板上加横梁，梁上砌砖墙。这种墙也是不承重的围护墙，但它表面有很粗壮的框架柱子，显得厚重坚固，像一些大建筑的勒脚。有的临水民居，下房用淡黄色的石板墙，每隔一段距离做一凹廊式的码头，外加黑色木栅栏，上层砖墙白粉刷，屋面用黑色小青瓦，效果很规整宁静（图 352）。

图350　温岭泽国镇某宅

图351　温岭泽国镇某宅

图352　绍兴临河某宅

图353　黄岩某宅透视图

图354　黄岩某宅立面图

图355　嵊县某宅

4. 竹笆网墙面

温岭、黄岩、嵊县一带民居，大量使用竹材，有一套利用竹材装饰外观的方法。温岭、黄岩一带的民居平面呈“ㄇ”形，高二层，当地称为“五凤楼”，内部全用木装修，山面及外侧面窗下用石板墙，窗间全部用竹笆遮盖，竹篾的边缘用宽毛竹片压边，凸出石墙以外，很像凸出的一条条画框，有较强的装饰效果。这种竹笆作为外墙或窗间墙的防护网，也有利于通风。有些民居还把窗间墙大门道两侧做护墙板，效果也很美观。温岭泽国镇某临街民居在五凤楼的一翼歇山山面下加披做成重檐，檐下加一片竹笆网，便成了立面上很突出的装饰（图 351）。黄岩某五凤楼式民居，下层门窗间墙壁全部用竹笆钉盖，一块块淡黄色的竹笆网和深棕色的门窗，窗下是粉红色的石板墙，黑色的小青瓦，白色的山尖粉刷配在一起，色调丰富而协调（图 353、图 354）。

嵊县民居也大量使用竹材，但和温岭一带的做法不同，

图356　吴兴西城门口某宅透视图

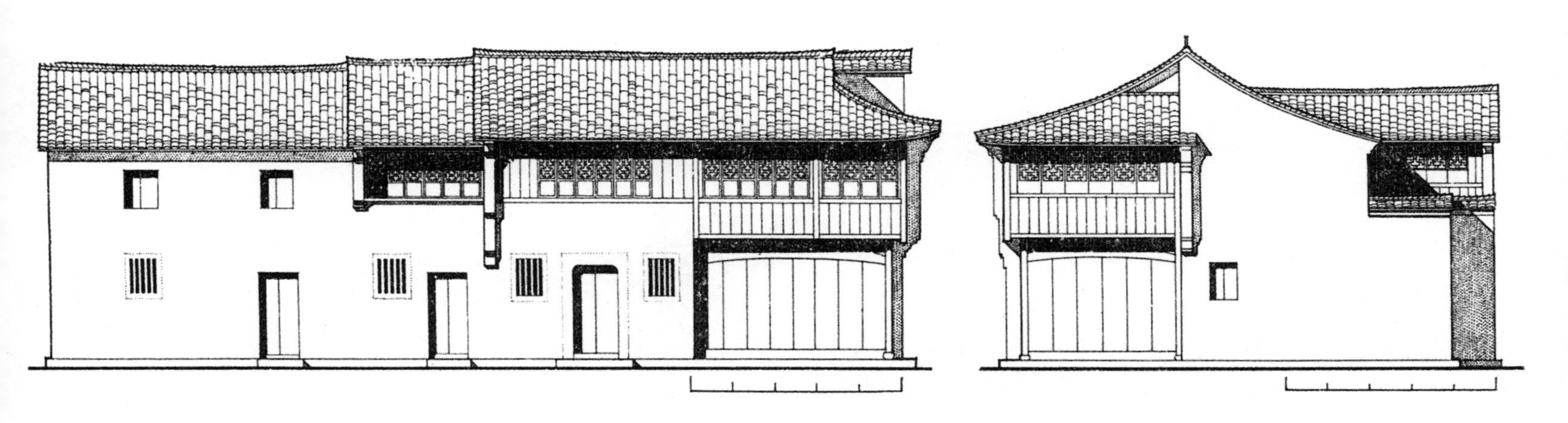

图357　吴兴西城门口某宅正立面图

图358　吴兴西城门口某宅侧立面图

它是在柱间加水平的木骨，骨间穿插编竹篾，所以它的柱子是露出的，竹笆部分抹灰，部分透空，依实际需要而定，有很好的虚实和色彩的对比（图 355）。

5. 木装修和白粉墙结合

这种做法在浙江民居中最普遍，效果清爽明快。例如吴兴西城门口 1 ～ 5 号的一组民居，全部两层，最末一宅在路口，做成转角式，下层店面装可拆卸的木板，上加过海梁，支承二层微微挑出一些的木装修。山面前坡退入一段，做成半个歇山转角，后披砌砖墙做硬山，大片白粉砖墙和木装修有很强的对比衬托效果。第二、第三两宅正面下层白粉墙砌至二层窗下，墙上全部做木装修板壁，第四宅正面通二层全部粉白墙，在整组建筑的立面效果上，白墙和木装修两部分都连成“L”形相互搭接，转角处透视效果是两端白粉墙夹柱中间的木装修，再加上歇山的翼角，使这组建筑和转弯的道路很好地结合起来（图 356 ～图 358）。

温岭泽国镇某民居用块石基墙，白粉下墙，上层两端加披退入，全部加木板壁，壁面凸出板窗，在白粉墙中央门的两侧重点加漏明窗，构图既对称又灵活，在体形和色彩上都较有变化（图 359）。另见图 360，二层挑出部分的木装修，与一层的白粉墙亦形成对比效果。

图359　温岭泽国镇某宅

图360　嵊县浦口乡屠家埠某宅

几种构图手法的运用

除上述几种情况外，有不少民居的体形面貌符合一定的构图规律，造成了比较优美的效果，结合实例分析介绍如下。

1. 均衡

（1）对称的均衡　在一些官僚地主的大型住宅中使用较多，不同地区用法各异，有强调中心的，也有强调两端的，都有一套比较程式化的手法。

有些建筑立面是左右对称的，而且比较强调对称中心，例如东阳白坦乡吴姓大宅的正立面，它把中心大门部分加高，集中使用装饰（图 361），也有一些建筑中心部分不很高，但把两旁一些装饰构件处理得有明显的向中心运动的趋势，以突出中心。例如萧山临浦金宅，大门处于立面的最低矮处，两侧高山墙向中心递降，很自然地把人的视线集中到入口（图 362）。东阳某地的“十三间头”式民居两端有高高的马头墙，中间入口开在较矮的院墙上，两侧山面的内侧（即在两厢廊子的位置）也各开小门。在院墙顶上加宽宽的彩画，把三个门在构图上连成一块，作为整个立面的对称中心（图 363）。金华的“十三间头”式民居，在较矮的门上加雨披、雕刻、彩画等，在立面上造成一片阴影，也起到突出中心的作用（图 364）。但是这类手法的变化不是太多，而且其效果沉重板滞，盛气凌人，近于庙宇和衙署，缺乏居住建筑的气氛，除一些大型住宅采取这种形式外，一般农民住宅很少采用。

图361　东阳白坦乡吴宅

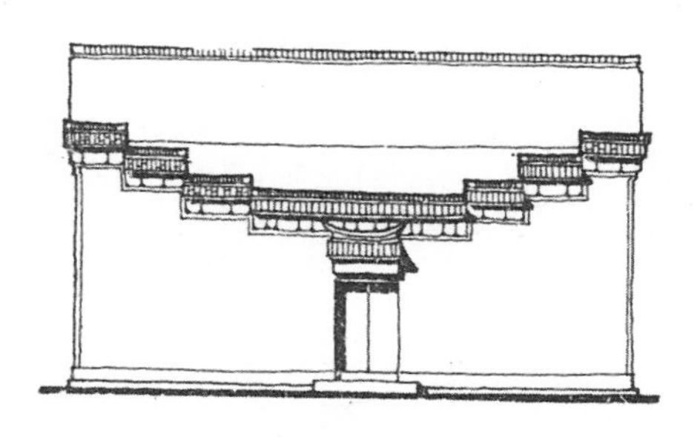

图362　肖山临浦金宅

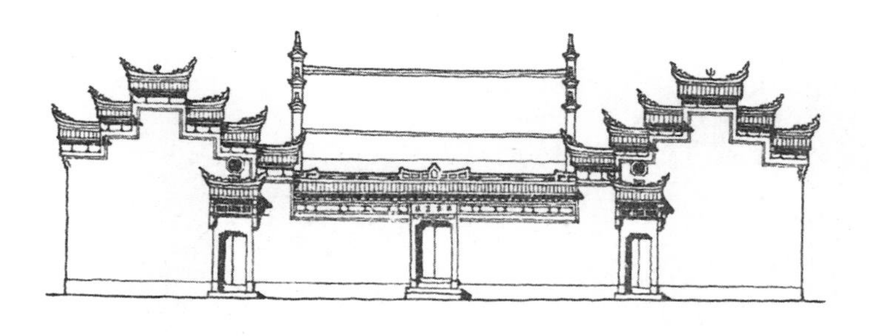

图363　东阳十三间头住宅

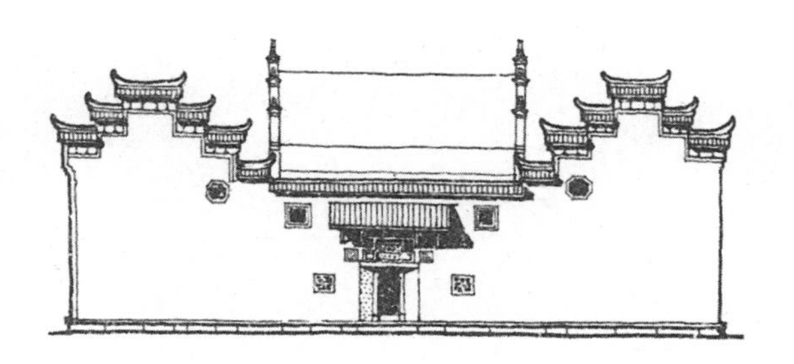

图364　金华十三间头住宅

大型住宅中有一种稍稍活泼一些的做法，强调两端，在外观上造成两个中心，以此衬托出它们的对称重心。这类建筑在平面上仍然是对称的，例如天台某民居下层块石墙，两端山墙突出石墙以外，并用粉刷加强轮廓，使成为立面上最引人注目的部分。在两山的平衡重心处加不太突出的门（图 365）。又如宁波镇海民居，大门在中央，但立面上最醒目的是两端歇山的山面（图 366、图 367）。又如温岭五凤楼民居，正面突出两山，白粉墙突出山面的框架，非常醒目，但主体的中部并未予以特别的突出。这些处理的特点是利用人视觉上的习惯：当看到两端两个中心时，会自然而然地意识到它们的重心所在位置，在重心上开门，看上去就觉得习惯自然。所以即使不予以突出，不加装饰，也能引起人们的注意（图 368、图 369）。

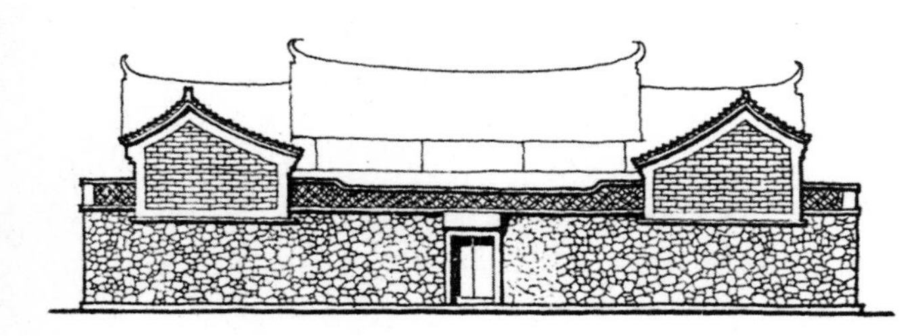

图365　天台某宅

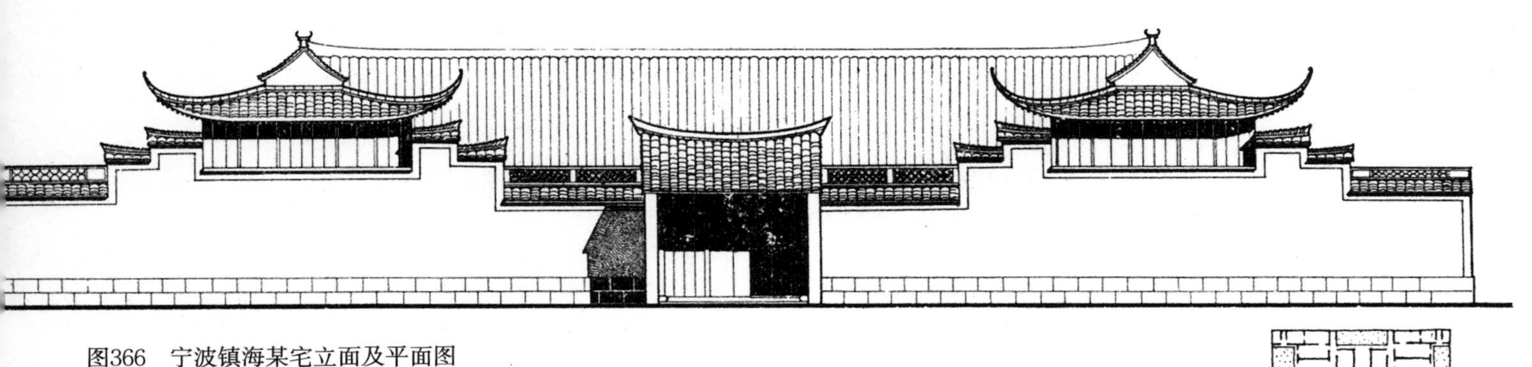

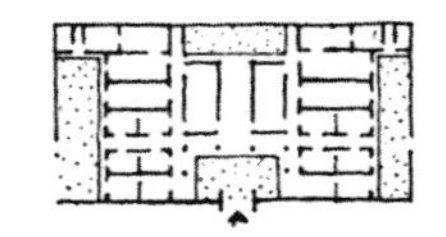

图366　宁波镇海某宅立面及平面图

图367　镇海海塘乡某宅

图368　温岭麻车乡某宅

图369　桐庐沿河某宅

（2）不对称的均衡　　大量中小型住宅，平面布置灵活，在外观上很难做到对称，即使是一些对称的大住宅，在侧面上看去也是不对称的，所以这种手法使用得更为普遍。建筑的布置大都是把体量较高大的主体建筑偏于一端，然后连续布置低的但拖得较长的次要建筑，所以很容易达到均衡。如杭州上天竺金宅（图 370）。黄岩江边某宅（图 371）和五凤楼式建筑侧面（图 372），都是用大小体量结合造成不对称的均衡。在一些轮廓规整的建筑中也可以用材料和构件的布置取得均衡。例如东阳白坦乡某宅。四间二层，下层左三间及上层左端一间用白墙，下层右端一间及上层右三间用木装修，两种不同材料面积和形状相等，体形上交错，达到构图上的均衡（图 373）。吴兴古伏龙桥畔某临水住宅在上层用白墙，下层用木装修；上层用木装修处下层用白墙，构图上也是均衡而稳定的（图 374）。不对称的均衡构图比对称的均衡构图所取得的效果更加自然活泼。

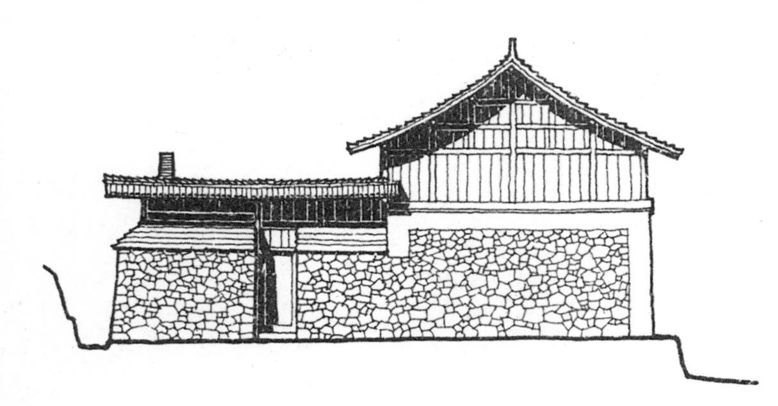

图370　杭州上天竺金宅

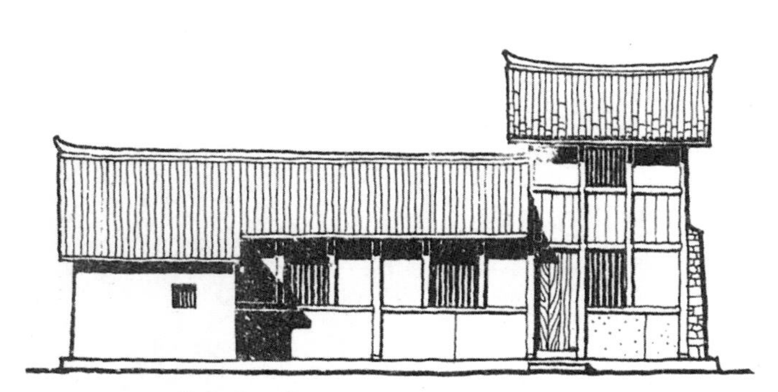

图371　黄岩临江某宅

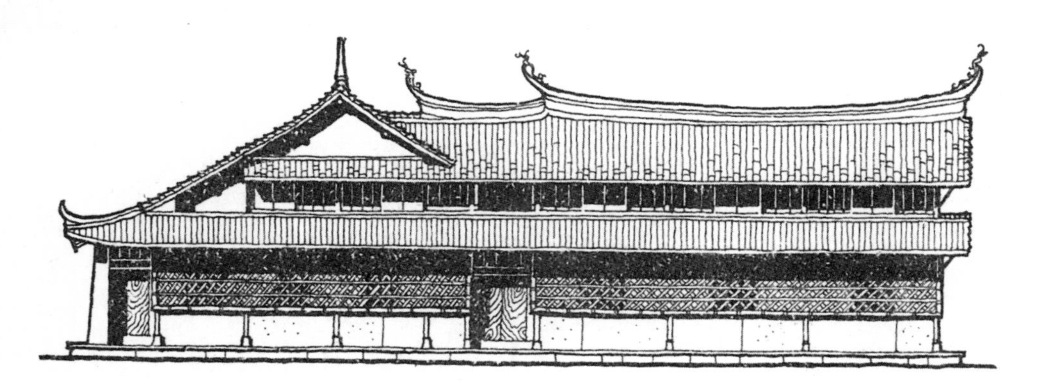

图372　黄岩五凤楼式住宅侧面图

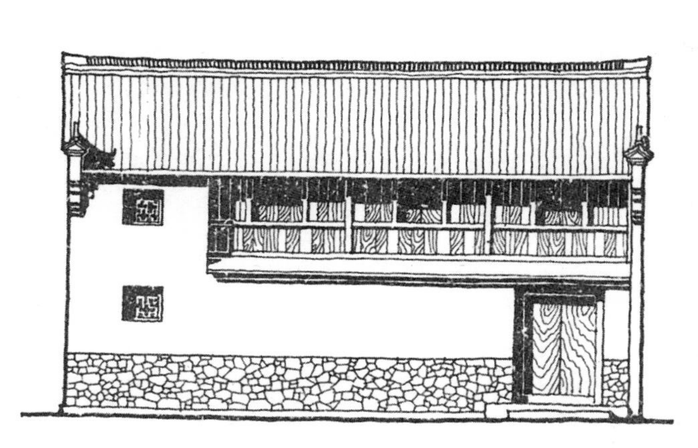

图373　东阳白坦乡某宅

2. 韵律

在外观处理上依靠连续、间歇、反复、交错、增强、减弱、起伏地布置某些构件，可以使建筑在变化中获得统一，统一中仍有变化，造成生动活泼的效果。马头墙的外形层层叠叠，本身就具有规律性，造成连续的韵律，在建筑转角处两组马头墙相互垂直，造成交错的韵律（图375）。从整体的外部轮廓看，一些几进的大型住宅，侧面上间歇地出现一组组马头墙，形象相似，体量上自大门起，由小到大，至主厅成一个高峰，再由大到小逐渐减弱，这种起伏变化也有韵律。绍兴西小桥头某宅侧面，整个轮廓由低到高，再由高到低，三个屋顶山面愈向后愈大。其余山面部分重复出现三次折线变化，每一次的比例又不尽相同，又一致，又不一致；有规律，又不尽合于规律，较有韵律感（图 376）。温州青田间某民居沿山坡布置，两进院子层层叠降，相间使用白墙和瓦屋面，也造成很好的韵律。这些建筑因为有比较共同的变化规律和运动趋势，往往比较生动丰富，取得很好的外观效果（图 377）。

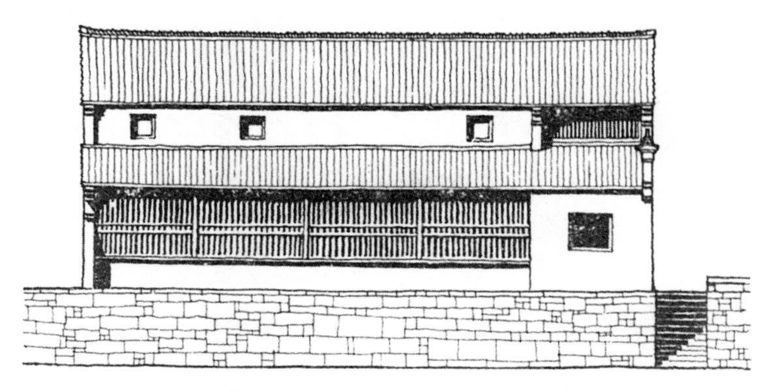

图374　吴兴某临河住宅

图375　马头墙的韵律感

图376　绍兴西小桥头某宅

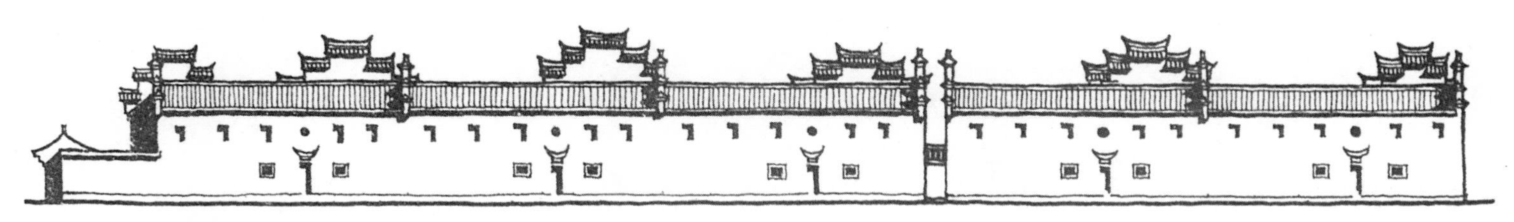

图377　东阳白坦乡某宅

图378　上虞绍兴一带的民居

3. 对比

浙江民居的材料种类多，体形变化大，具有采用对比手法的良好条件。最常见的是体形的大与小、实与虚（封闭与开敞）、复杂与简单、直线与曲线，材料质感的轻与重、粗与细，色彩的深与浅的对比。例如吴兴马军巷 107 号住宅的正立面构图主要是靠大门，横窗和白墙之间的虚与实，复杂与简单，深色与浅色的对比形成的，但是在门窗的“虚”中又有部分“实”（如大门和窗扇），白墙的“实”中又有部分的“虚”（如墙上的八角花窗），一致中有不一致，不一致中有一致，错综复杂，造成丰富的外观效果（图 319）。浙江民居在用色的对比上也非常大胆，它不仅由建筑的本身出发，而且还往往考虑到周围环境，如上虞、绍兴一带的田野中，很多民居用石板下墙，上部全用黑色粉刷，留出很细的白色线脚，山尖下加白色的大字作为装饰，对比极强烈，在绿色稻田和金黄色菜花的陪衬之下，显得非常清新醒目（图 378）。

4. 比例

浙江民居全部是木构架体系，一排建筑高度相等，除明间较宽外其余各间开间也基本相等，所以各间之间是会形成相似形的。一般的比例是面阔比柱高略长，呈接近正方形的矩形，明间的比例要更高一些。温州至天台一带的民居往往在明间挑檐檩下不加补间斗栱和额，在次稍间檐檩下加月梁形的额和斗栱，这样明间的高度就比次间要高一些，一方面突出了明间，另一方面把次间的比例再压扁一些，使明次间比例接近，是很好的处理手法（图 379）。

浙江民居很多是二层楼，一般是下层居住，上层储藏，所以在整个立面的分割上，习惯于用下段高、上段矮的比例。在高度上，下层地面至楼板的高度与上层楼板至檐檩的高度，约为三与二之比，而且在外观处理上往往还有意加强这种下高上低的趋势，例如用把腰檐上端做到上层窗台下（图 324、图 337、图 353、图 354），无腰檐时在二层窗外加檐口栏杆（图 313）、窗栅（图 317），或出窗（图

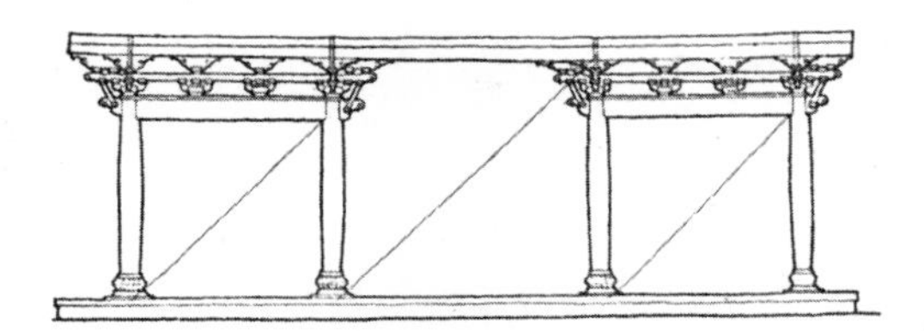

图379　天台某宅

图380　萧山临浦屠宅

312）等等。这种手法都能把两层之间的水平分割线由楼板提高到窗下。这样上层檐檩到窗下的高度约为总高的三分之一到四分之一，适应下高上低的比例，这种比例可以增加民居轻巧的效果。

5. 利用一些简单经济的装饰手法，作为构图辅助手段，丰富建筑外观

民居中除了上述种种利用功能、结构、材料的变化组合，在大体量上影响建筑外观外，还常常重点地使用一些装饰手法，使它既有优美的外轮廓比例，又有丰富的细部处理，并且能加强整体构图的效果。在民居中最常见的装饰手法，是有重点地加雕刻和有重点地加粉刷两种。

（1）加雕刻线脚　　在某些结构搭接的地方，将构件加适当的艺术处理，或附加一些重点装饰是较好的方法，因为这些地方往往也是人的目光最易集中的地方。如在挑出的出窗外加雕花的“马腿”和“花芽子”，柱头梁头加简单的雕刻线脚，都能起醒目作用。在民居中装饰用得较好的例子多是简洁的，因势利导，假借一些结构上的东西起画龙点睛的作用。（参见本书“实例”、“装修及细部处理”等部分）。

（2）加粉刷彩画　　外墙粉刷在民居中应用得较广泛，有些取得了很好的效果。民居起伏的山墙构成了非常富有韵律的主体轮廓，为了加强轮廓，常常于墙头加一条白粉刷（如果是土墙或清水砖墙）或在白粉墙上加彩画。简单的彩画只是沿墙头加几条带颜色的线脚。复杂的则在上面画出画框，其中画山水、人物、花鸟等题材，总的装饰意图是突出轮廓。在桐庐、诸暨、萧山、东阳一带的农村中，一幢幢方整的白色建筑，顶上层层叠叠的马头墙，沿墙头加很细的彩色线脚（有黑、红、蓝等色），在绿色的稻田果园衬托下，既有大体大面的突出，又有细部的刻画，色调开朗洁净，非常醒目。萧山临浦屠宅就是很成功的例子（图380）。但是，一些大住宅不适当地、过多地使用彩画，甚至模糊了轮廓的节奏韵律，舍本求末，则是失败的例子。

天台地区的民居限于结构外观平直，少变化，所以常在檐下和门窗四周刷一砖到二砖宽的白粉以加强轮廓和突出重点。例如后洋陈路7号民居山面临街用白粉刷突出山尖及雨搭漏窗，形成构图中心（图381）；先进路4号民居，高三层，用粉刷突出轮廓并分割立面（图382）；民主路95号民居用粉刷强调墙头及屋脊上单砖线脚的起伏转折（图383）；横山村入口用粉刷突出轮廓（图384）。在这些建筑中粉刷都起到了很大的装饰作用。除突出轮廓外，还有一些例子在需要特别加以强调的山尖和入口集中使用大片白粉刷，十字巷34号民居就是很好的例子（图385）。

以上就浙江城乡民居的体形面貌做了一个概略的分析介绍，除此之外，在农村中尚有许多贫苦农户，因为无力营建砖木结构的住房，只能因陋就简地选用一些最廉价的建筑材料，用竹材做骨架，稻草做屋面，在田间地头搭设一些棚屋。在造型方面，有矩形、L形及其他自由平面，屋顶形式亦有四坡、悬山、歇山、转角半歇山等多种变化。由于缺少墙体材料，为了遮风避雨，尽量压低墙身，扩大草屋顶，出现了草屋所特有的比例关系和造型特点。从图386～图389中可以看到，即使用如此简单的建筑材料，也能构成丰富多样的立面造型。

图381　天台后洋陈路某宅

图382
天台先进路某宅

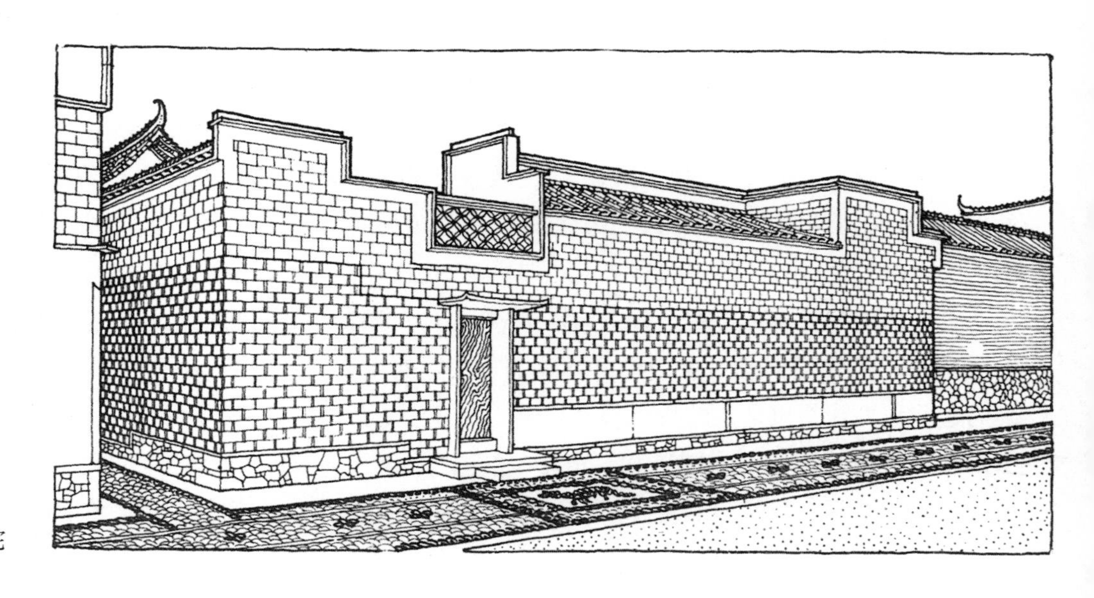

图383　天台民主路某宅

图384　天台横山村入口

图385　天台十字巷某宅

图386　海宁硖石镇某宅（草屋）

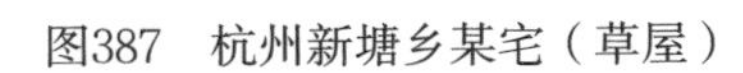

图387　杭州新塘乡某宅（草屋）

图388　杭州新塘乡二堡某宅（草屋）之一

图389　杭州新塘乡二堡某宅（草屋）之二

通过对浙江民居体形面貌的分析，可以看到，它生动、淳朴的特质。

民居，特别是中小型民居，外形变化丰富，但这些变化首先是为了满足居住生活和家庭生产上的需要，所以能够使人感到亲切、健康，而不是追求新颖、矫揉造作，并且在造价上也是经济的。

民居外观之所以动人，与能够熟练地运用结构材料也有很大的关系。结构运用得纯熟自如，巧妙地满足建筑使用要求，最大限度地发挥材料结构的性能特点，严格精确的施工质量，正是劳动人民智慧的表现。天台的石板建筑对石板的运用就很巧妙合理。通过一些细部处理，使笨重的石板显得轻巧、灵活，从而给人以美的感受。天台的单堵墙也给人很好的印象，薄薄的 4 ~ 5 厘米厚的砖墙能砌到 3 ~ 4 米高，表面光平，棱角笔直，这种精湛的施工技术，使建筑大为生色。同样的建筑外形，如果结构笨拙臃肿，在处理上敷衍堆砌，材料使用不当，施工质量低劣，就会使人感到建筑形象粗糙，即使采用再多的艺术处理手法，也只是徒然增加造价。

仅仅靠结合功能和合理运用材料结构，而不讲求构图手段，也还是不够的。浙江民居中，有些建筑特点不太显著，就正是因为在这方面还有不足之处。但是，这些比例、韵律以及其他艺术辅助手段，都是在使用功能、材料、结构、经济等条件约束之下实现的。问题在于使用是否恰当，是否能够巧于因借建筑本身在使用功能、结构、材料的作用下已出现的某些可能性，因势利导，把它稍加处理，适当强调。这样，艺术处理和建筑的使用功能，结构、材料就能够有机地统一起来。从而使人感到淳朴、自然、生动，而且比较经济。这类例子在一些较好的民居中是很多的。

当然，民居在外观处理上也不是毫无缺点的，限于历史条件、施工技术、经济力量，以及建造者本人的经验和生活经历，对于每一单幢建筑只是解决了对它本身来说是关键的问题。而且往往为了照顾这一主要需要，忽略甚至损坏了另一些较为次要的需要。前面所引用的例子中除去个别优秀实例之外，大多数只是在某一个方面表现出一些特长，有一些特殊的巧妙的做法。当然把它们综合起来，作为整个浙江民居中对体型面貌的处理手法来看，则是极为丰富的。

上述种种，使我们认识到只要深入密切地结合使用功能上的要求，熟练地掌握材料结构的特点，并顺应着这些特点予以适当的艺术加工，建筑的实用、经济、美观是可以统一起来的。在这方面浙江民居给了我们很大的启发。

第六章

木构架

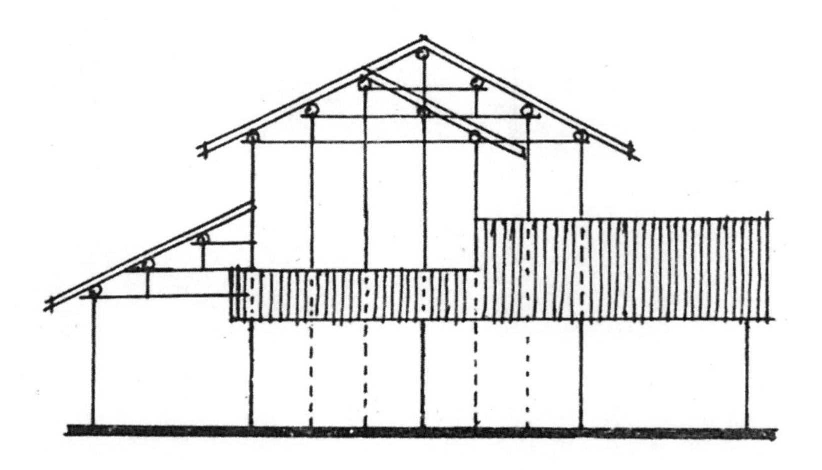

木构架的构造方法

浙江民居是以木构架来做房屋骨架的。构架可以大体归纳为抬梁式和穿斗式两类。抬梁式构架的主要特点是柱上承梁，梁上承檩，檩上架椽，这样来负担屋面的重量。柱子不直接承受屋面的重量，梁除了承担屋面重量并将其传到柱上之外，还有保持柱子稳定的作用。穿斗式构架的主要特点是柱子承檩，每檩下柱子都落地，直接负担屋面的重量，穿枋只把檐柱和中间的柱子联系起来，保持柱子的稳定，基本上不直接承载屋面重量，有时为了节省柱子或大空间的需要，不必每檩之下的柱子都落地，可以在前后檐柱（或金柱）以内酌情减柱，所减之柱，由架在小梁或穿枋上的短柱（或称童柱）来代替（图 390）。

大型的高级住宅，结构用料硕大，梁柱断面直径往往在 30 厘米以上。在正房三间大厅的明间左右两缝用抬梁式屋架。在形式上有月梁（向上拱起的弯梁）、梭柱（上下两头略细、中间略粗的柱）。梭柱多见于天台、温州等地。

一般民居少有三开间的大厅，故多用穿斗式或局部用双步架、三步架即可。至于房屋山墙尽端的构架，不论大小住宅，都多用柱柱落地的穿斗式，使房屋尽端结构得以加强。

由于穿斗式构架的柱子较多，每柱负荷屋面重量较少，所以用料较小，一般柱径约 15 厘米或更小，穿枋断面为矩形，宽高比约为 1 ∶ 3，高约 15 厘米，也有用上下几根较小的枋拼成一个组合枋的。除了用规格化的木枋做穿枋外，有时用一根原木开成两块半圆断面的穿枋，中柱前后各用一块，使外形大小和弯曲度前后完全对称，形式近似月梁。近屋顶的穿枋多是在中柱前后各用一枋，往下则是从前檐柱到后檐柱用一根穿枋直贯，或是在中柱前后各用一根穿枋。

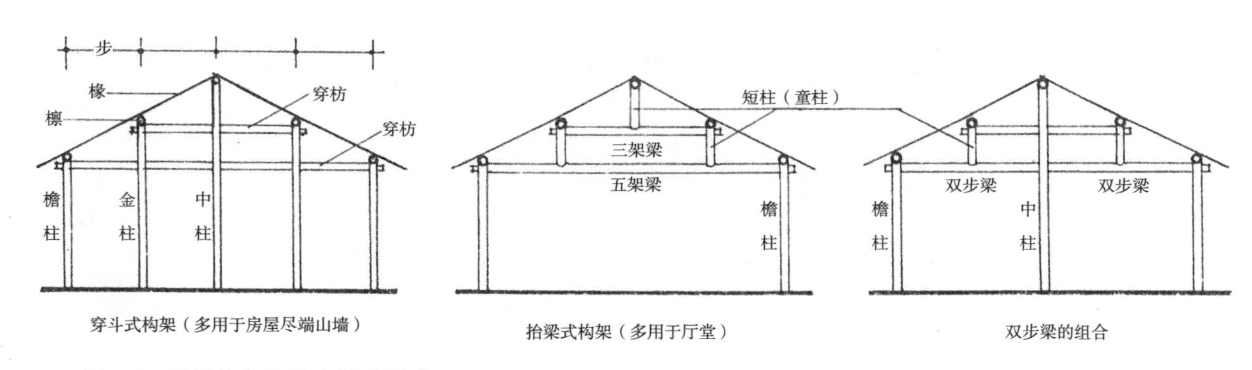

图390　民居构架的基本组成形式

为了增强木构架牢固，除在梁柱的接头处使用榫卯之外，再加用“柱中销”、“羊角销”、“雨伞销”等，柱与檩条也往往用榫卯相接。云和（景宁）等地椽子接头用“高低缝”，再用竹钉钉固在檩条上；东阳地区椽子与檩条用燕尾榫挂椽条和销固定（图 391、图 392）。

屋面坡度一般是“四分水”至“六分水”，约相当于 21 ~ 35 度，故屋面常略微举折。大型住宅屋檐有生起，一般每间生起约 10 厘米，梢间山墙要更多一些（图 393）。屋面构造是在檩上置椽，椽上挂瓦，做法简单、经济，高级住宅则在椽上挂望砖或竹、杉皮、芦苇等垫层以后、再挂青瓦。

浙江地区由于气候温暖，民居屋顶下一般不吊顶棚。

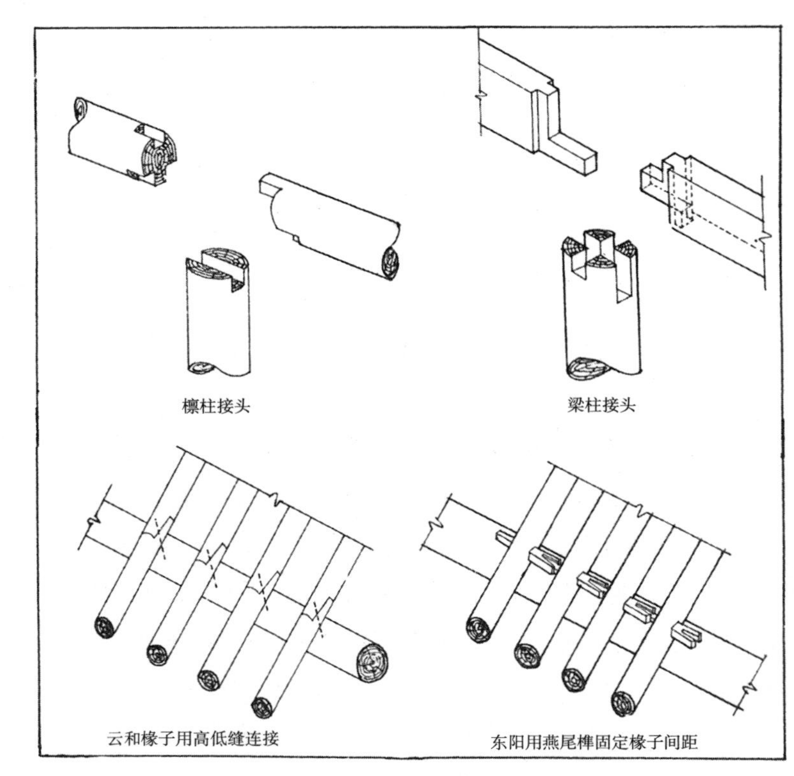

图391　构件之间的榫卯接头

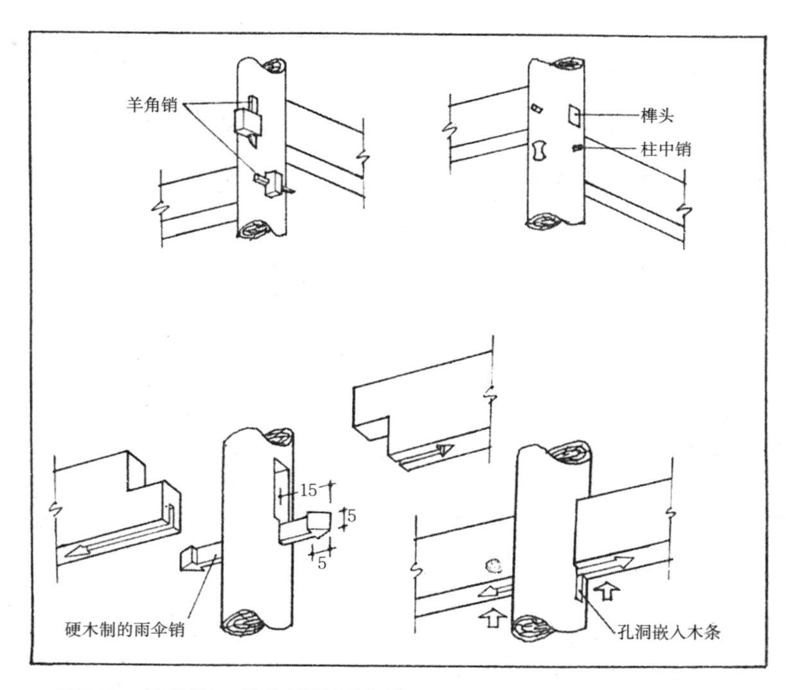

图392　羊角销、柱中销及雨伞销

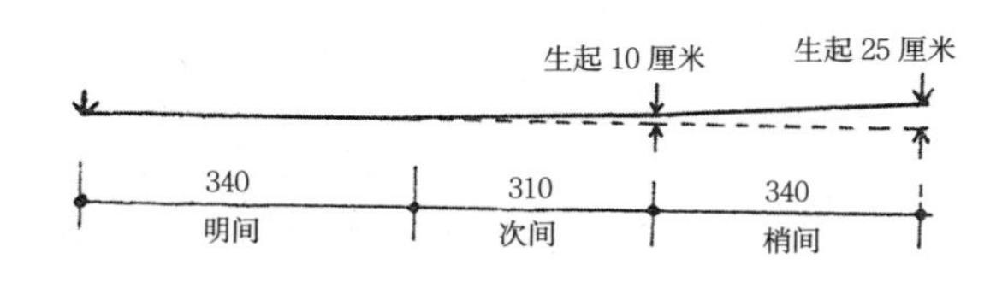

图393　温州屋檐生起

木构架的特点及其适应性

如上所述，浙江民居的房屋构架，亦如中国传统建筑木构架的结构体系一样，用木结构做成骨架，木构架自成一个完整的体系，墙体可以不必承重，只起围护或分隔空间之用，因此，不仅内外墙的材料可以因地制宜地根据地方特点和经济条件来选用，而且，凡门窗的大小和位置，空间的开敞与封闭，装修的装卸，隔断的安置，都可以灵活处理，给平面与空间划分带来很大的自由。这是民居木构架显著的特点之一。

构架上每设一檩称为一架或一个步架。各檩之间的距离基本是按等距布置，这样可使各檩之上的椽木均匀地承受屋面重量，使其断面及长短一致。民间房屋的斜屋面举折不大，各檩之连线基本上是等坡，所以各檩之间的垂直距离基本上也是等距。因此各层穿枋或抬梁的垂直间距亦能等距，致使各层抬梁上的短柱（童柱）亦成等高。而在中柱前后对称位置上的各对柱子，亦成等高。这样，不论房屋进深由最少的三架到一般最多的九架，都是以一步架的水平距离为模数来增减的，柱高都是以一步架的垂直距离为模数来增减的。于是，就使各部件的尺寸规格大大地简化。这样，就给材料的下料、加工、预制带来了很大方便。因此，我们可以认为民居木构架已经基本上具备了模数化、标准化、预制装配化的概念。这给建筑的设计、施工都带来很大的方便。这是民居木构架的显著特点之二(图390)。

不论房屋进深多少，都可以用这种模数化了的穿斗式抬梁构架来预制拼合。而且除了前后檐柱及安装内外檐装修或隔断处的柱子是不可少的之外，其他柱子的增减及位置可以权宜布置。遇到接建扩建的情况，不论由主房的前后或左右任何一面，只需在临近新建部分的柱上开榫，把新建部分的构架拼接上去即可，十分简便。因此，这种构架系统对进深的大小、平面的布局、接建扩建都有很大的适应性和灵活性。这是民居构架的特点之三。

以下将三架至九架常用的一些构架形式以及自主体构架拼接某些附加构架的情况举例说明见图 394、图 395。

穿斗及抬梁构架用作二、三层楼房的构架也是很方便的，只要把柱子加高，并在柱子安装楼层的高度上榫接梁枋，用以承受搁栅及楼板即可。由于木材的抗弯性能良好，楼层常自底层向外悬挑，用以争取空间，扩大楼层面积。悬挑的办法是将梁枋延长伸出柱外，作为主要承重构件，若挑出较多，则在挑梁下加“斜撑”以分担一部分重量。斜撑的外形常做艺术加工，富有装饰意味。但在大型住宅里，往往在斜撑上做过分的雕刻，变成纯装饰品，减弱了结构作用（图 475）。

悬挑处理可用于建筑正面、背面或山墙面，也有正侧两面同时悬挑的，形式比较多样，民居木构架便于建楼房并做各式悬挑处理，这是它的特点之四。

关于楼房构架及悬挑处理见图 396 并参见“平面与空间处理”一章中的外檐悬挑图例及有关实例。

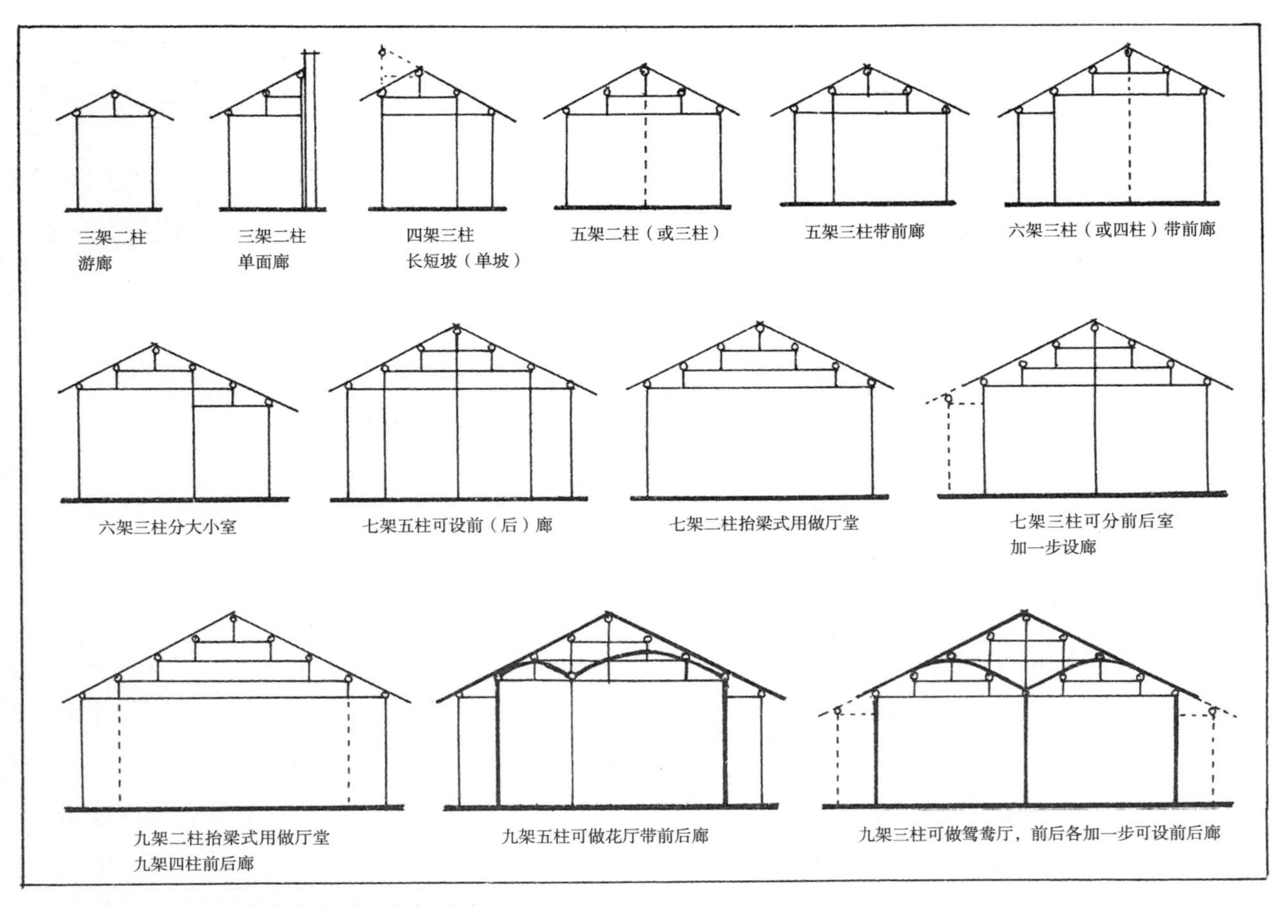

图394　从三架到九架常用的构架形式

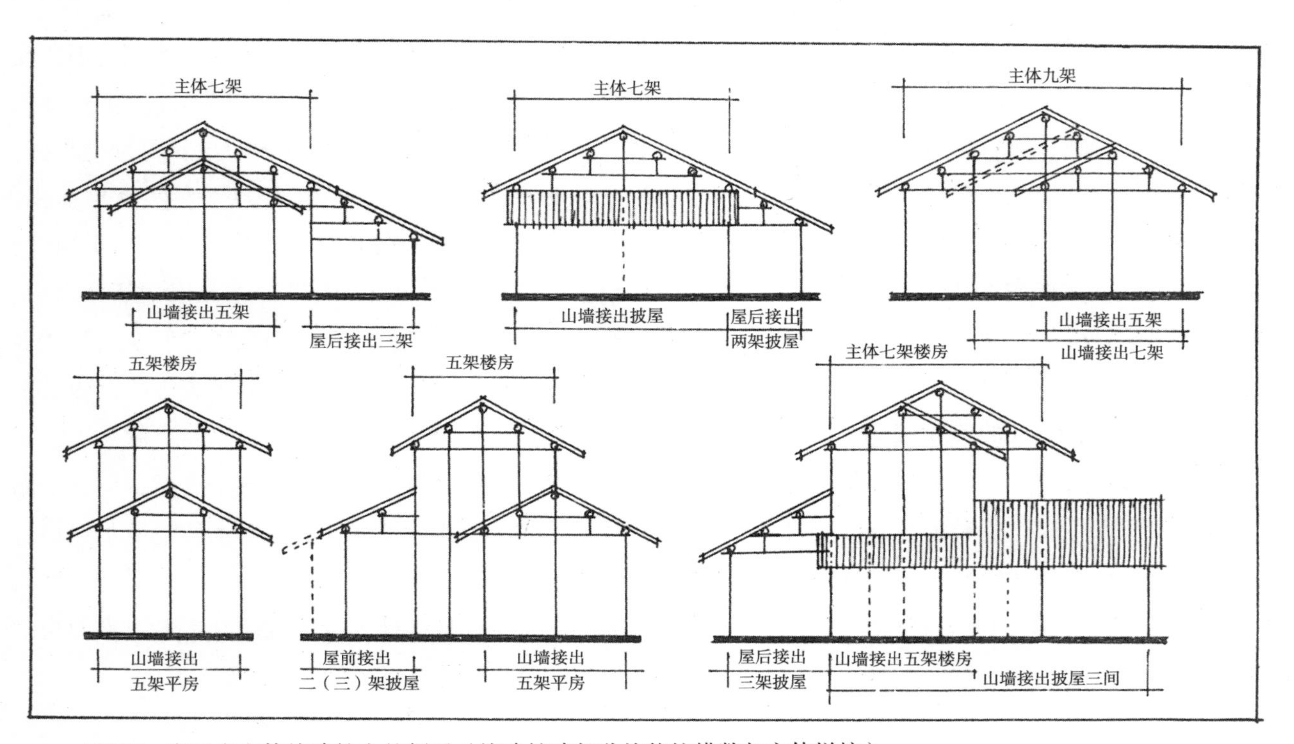

图395　房屋自主体接建扩大的例子（接建扩建部分均能按模数与主体拼接）

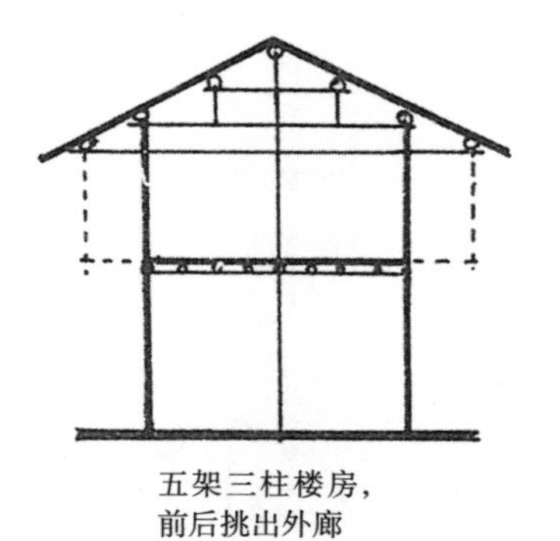

五架三柱楼房，
前后挑出外廊

六架楼房加一步前檐廊

七架楼房两层前后廊

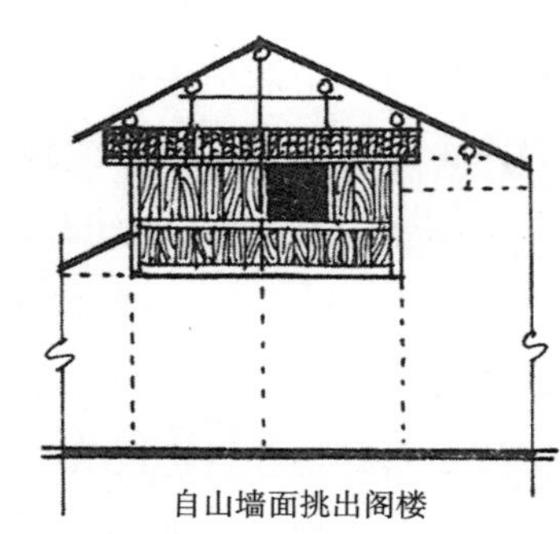

自山墙面挑出阁楼

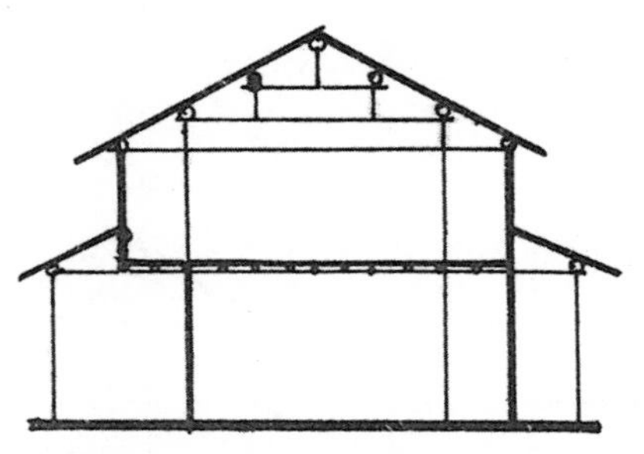

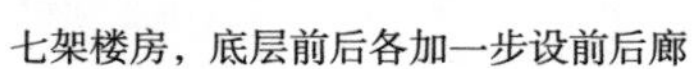

七架楼房，底层前后各加一步设前后廊

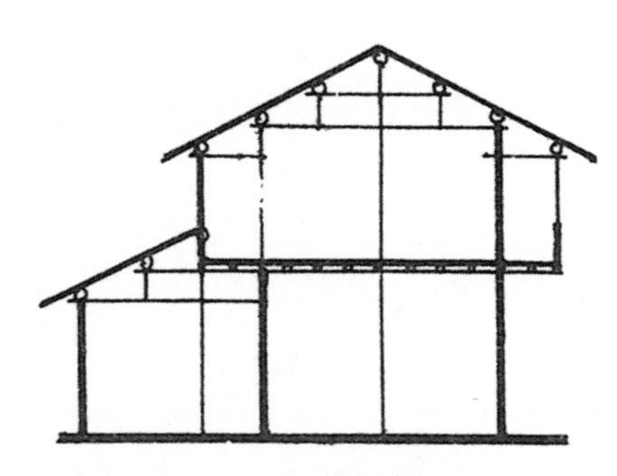

七架楼房，二层一面设挑外廊，一面加披屋

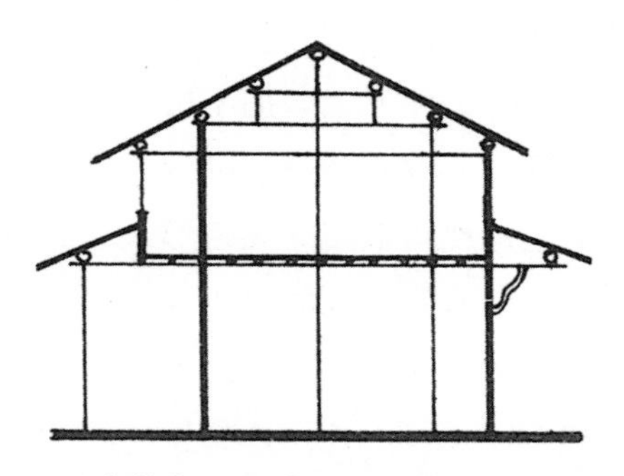

七架楼房，二层前面设凹外廊，底层前面加一步设前檐廊，后面挑出腰檐

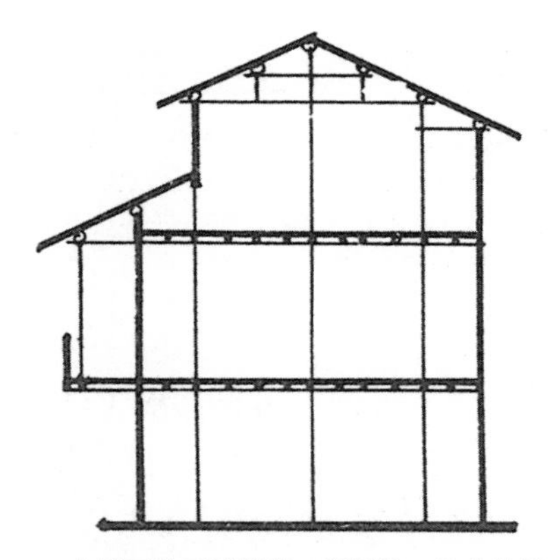

七架五柱三层楼房，底层退一步成长短坡，二层挑出一步做挑外廊

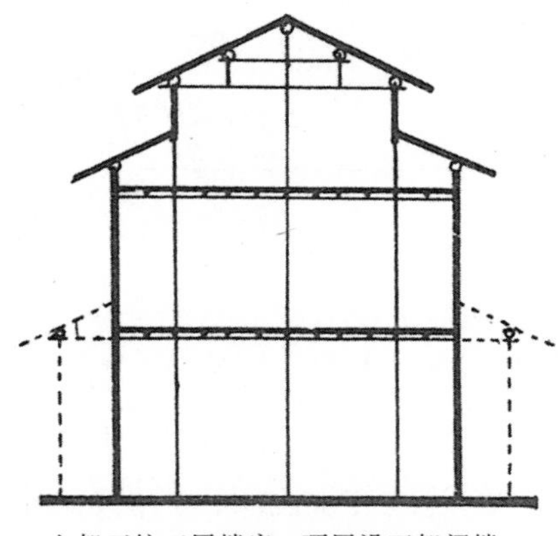

七架五柱三层楼房，顶层设五架阁楼，底层前后若各加一步则带前后廊

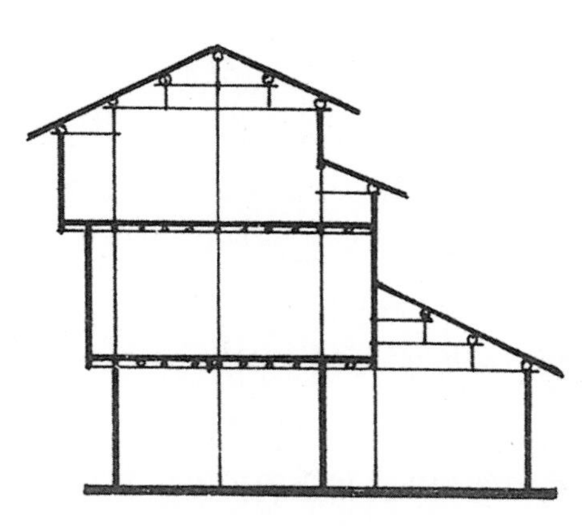

三层楼房，前面层层出挑，后面层层加披

图396　常用的楼房构架形式

穿斗构架在屋面高度变化上还有一个独特之处，就是可以在一个两坡屋面檐檩以内（等坡或不等坡）的任何一檩处，把屋面上下错开，将局部屋面升高，错开处就变成重檐，只要调整一下错缝左右穿枋在柱上的高度即可，并不增加构架的复杂性。这就使屋顶出现一个较高的空间，为设置各种大小、形状的阁楼、夹层等提供了极方便的条件，充分利用了屋顶空间，并大大增加了房屋内部上下空间分隔的灵活性，这是现代常用的三角形屋顶桁架所办不到的，成为民居构架的又一特点。这方面的例子见图 397，并参见“平面与空间处理”一章中图 186 ~图 192。

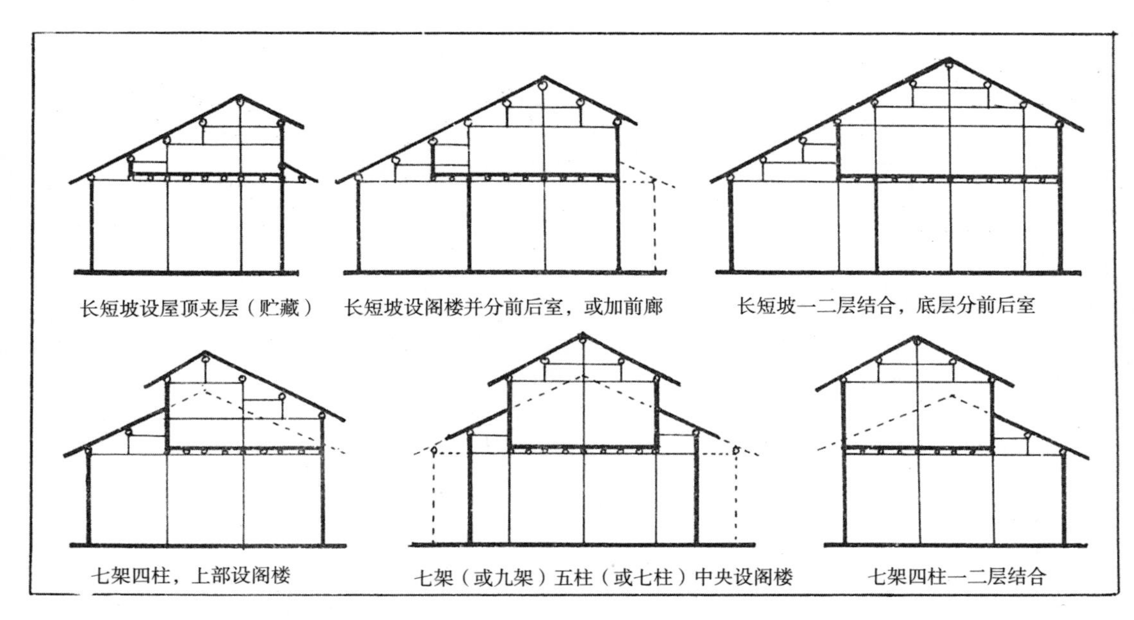

图397　用屋面高低的变化来形成各式阁楼和楼房的处理

此外，民居木构架对不同的地形也有很大的适应性，如在坡地、水边、路边常见的长坡顶、错层、吊脚楼、骑楼、过街楼等。见图 398 及以前各章节中的实例。

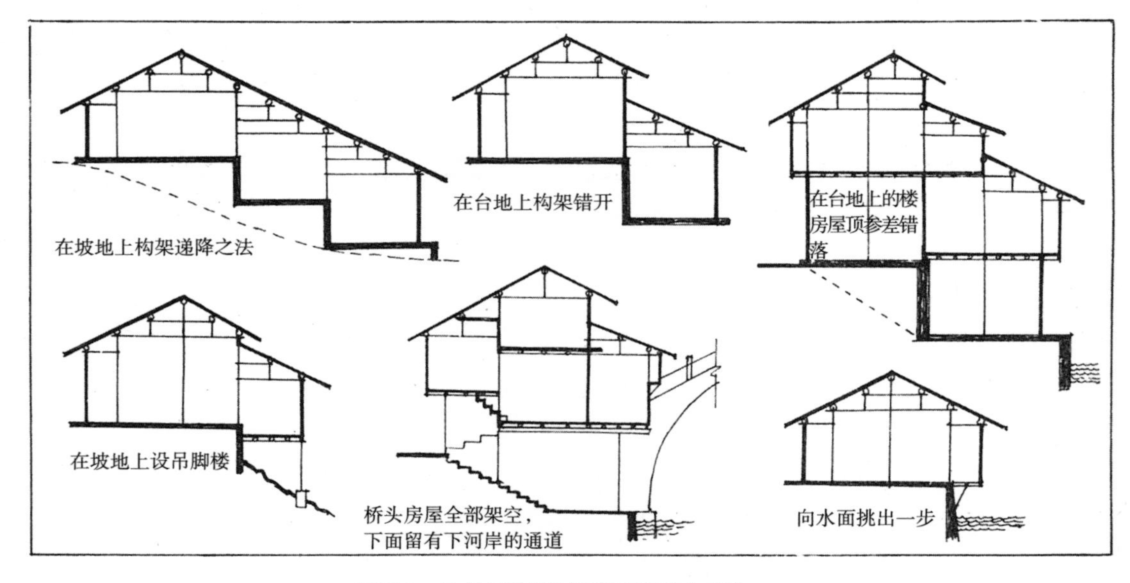

图398　构件可以适应不同地形的变化

木构架的一些细部处理可以参见“装修及细部处理”及其他各章节。

总之，从以上对浙江民居构架的初步分析来看，传统民居运用简单的木构架，却能够创造出灵活的平面及多种形式的空间组合，并给外形带来丰富的变化，又给设计与施工也带来很大方便。可见，这个结构体系的适应性和灵活性是很大的，这也是我国传统民间建筑的一项十分杰出的成功经验。当然，在我们总结传统民间构架优点的同时，也要看到这种结构体系使用木料过多，虽然发挥了木材抗弯抗剪等性能，但未能像现代木桁架那样充分发挥木材抗拉抗压的性能，以及由于缺少斜向支撑杆件而减弱了整体的稳定性等等，在这些方面还存在着一些弱点。

第七章

装修及细部处理

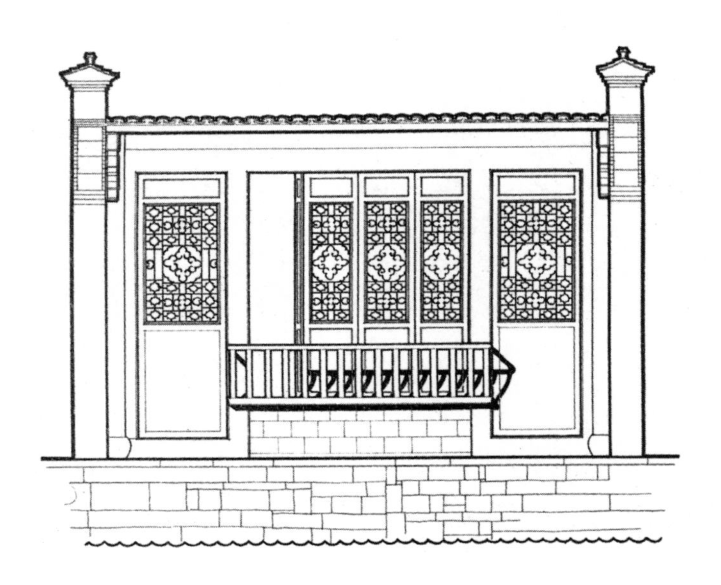

浙江民居中运用木材极为广泛，不仅使用在承重结构上，也使用在围护结构上。因此，木装修成为民居建筑中的一个重要方面，在实践中创造了一系列适合木材特点的装修形式。

在当地自然气候条件的影响下，为了保证生产、生活的方便与安全，对木装修处理提出了多方面的功能使用要求。首先，由于气候湿热，暖季较长，建筑装修必需妥善解决通风、遮阳、隔热问题，以降低室内温度；兼顾到季节不同的气候变化，雨季要防雷雨，台风季节要挡风，以及在短暂的冬季中还有适当的保温要求。为创造方便的生活条件，充分利用室内空间，建筑装修处理也应考虑到日用杂物的储藏、存放、悬挂、晾晒，甚至日常倚坐，以代替一部分使用家具。此外，室内进行副业生产，空间需灵活变化；临街经营商业需便于交易活动；靠河临水需便于进出洗濯；依山傍崖需遮挡防护等，都对装修处理提出了一定的要求。

在民居建筑中，室内外装修是构成建筑空间的组成部分，长期以来工匠们对建筑装修的处理及其与建筑整体的关系，一直予以极大的注意，进行精心处理。栅棂搭接轻巧爽朗，柱枋构造素洁简练，充分体现出民居建筑宁静、明快的居住生活气息。大型住宅中，为了显示气势，对建筑装修大肆雕琢，虽不免过于纤巧、繁琐，但也积累了一定的体形处理经验。木雕在民居建筑装饰上大量使用，丰富了建筑面貌的地方特色。加之，广泛采用楼房悬挑结构，使用桐油、清漆防腐，更加突出了浙江民居的地方风貌。

浙江民居的装修在自然地理条件的影响下，综合满足了多方面的使用要求，并精心地进行艺术加工，创造了许多优秀的处理手法，显示了较为突出的地区特点。具体可概括为如下几个方面：

1. 采用灵活的装修构件，以满足不同时间对使用空间大小，以及通风、采光方面的不同要求

如大型住宅中设有可装卸的格扇门窗、板壁、屏门、屏风，以改变室内面积大小；设有可拆卸的槛墙板、窗扇、窗栅，以调节通风面积；一般民居所采用的竹篾、竹席、家具等作为室内隔断以灵活分隔空间；临街采用可卸的板门，使居室可进行商业及服务性操作。总之，利用可移动、可装卸构件的灵活性来改变或调节室内空间的形状、大小、开合、通塞，以适应使用要求。

2. 大量采用空透的装修构件，加强通风换气效果

如各地广泛使用的窗栅、门栅、廊栅、栏杆；透雕的门窗棂格、大花窗、檐下的气窗、编竹门障；内檐使用空透的格扇门、博古架隔断等，做到隔而不断，里外贯通，既有围护功能，又不妨碍通风效果（图 399）。

3. 采用几种功能相结合的装修处理，兼顾各方面使用要求

如以板窗、玻璃窗、格扇窗、栅窗所组成的各种不同组合的双层窗，在不同开启的情况下可兼收通风、采光、防护之效；不同高度的出窗可作凳桌、几案、家具使用；宽窗台可存放什物，安设柜橱；上下双开门可改善通风状况；落地长窗可增加通风、遮阳效果。既能做到一物多用，又能在解决围护要求同时兼顾其他方面。

4. 广泛使用出挑的手法

如挑出楼裙、挑檐、檐箱、栏杆、出窗、挑廊、遮阳雨搭、靠背栏杆等。出挑手法充分利用木材力学特性，合理使用材料，从而达到争取使用空间的一个重要手段。同时也为解决用具储存、避免太阳辐射提供了条件。出挑手法也为建筑的外观造型面貌增添了不少的变化与风趣（参阅“室内外空间处理”及“体形面貌”部分）。

5. 重点的艺术加工

在内外檐的重点部位——梁枋、楣罩、柱头、撑栱、琴枋、马腿、门窗格扇、天花、栏杆等处进行精细的外形修饰、雕刻与油饰。在装修艺术处理中，充分体现了劳动人民惜功俭料、重点突出、决不滥施刀斧的创作设计思想。如外檐装修中选择了檐廊部分作为艺术处理重点。因为檐下视距近、光线好，檐廊是日常生活操作的地方，又是内外交通必经之道，这样就可以突出艺术效果。在内檐处理中，因为门窗棂格处于水平视线以内，便于观赏，并且为室内采光孔道，富于光影变化，故着重予以修饰。总之，在艺术加工中，由于运用部位适宜，雕琢繁简得体，与周围简素的粉壁、板壁、天花、楼面组成了统一协调的整体，形成气氛宁静轻巧的居住空间。

此外，在民居的细部设计处理中所运用的手法也非常丰富多样。如处理柱础、门檐、撑栱或其他雕饰构件时，恰当地根据构件外形特点，因势加工，大大丰富了表现能力。在运用漏明窗、花瓦样中，除精心考虑其布置地点外，并充分利用砖瓦等小体量建筑材料的排比和叠砌的各种可能，丰富图案变化，蕴艺术构思于施工构造之中。在处理磨墙、铺地时，更充分地利用了建筑材料的外观特点、色质的差异，创造出有趣的构图。总之，浙江民居在装修及细部处理方面，有许多手法可供我们参考，但是由于今天的生产条件、生活方式已经不同，审美观点也有所变化，我们吸取传统手法时，必须注意结合具体情况，避免生搬硬套，浪费工料。

现就装饰处理上的具体手法，介绍如后。

图399　装修部位图

外檐壁面

民居建筑的外檐部分除山墙、临街檐墙、围墙用砖、块石、卵石、土坯构筑以外，大部分临院的外檐多为木装修。

市镇、山村一般民居，外檐多为板壁、板门、板窗组成，适当地配以直棂格扇窗，均以坚固耐久、构造简易、通风、便于拆卸为原则。外观朴素无华，不拘成法。嘉兴的一门三吊榻式（图400），杭州的双开门等（图401）可作为实例。此外也有因地制宜加设腰门、门栅、透花栅窗的（图402、图403），只要门窗配置得宜，也可获得轻巧动人的外貌。临街民居以装设板窗居多，以求安全。若兼营商店作坊，尚可将临街面通间做成可拆的板门，以利操作，这种做法在吴兴、杭州、宁波、绍兴一带时常见到（图404）。水网地区依靠河滨水巷的民居外檐，配合码头的设置，多建栅栏防护。

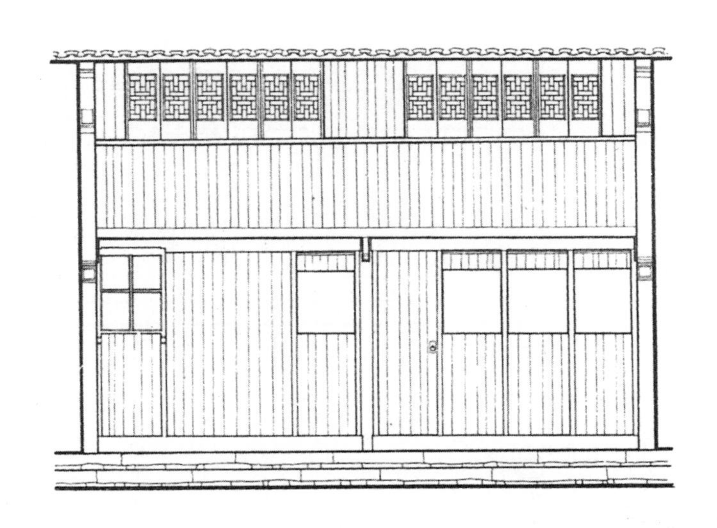
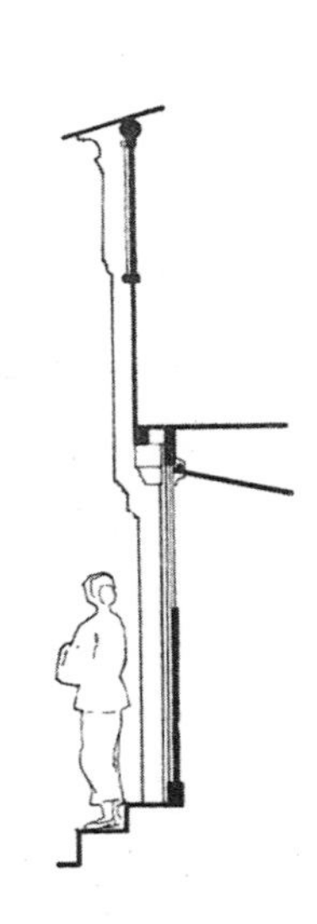

图400　嘉兴市丁家桥32号的“一门三吊塌”

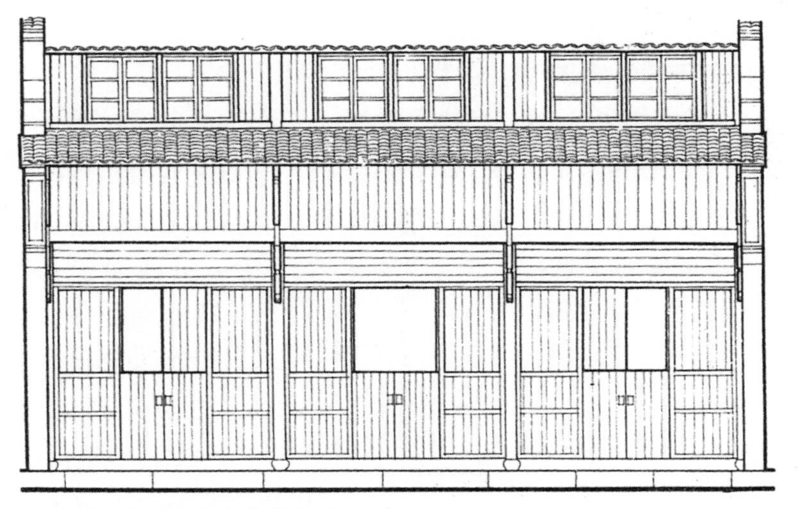

图401　杭州市布市巷某宅的双开门

图402　鄞县大公乡某宅板窗外加栏杆

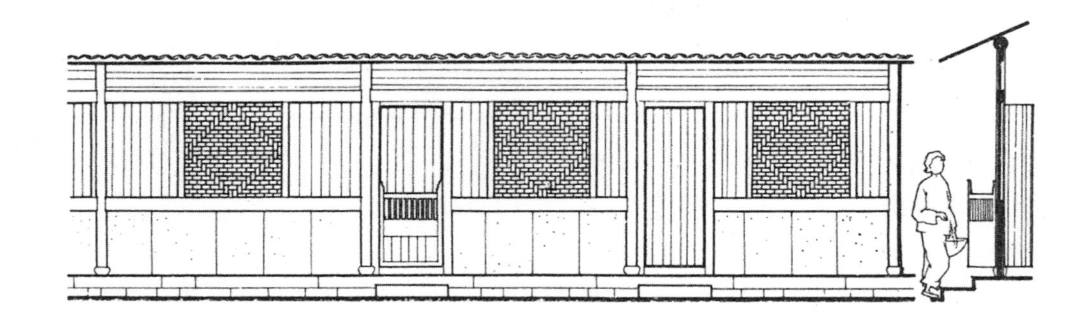

图403　鄞县五乡镇某宅窗及腰门

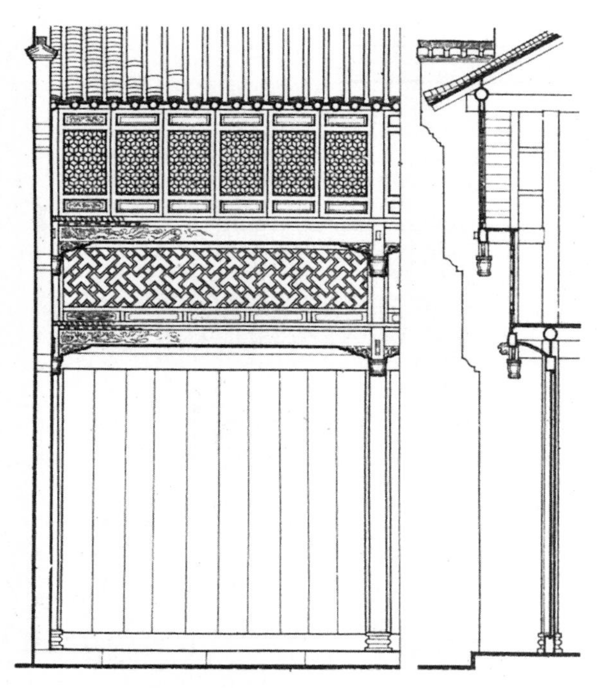

图404　绍兴北后街296号外檐装修

在大型住宅内，厅堂外檐多安设灵活易卸的格扇门窗，以取得通畅轩敞的效果（图405）。有的过厅仅加设楣罩直接做成敞口厅形式。花厅、书房的外檐多以玻璃支窗配以栏杆式木槛墙，艺术效果淡雅安静，具有良好的通风照明条件（图406）。杭州、嘉兴、吴兴一带大型住宅与苏州、常州地区类似，常设有“⊓”字形后楼，下檐做成敞厅或装以格门，上檐多以落地长窗或格窗组成（图407、图408）。有时为了丰富外观，加设挑栏、出窗、裙板栏杆等，更有处理成八字墙门的，以加强装饰性（图409）。

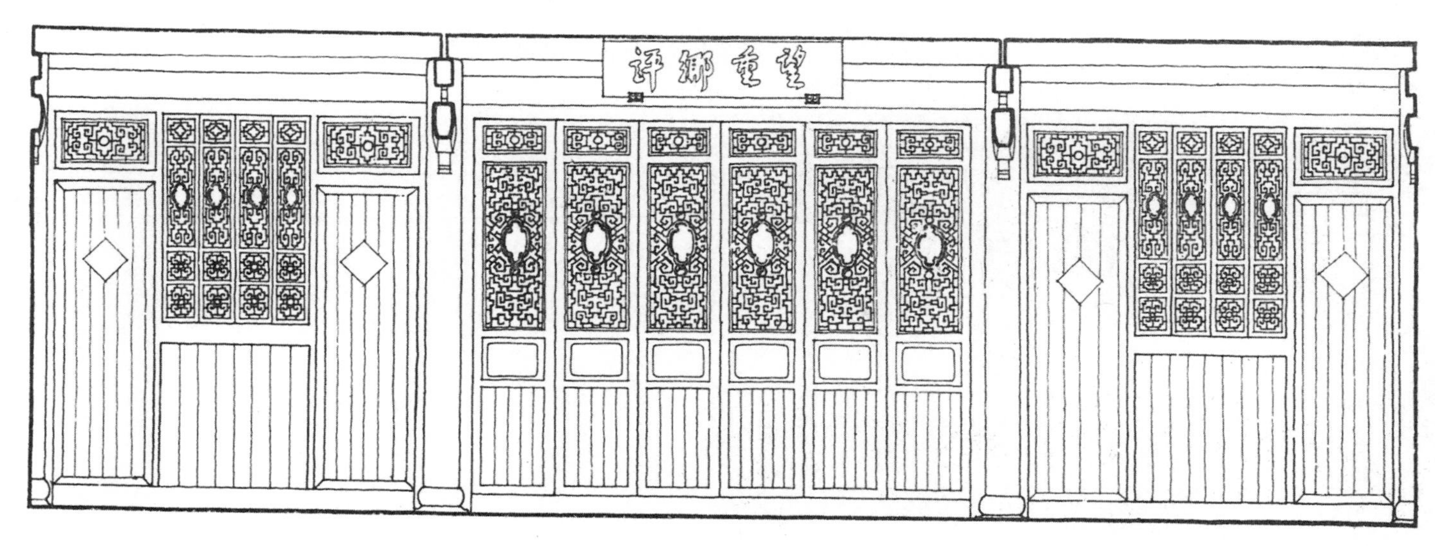

图405　东阳白坦乡润德堂正厅装修

图406　南浔崇德堂外檐装修

图407　南浔小莲庄外檐装修

图408　南浔道德堂外檐装修

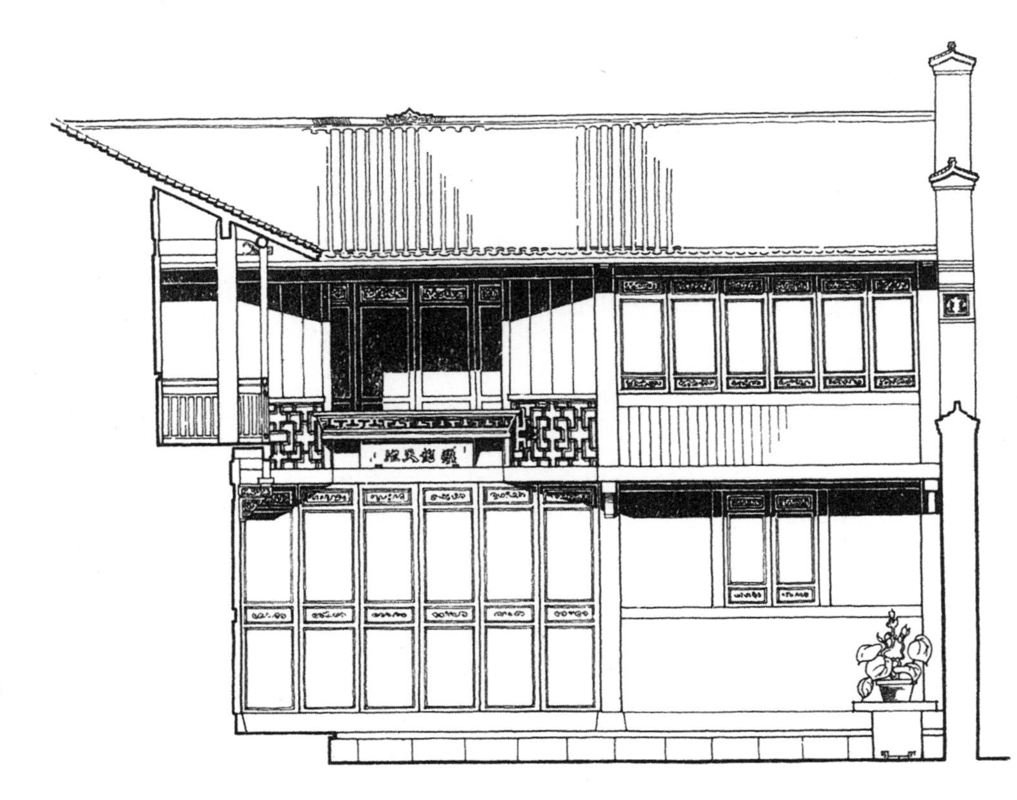

图409　天台柏树路10号外檐装修

一般常见的是格扇门。格扇门可装可卸,可统一制作,并能适应不同开间的变化,故在大型住宅中应用最为广泛。随面阔开间大小可采用四扇、六扇或通开间做成十二扇、十八扇，以取得规整肃穆的艺术效果（图 410、图 411）。为了避免格扇因规格一致，产生单调的缺点，依据格扇构造本身的特征可以采取一定的处理，加以变化。主要手法是：

1. 根据房间高矮、格扇比例、用材大小，增减抹头数量，以达到构图上横向分割变化的效果。一般可由三抹格扇增至八抹格扇。

2. 变换格心。临街、临水和无院落建筑的外门，多采用木板实屉格心的格门。一般住房外门多采用格心糊纸或装设贝壳片，兼有采光、保暖作用。过厅、花厅及一般住房隔断内门，多采用加纱或装裱字画的纱槅及透雕花棂格心。

3. 组织棂格图案与雕饰加工裙板、绦环板（图 412）。

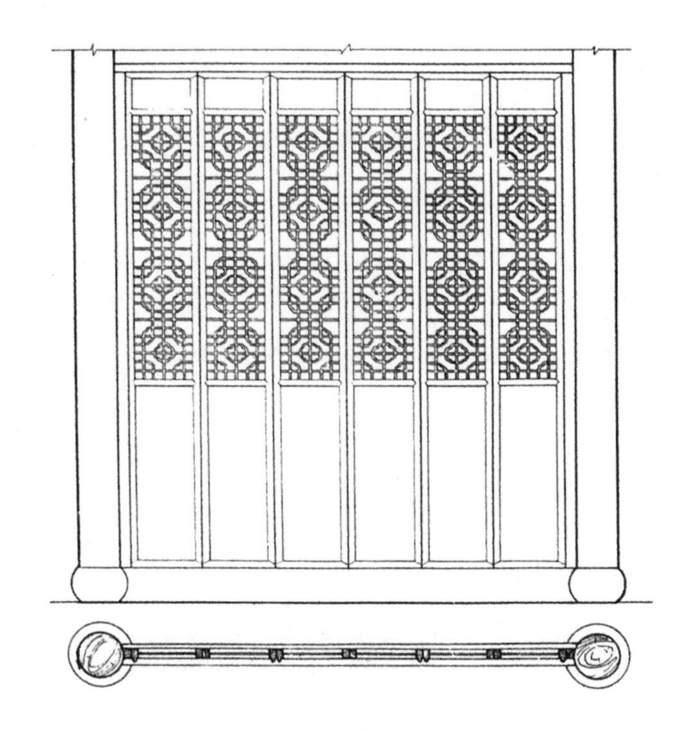

图410　吴兴小西街46号外檐装修

图411　巍山白坦务本堂台门格扇门

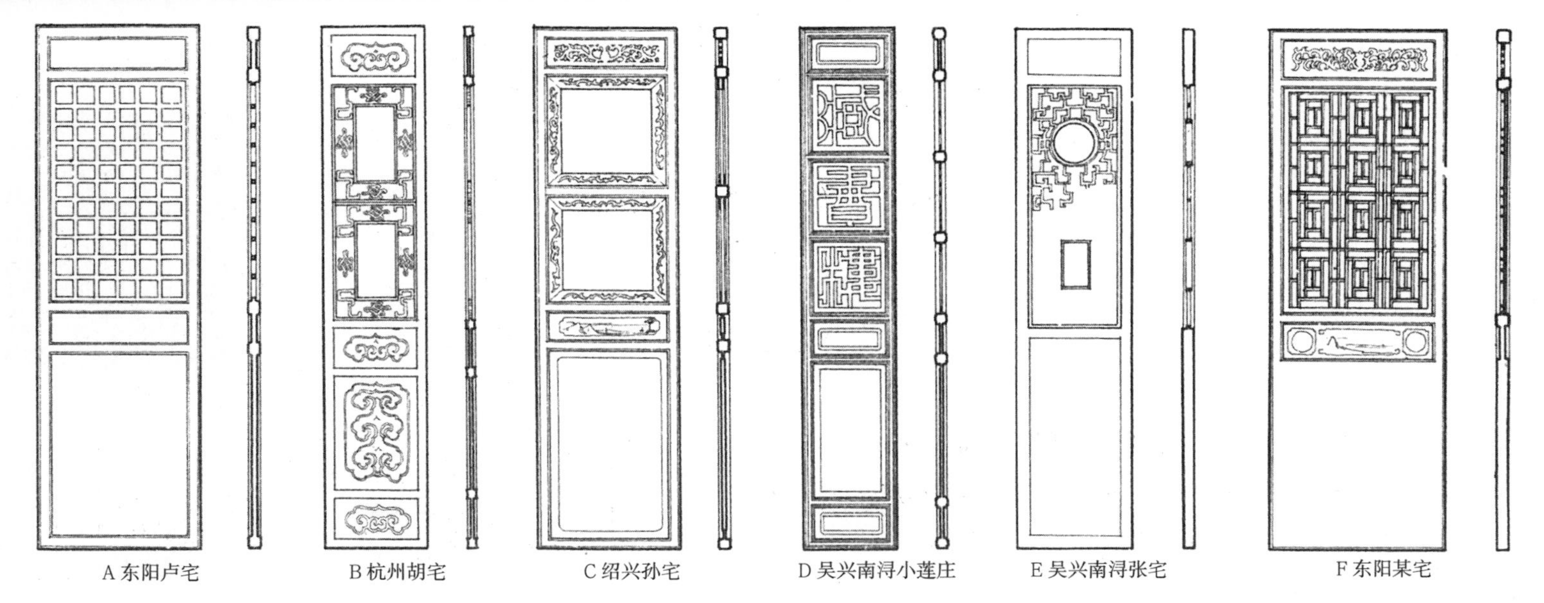

图412　格扇处理

大型住宅的院门很多是属于屋宇式的板门，如东阳的台门、宁波、青田一带单间或三间前后廊大门等，装修处理无甚突出之点。吴兴、杭州一带使用有磨砖护面的或无护面的库门，吴兴、绍兴常见用竹皮镶嵌成的人字或回纹竹丝大门（图 413、图 414）。由于门扇面材的使用得体，一方面增加了防腐保护作用，一方面也很好地利用了材料的质感效果，造成了光洁的外观。杭州也有在大门表面包镶马口铁皮的，这已属近代的措施了。

一般住宅中外门常用板门。根据需要也有设计成三七门、折叠门、腰门、上下双开门、门栅的（图 415 ~ 图 419）。一般住宅的院门多为墙垣上开设板门，围以门圈，墙顶加以简易处理，或加设门披。

图414　吴兴马军巷某宅竹丝大门细部

图413　吴兴马军巷某宅竹丝大门

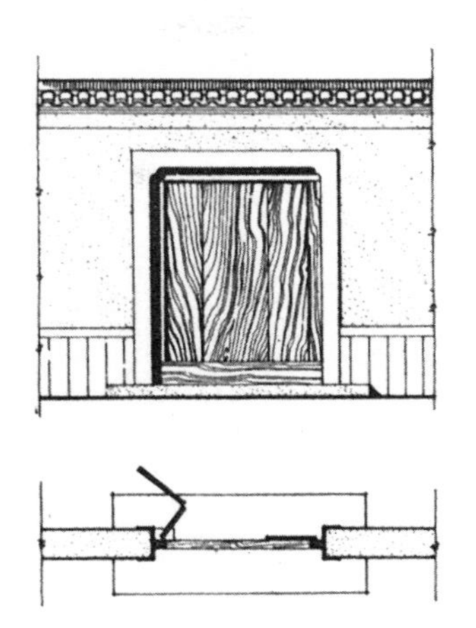

图415　三七折叠门

图416
杭县塘栖镇某宅

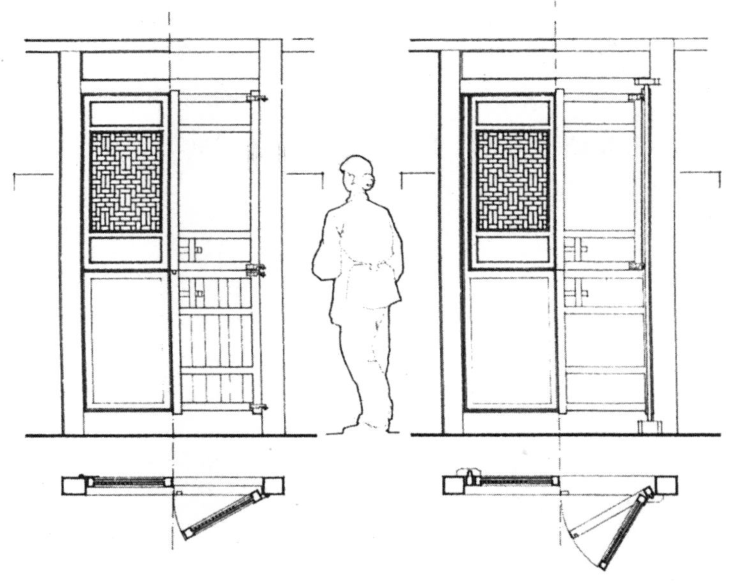

图417　东阳卢宅双开门

图419　镇海庄市镇门栅

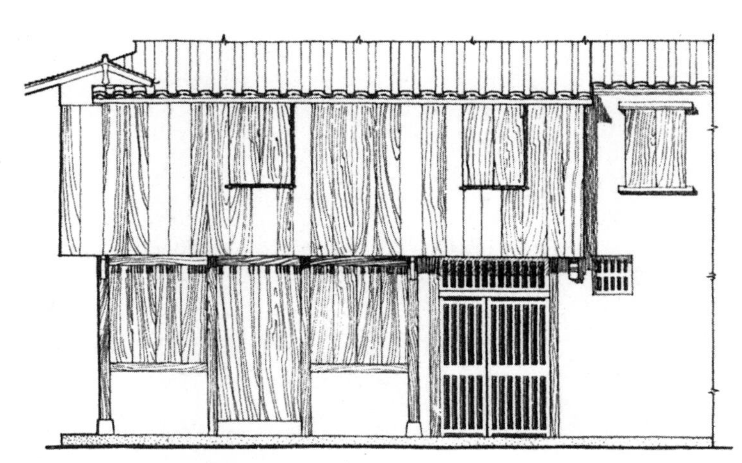

图418　三七门栅

窗

格扇窗在大、中型住宅中应用极为普遍（图 420）。常以四扇或六扇作为一樘。当房间过高或开间面阔过宽时，为了合宜地进行构图划分，调整开启面积，往往在格窗的上下或两侧加设雕饰或镂空的余塞窗及横披窗（图 421 ~ 图 423）。厅堂内要求气流通畅时，亦可成为矮槛墙的格扇长窗（图 424）。

吴兴、杭州一带大型住宅的花厅，书房或庭院中常采用支窗（《营造法源》中称为和合窗），通间开设，一列三扇，上下二扇固定，中扇向外支启，不占用室内空间。窗心镶装玻璃，为临窗学习工作创造良好的环境（图 425、图 426）。

图420　南浔小莲庄格扇窗

图421　带余塞窗的格扇窗之一

图422　带余塞窗的格扇窗之二

图423　带余塞窗的格扇窗之三

图424　东阳西街旗杆里某宅格扇窗

图425　吴兴某宅支窗之一

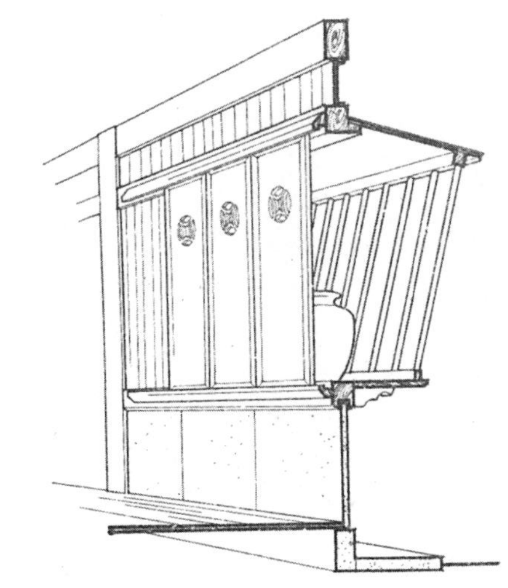
图427　天台某宅的出窗

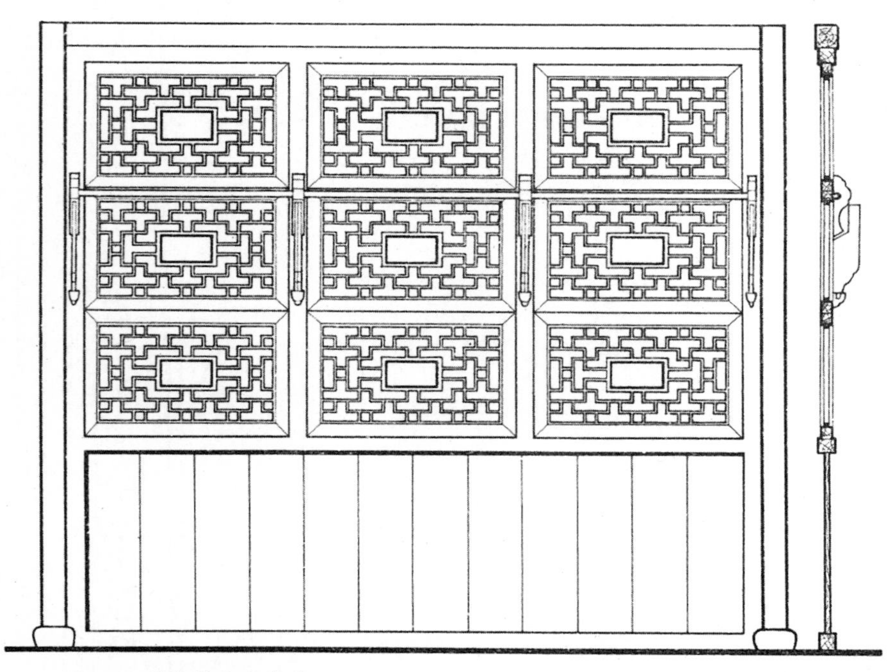
图426　吴兴某宅支窗之二

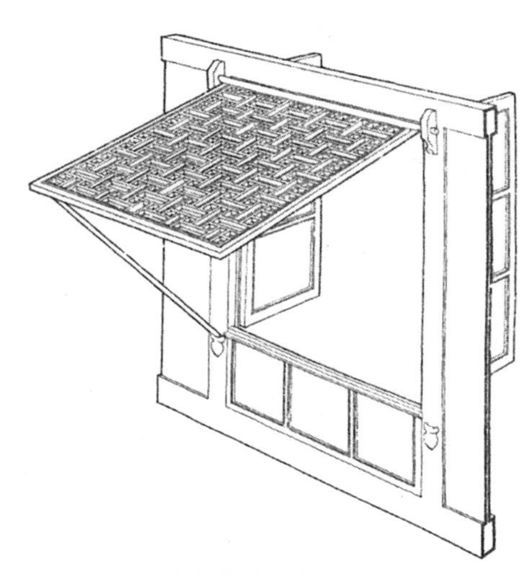
图428　杭州某宅双层窗

一般住宅以设置板窗及各种类型的出窗为主（图 427）。采用双层窗者也很多。外层窗用板窗、栅窗，以增强防护作用；内层窗用玻璃窗、花棂或平棂窗，以保证换气及光照（图 428 ～图 431）。此外各地也灵活运用了许多各有特点的处理方式，如避免占用室内空间的推拉窗，通风流畅兼有遮阳效果的落地长窗，造型华美、拆卸灵活、遮挡视线的窗栅，仅供换气用的固定花窗，取得室内装饰效果的假窗等（图 432 ～图 435）。

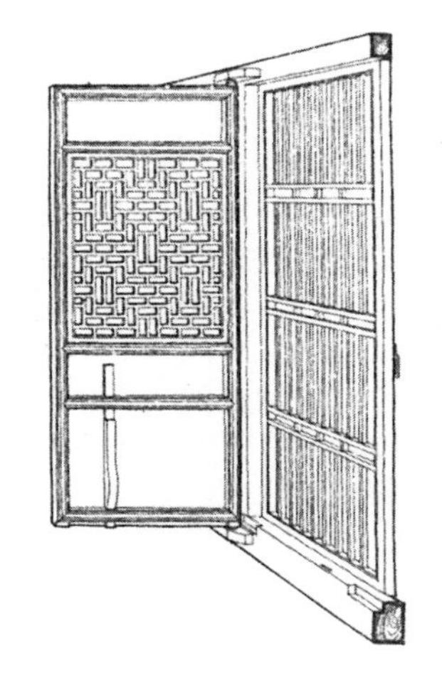
图429
宁波天幢道中
某民居双层窗

图430　鄞县新乐乡陈宅双层窗

图431　天台慎余堂的双层窗格

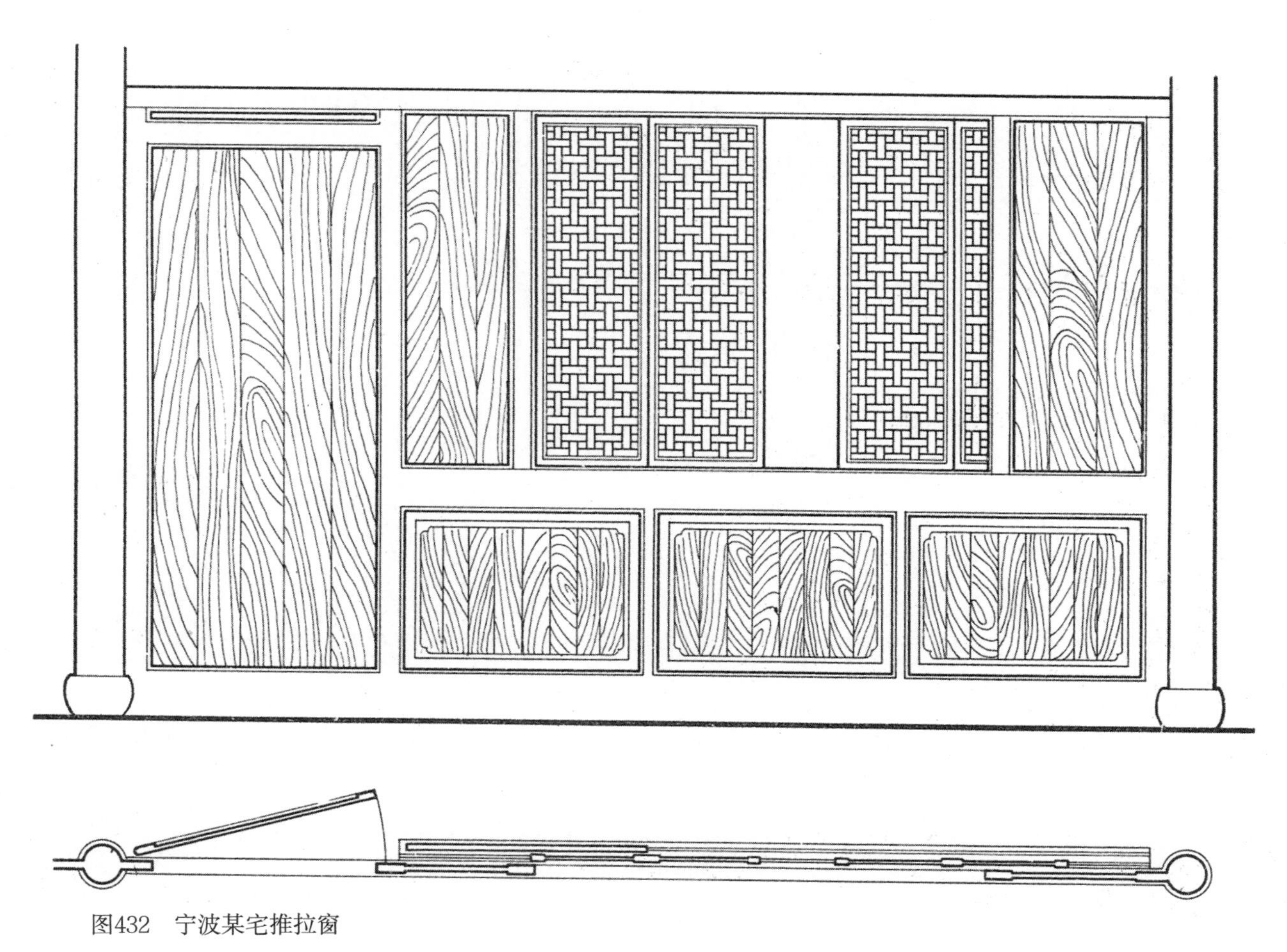
图432　宁波某宅推拉窗

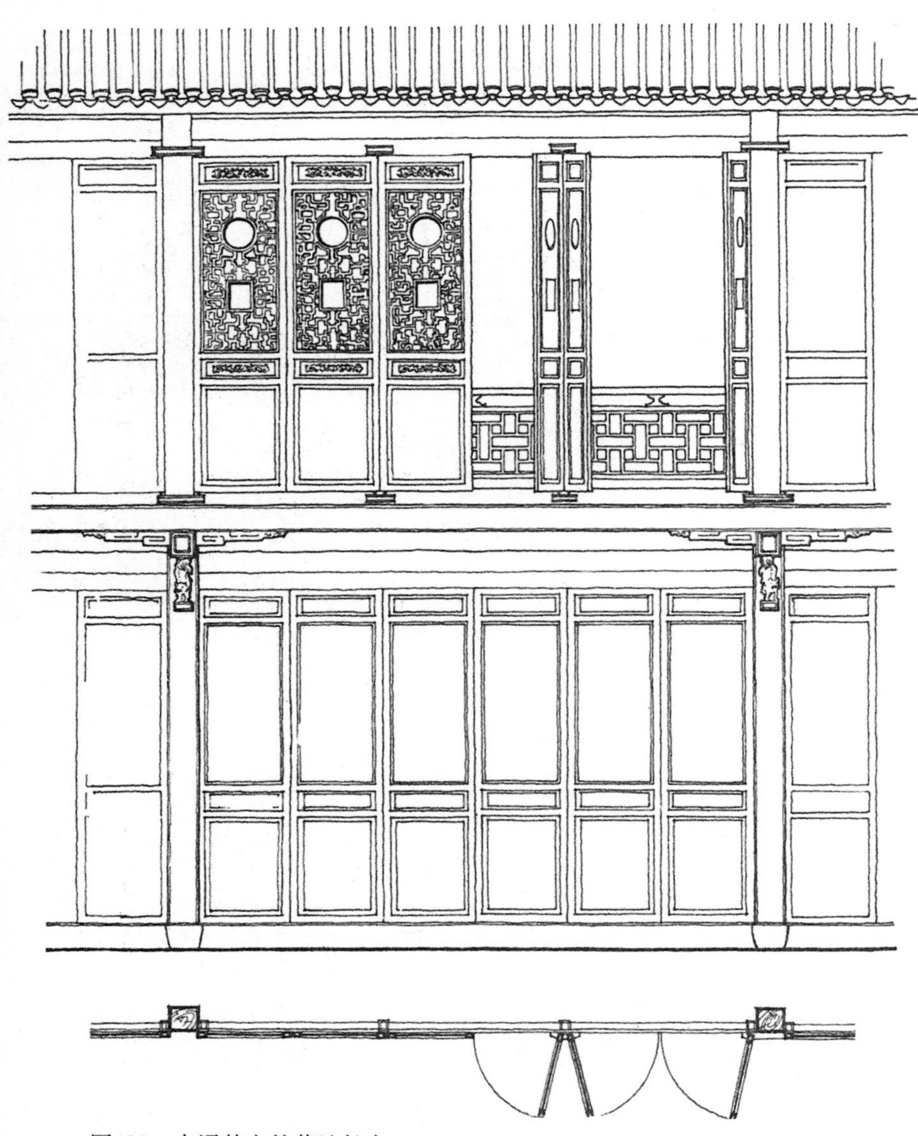

图433 南浔某宅的落地长窗

山村民居中，根据土坯墙、块石墙较厚的特点，常设置带壁柜的宽窗台窗（图 436）。一般民居的厨房及杂用等次要房间仅安设简易粗朴的直棂栅窗（图 427）。面街临水者往往在窗外结合设置栏杆及靠背（图 437）。

图434 吴兴某宅格扇窗之一

图435　吴兴某宅格扇窗之二

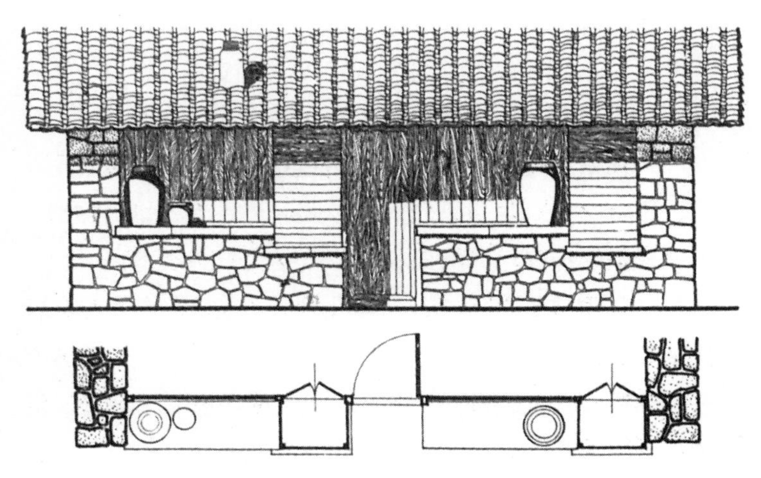

图436　杭州下满觉陇某宅的宽窗台

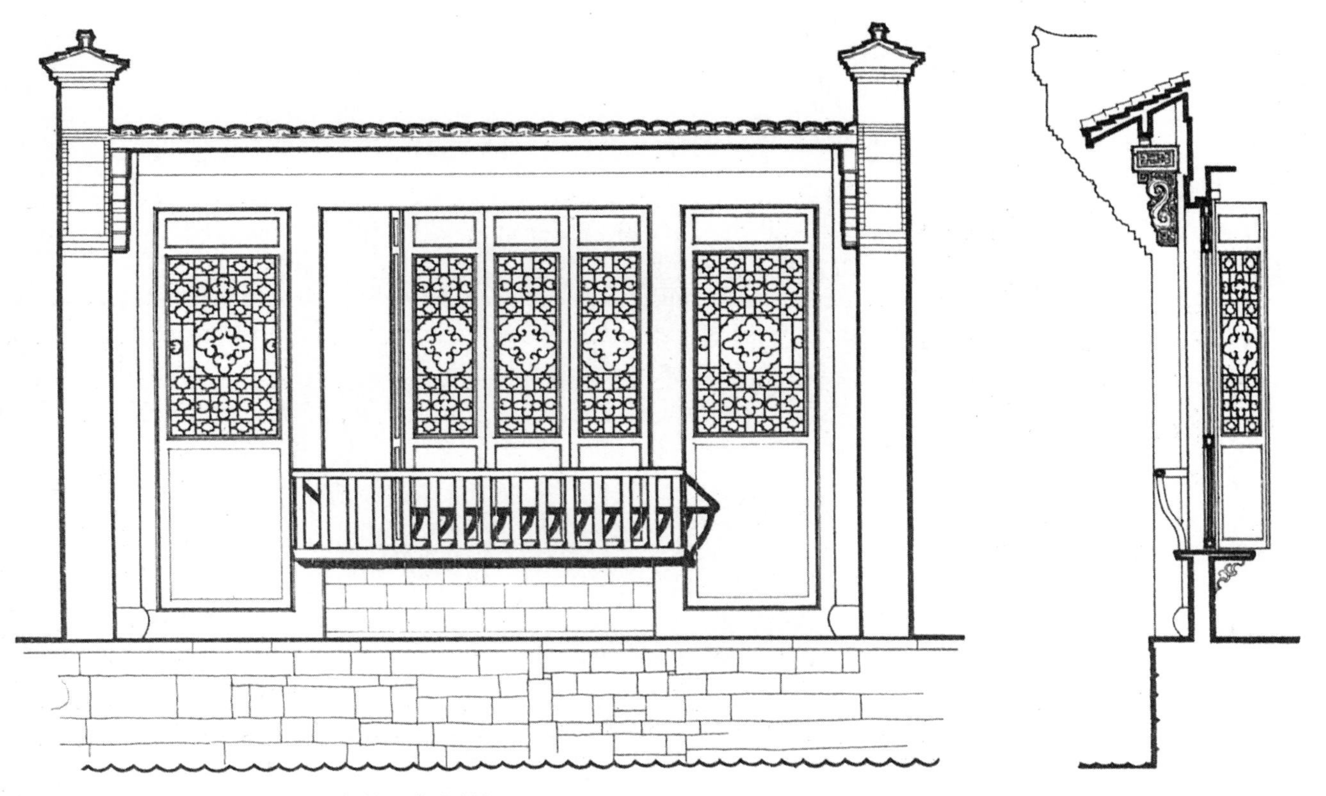

图437　衢县东河岸某宅窗外的靠背栏杆

檐 廊

外檐设廊是浙江民居的普遍特点。具体形式一般有半廊、全廊、回廊等。不仅底层带廊，往往楼上也加檐廊。

根据功能作用，檐廊装修可概括为三种类型。

1. 利用挂落、栏杆、飞罩及月梁、枋、柱细部雕饰手法来装饰檐廊，形成开敞的空间。檐廊不仅起室外交通的联系作用，更主要的是加强正厅严整华丽的艺术效果。这种处理多用于讲求气派的大型住宅（图 438）。

2. 在一般住宅侧院及独院住宅中，多利用廊栅、矮墙、高栏杆、板壁、透空装修等形成半封闭檐廊。这时檐廊除供交通使用外，尚可利用为纳凉休息或作一般家务操作的地方。廊栅的使用在浙江极为普遍，有半栅、全栅等不同做法，并配以精巧的棂格（图 439 ~ 图 445）。

3. 利用门窗装修形成封闭的檐廊，作为室内交通孔道，多用于重屋广厦的大型住宅（图 446）。

图438　杭州市小营巷的檐廊装修

图439　东阳某宅的廊栅之一

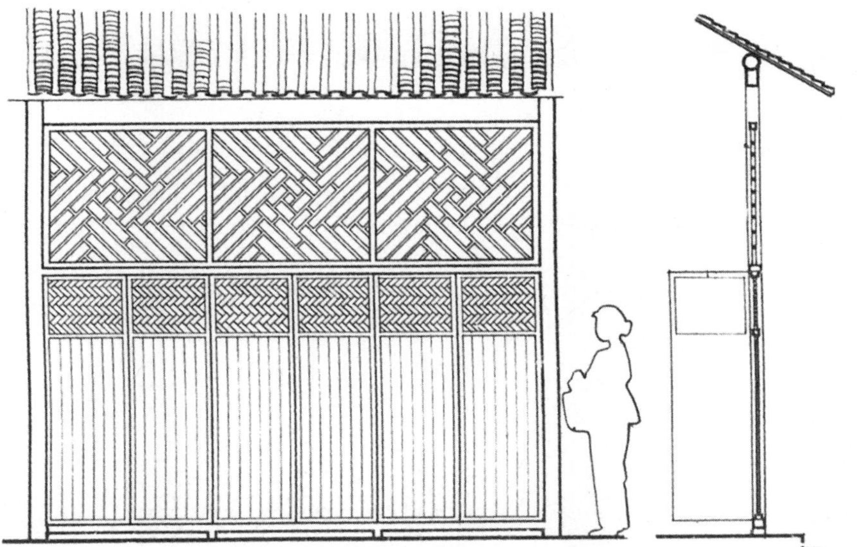

图440　东阳某宅的廊栅之二

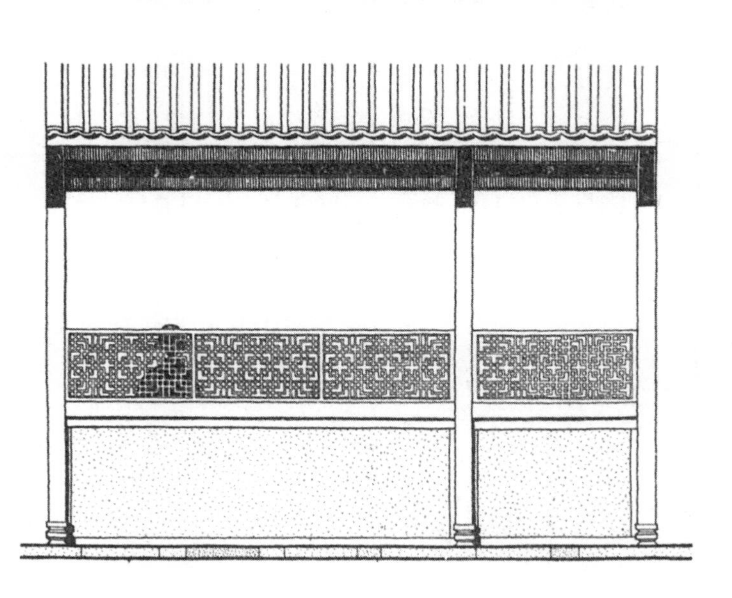

图441　绍兴某宅的廊檐处理

图442　东阳厦程里某宅廊栅

图443　东阳白坦某宅廊栅

图444　绍兴鲁迅纪念馆廊栅

图445　东阳卢宅廊栅

图446　吴兴某宅的檐廊装修

民居室内屋顶皆不吊顶，采用彻上明造，楼房底层天花也多暴露栏栅楼板结构，仅适当地做一些线脚装饰。唯有檐廊顶部空间加以精心构制,强调其在整个建筑艺术处理中的重点作用。由于不同的顶部装修处理，产生了不同的空间感觉。一般住宅前廊不作吊顶，它以檐步内雕饰的猫儿梁、月梁与简素的檐椽、望砖形成对比效果。前廊仅作为居室前的一个附属空间（图 447A、B）。有的檐廊在顶部另加设顶椽，修饰加工做成船顶形、鹤胫形、海棠形的轩廊。这样就使得狭长的廊部空间较前者具有更大的完整性，形成居室前的一个独立小空间（图 447C、D）。在金华、东阳盛行木雕的地区，大型住宅的厅堂的前廊多采用吊顶天花，在中间设计有长方形或八角形的浅天花井，以预制的黄杨木雕构件及线脚镶贴上去,甚至有与弯椽轩顶结合使用的。这样就使檐廊的装饰效果大为增强，冲破了空间狭长感觉，配合正厅的联匾装修与室内空间形成统一整体（图 447C）。

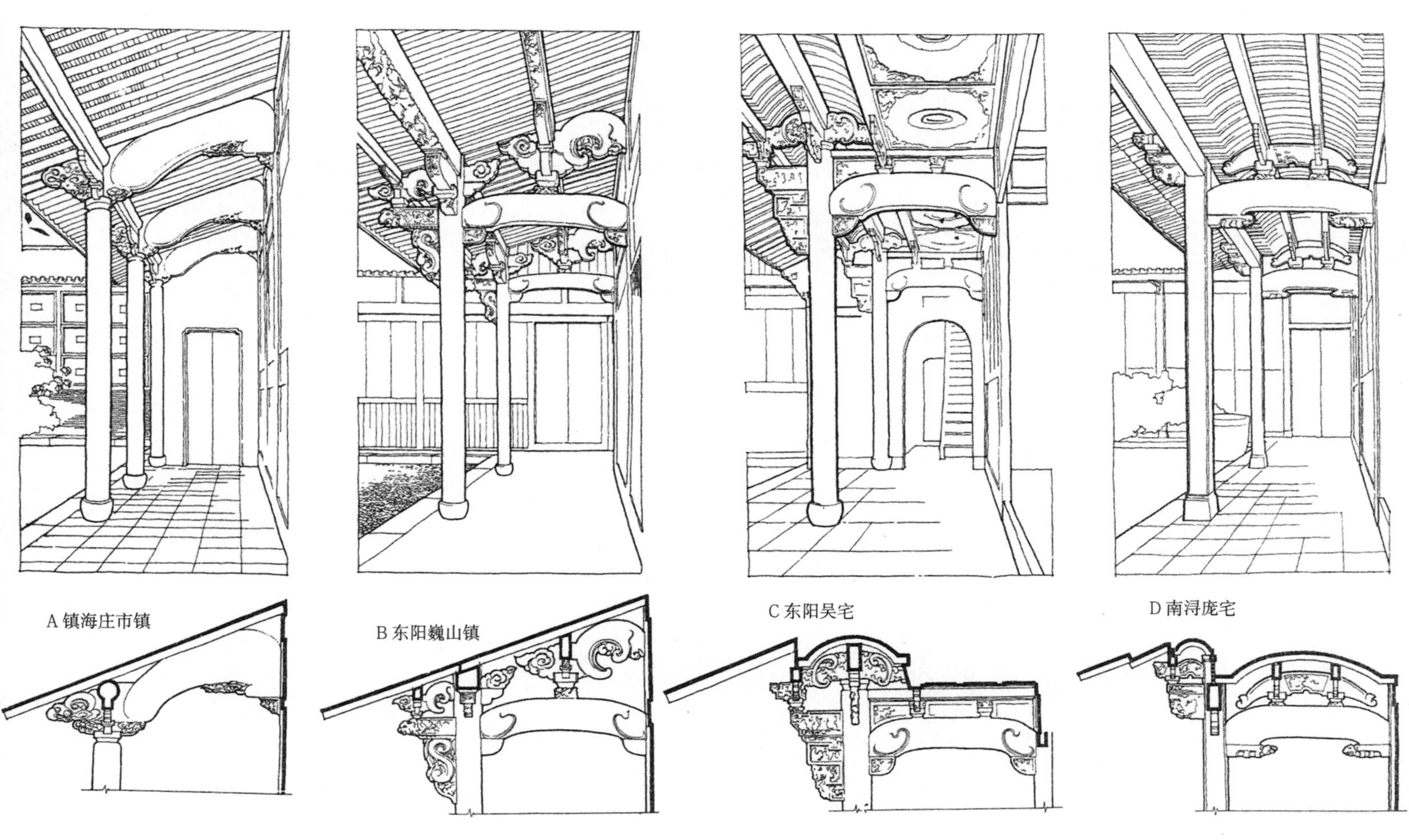

图447　檐廊顶部处理　　A 镇海庄市镇　B 东阳巍山镇　C 东阳吴宅　D 南浔庞宅

门窗棂格

门窗棂格的组织是建筑艺术处理的重要手段之一，也是装修小木作的主要工作方面。浙江民居的棂格突破了官式成法，自由变化，使其处理手法获得很大发展。它充分利用棂条间相互榫接拼联的可能性，组织了多种多样外观精巧变化丰富的图案，构成淡雅、绚丽、活泼、肃穆等不同的建筑气氛，增强了建筑的艺术表现力。无论是在山村小镇中使用的直棂格栅，或是在大型住宅中应用的繁复植物花卉窗棂，都体现了劳动人民的经营匠心及精湛技巧。

窗格图案所采用的题材极为广泛，除了一般常见的平棂、回纹、藤纹、锦纹以外，尚有图案化的动植物纹样及文字印章等形式。吴兴、杭州、金华、东阳等地以锦纹、藤纹居多数。浙东山区则多用简单的直棂纹、方格眼、井口纹等。在天台、临海尚采用有古老的毬纹。各种效果不同的图案的应用，是与房间的功能性质密切联系的，构成协调的装修气氛。有些窗格在制作上，尚有一定的工艺美术品的欣赏价值，其中加设了木雕画面及木雕花心、结子、岔角等小饰件，平添了无数意趣（图 448 ~图 452）。

从所取得的艺术效果来看，浙江民居门窗棂格大致可归纳为四种处理手法：

1. 利用纹样组织的图案效果。这种处理也有三种情况：

（1）不强调图案构图中心，不吸引视线的集中与停留，只取得大面积疏朗空漏的效果。如简单的平棂、方格眼、井口纹、万字纹、十字纹和各种锦纹等。这种处理多用在一般房屋和居室，而且是用在要求静雅的处所（图 453A）。

（2）强调图案构图中心。依靠图案组织的向心发展构成视线焦点，如步步锦。也有在图案中心变化处理，另外装饰性构件或玻璃格心，如回纹、藤纹等纹样。在具体设计中更利用棂格的粗细变化形成整纹与乱纹之别，棂端的不同处理分成宫式、夔式，使得棂格纤巧、绚丽的装饰效果更为加强。这种处理多用于主要房间、厅堂及装饰意义较强之处（图 453BC）。

（3）多中心的构图处理。在棂格图案中加上二个或三个圆形或矩形的玻璃格心或饰以雕刻。多用在最具装饰意义的庭园建筑中（图 453D）。

图448　斜井口纹

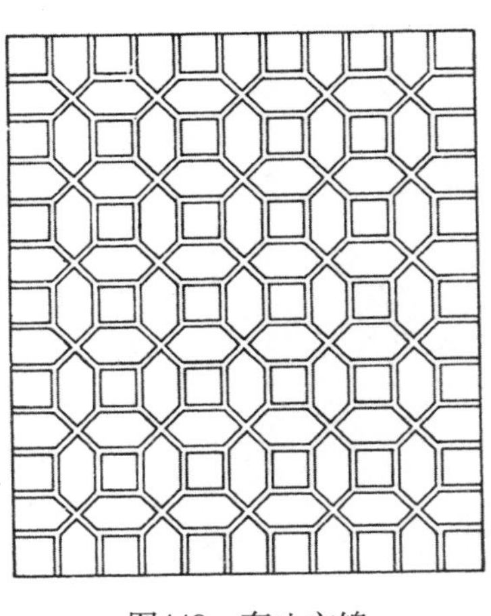

图449　套八方锦

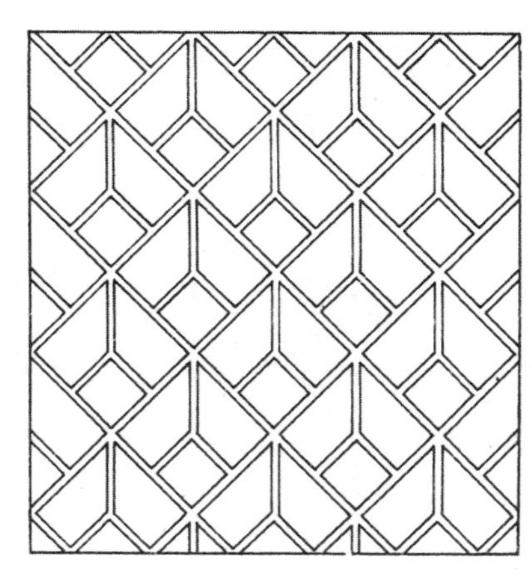

图450　人字锦

图451　宁波天一阁窗格

图452　东阳厦程里花窗

A

B

C

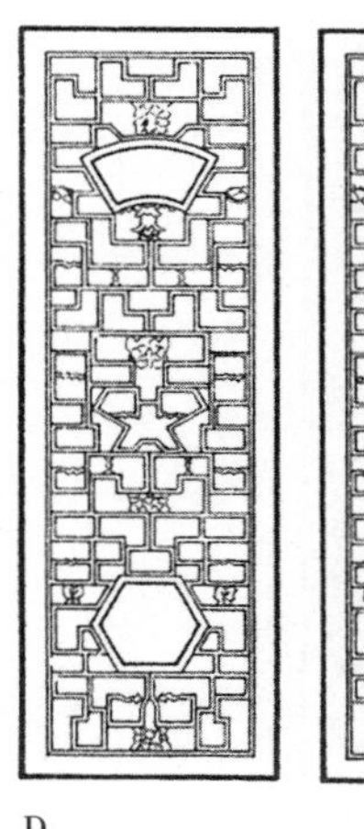

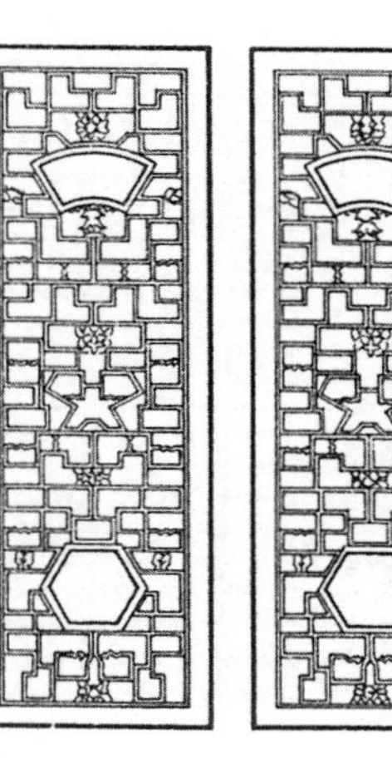

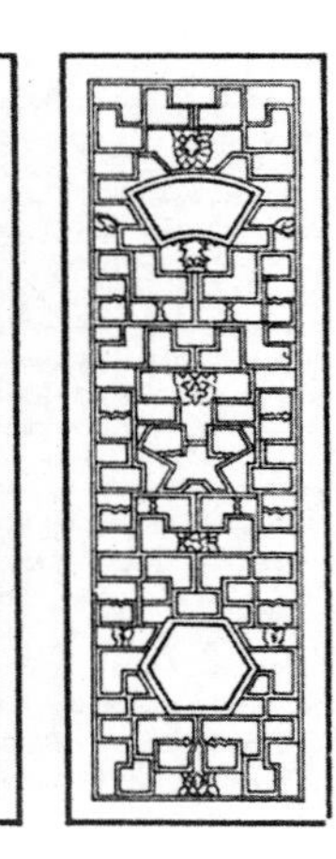

D

图453　门窗棂格图案

图 454 示窗格图案的构图规律。

2. 利用色彩的对比效果，取得变化。如棂条使用不同木质，添用不同木质的雕刻饰件，或在棂条分割的图案中衬以不同颜色的窗纸等手法（图 455）。

3. 利用光影效果取得变化。一般斜棂格纹的图案，当日光照射到一定角度时，受光面所表现的亮度层次较多，背光面的阴影也广厚不一。故图案虽然简单，而光影效果却多变化。东阳白坦乡某宅的窗棂比《营造法式》上的睒电窗更有所发展，形成水纹的效果。由于人在行走时的视角不同及日光照射角度的变化，不但产生了丰富的光影效果，而且有漪涟荡漾的感觉（图 456）。

4. 利用文字、雕刻取得象征效果。如篆刻文字、瓦当文字纹、动植物图案等。也常用象征吉祥如意、千秋万岁、万年宝用、富贵子孙、狮子绣球、牡丹富贵等作为创作母题，但也有些窗格是借助文字图案来表达建筑性质或环境特征的（图 457 ~ 图 461）。

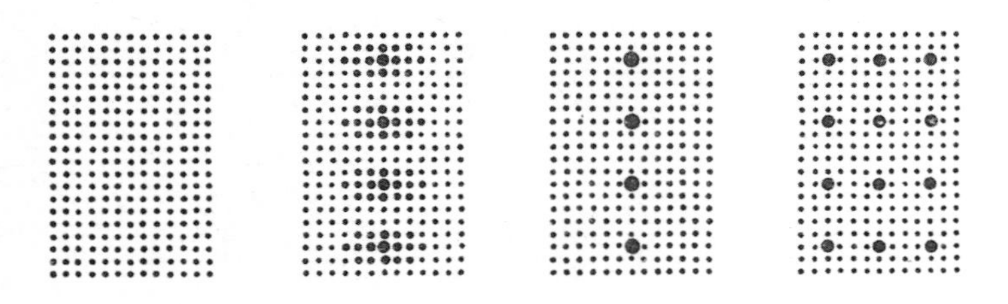

图454　窗格的图案构图规律（从无构图中心到多构图中心）

图455　天台某宅窗格

图456　东阳白坦七台门窗格

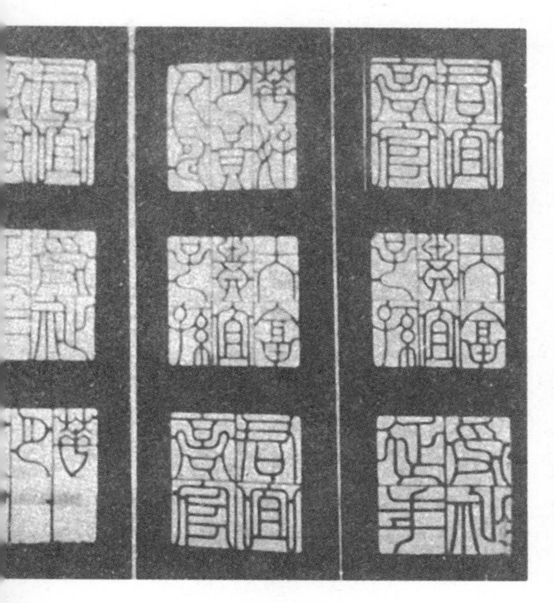

图457　南浔小莲庄窗格之一

图458　南浔小莲庄窗格之二

图459　南浔小莲庄格扇门花格

图460　南浔小莲庄格扇门

图461　某宅窗格

图462　慈城某宅石雕漏明窗

浙江民居中漏明窗的使用极为广泛，使用材料以石板为主，但也有用雕砖、叠瓦、泥塑琉璃构件以及硬木雕制的。砖石漏明窗的纹样多为几何纹（如方胜、套环、回纹、轱辘钱等），或动植物等程式化自然纹样（夔龙、蔓草、云纹、结带等），尤以石板雕制的漏明窗，石材薄，刻工细，图案匀称流畅，生意盎然，民间风味十足。一般住宅中大都设计有一、二方，形成民居外观的装饰重点。在以泥塑或硬木雕制的漏明窗中，也有采用山水人物等标题纹样的，但实例不多（图 462 ~图 470）。

漏明窗在民居中的应用部位有三：

1. 用于外院墙。主要是起了美化装饰作用，突破大面积墙面单调感觉，尤其内部为绿化庭院时，一、二方漏明窗点缀合宜，确为庭院增色不少。在一些需垒高墙以遮阴的深天井中，院墙上开漏明窗也可解决一部分通风问题。

2. 用于院内隔墙，可造成空透效果。也有为了同样目的在照壁上使用漏明窗的。

3. 用于厨房、储藏室等辅助房间的气窗。主要是为了保证这些房间和通风换气、采光，但在客观上往往形成广大民居外观的重点装饰。

民居中漏明窗的使用考虑到了建筑整体要求。纹样选择。材料的选用，边框、楣檐的配置，形体大小的安排，都与整个外观一同考虑。在成组成列使用漏明窗时，更注意了相互间的协调及微差变化问题。

花瓦墙头并不是浙江民居所特有，但运用灵活巧妙，确有独到之处。花瓦墙一般用作建筑外观构图的辅助手段。如用于门楼两侧墙端，可起突出重点作用；用于大面积院墙，可避免单调，可增加联系作用。浙江民居中将花瓦墙运用在参差错落的外墙或山墙上，的确取得了协调美观的效果。而有些高院墙利用花瓦墙，则减轻了自重和风压（参见“体形面貌”部分图 316、图 348 及图 471、图 472）。

图463　嵊县某宅石雕漏明窗之一

图464　天台某宅石雕漏明窗之一

图465　天台某宅石雕漏明窗之二

图466　天台某宅石雕漏明窗之三

图467 慈溪县某宅琉璃漏明窗

图468 余姚半浦乡某宅琉璃漏明窗

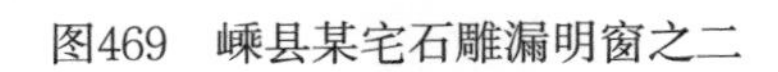

图469 嵊县某宅石雕漏明窗之二

图470 南浔顾宅木雕漏明窗

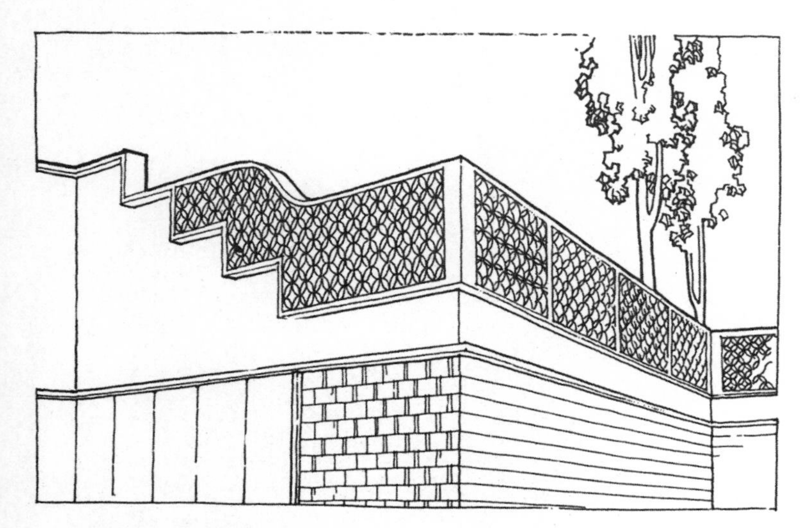

图471　天台某宅花瓦墙之一

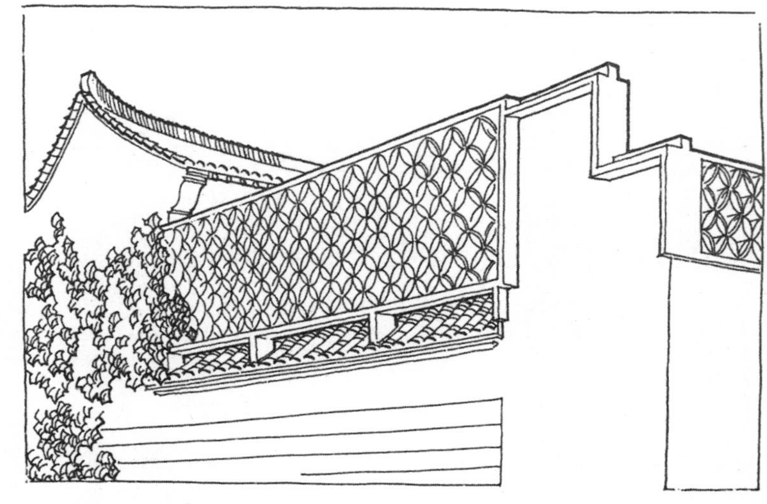

图472　天台某宅花瓦墙之二

柱础是随着木结构体系产生的构造形式。自古以来，对柱础的造型就是慎重推敲。浙江民居中柱础形式丰富多彩，各具一格。有鼓形、瓜形、覆钵、覆莲、覆斗、八角等。一般民居中使用的柱础有筒形、瓶形、斗形、抹角形、八角等。它们考虑了构造需要，比例瘦小，造型简练，不重雕琢，础石与柱身紧密相连，造型完整。民居柱础也是富于变化的细部之一，在墩形的基本造型要求下，以多种中心对称的几何形体互相组合拼接，创造了许多处理方式，构思灵巧，手法多变（图 473、图 474）。

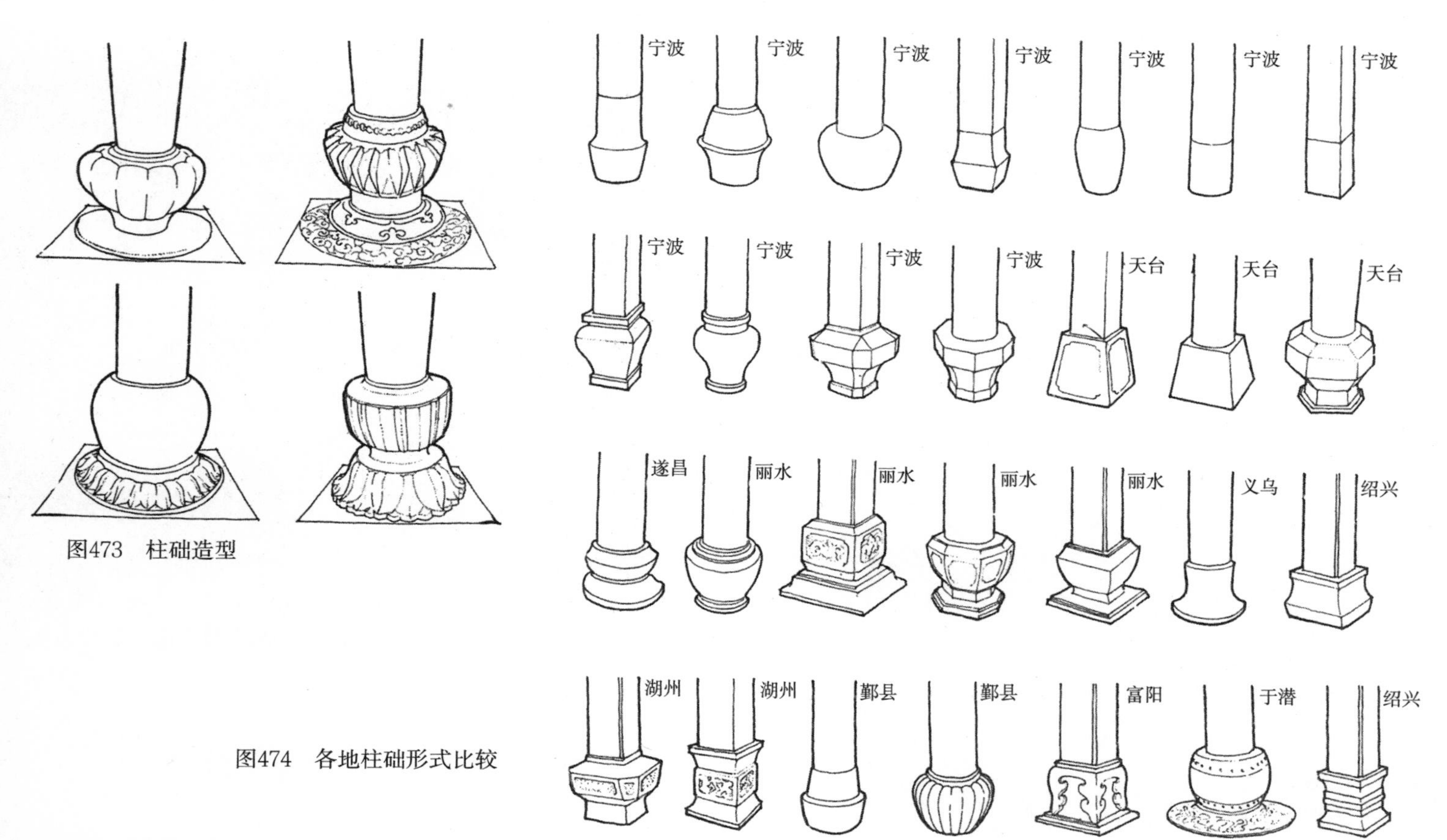

图473　柱础造型

图474　各地柱础形式比较

民居中除个别大宅的檐部处理利用斗栱以外，大部出檐、出挑是利用挑枋、撑栱结构，并进行适当的艺术加工。根据撑栱的圆直趋势，处理成竹节、卷草、灵芝、云卷等自然纹样，对挑枋表面进行雕饰，这样大大减少了结构的僵直感觉（图 475A）。在东阳等木雕盛行地区，更将撑栱扩大为三角撑木式的马腿，雕以“木兰从军”等标题人物，结构作用大为减弱，而成了装饰点缀，加之附以大量的斗栱、插叶、替木、花芽，反而使得檐部处理繁琐纤弱。但是，雕刻本身的艺术水平还是达到了一定高度（图 475B）。

图475B　东阳某宅的“马腿”雕刻

门窗楣框处理影响到整个外观构图。浙江民居提供了许多具体处理手法，如加工槛框外形轮廓，涂饰彩画边框，贴制磨砖门额、门匾，砌出砖制楣檐，挑出门檐、窗檐、雨搭，抬高墙顶，加设花墙，以及大宅中砌制垂花门楼等。天台、黄岩一带石材甚多，也使用在门窗楣框加工方面，加以薄石板作门框，抹棱石板作挑檐等，造成一种清秀挺拔的外观（图 476）。

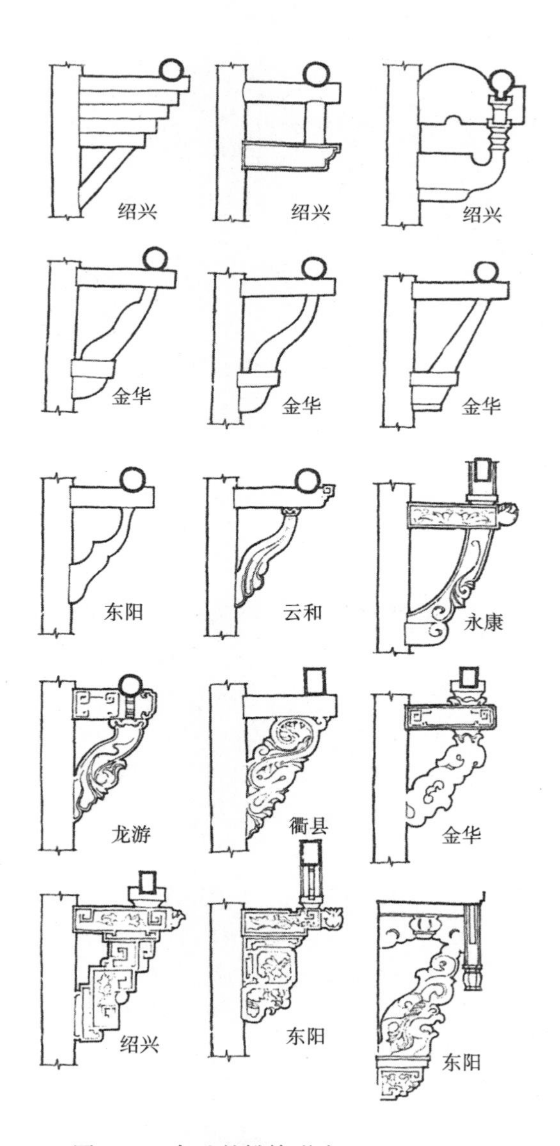

图475A　各地的挑檐形式

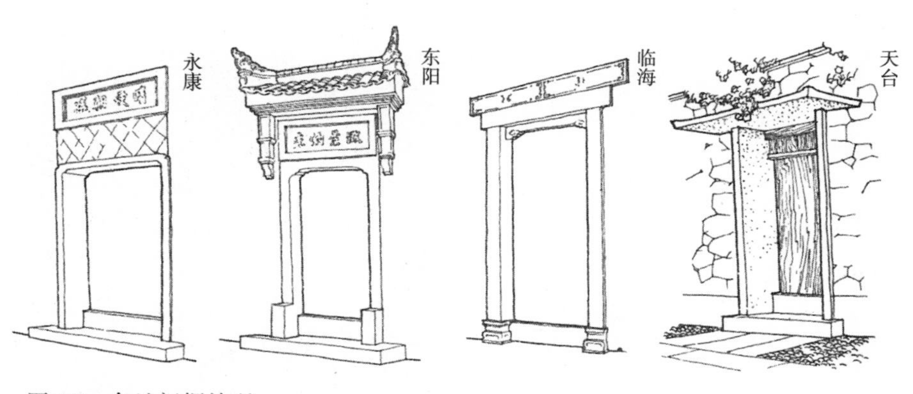

图476　各地门楣处理

铺地在民居中也有少许实例，图案多样，充分利用了建筑材料外观的质感色泽特点。民居中用为铺地的材料主要为砖、瓦、石。石材外观特点变化最多，卵石浑圆细密，碎石粗麻不齐，石板光整平洁。同时，石质不同颜色变化丰富，经过精心配置，能组织出多种对比明显的图案（图477 ~图479）。

此外在大门道的壁面及窗槛墙面常做水磨贴砖，用各种几何图案作为装饰（图480）。

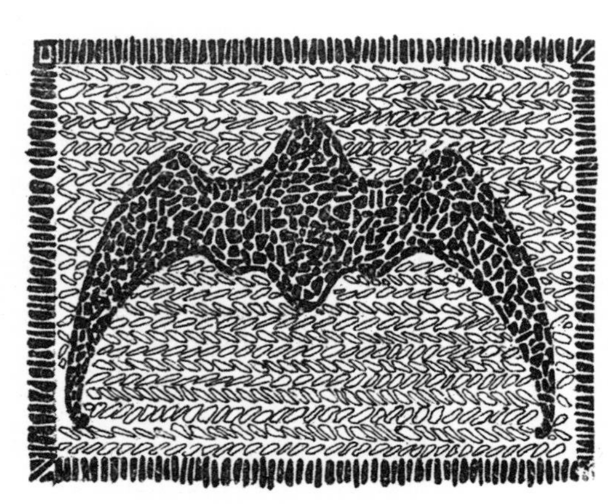

图477 天台的卵石镶嵌地面

图478 金华赤松门123号天井地面

图479 嵊县某宅用彩色卵石铺地面

图480　几种水磨砖墙花纹

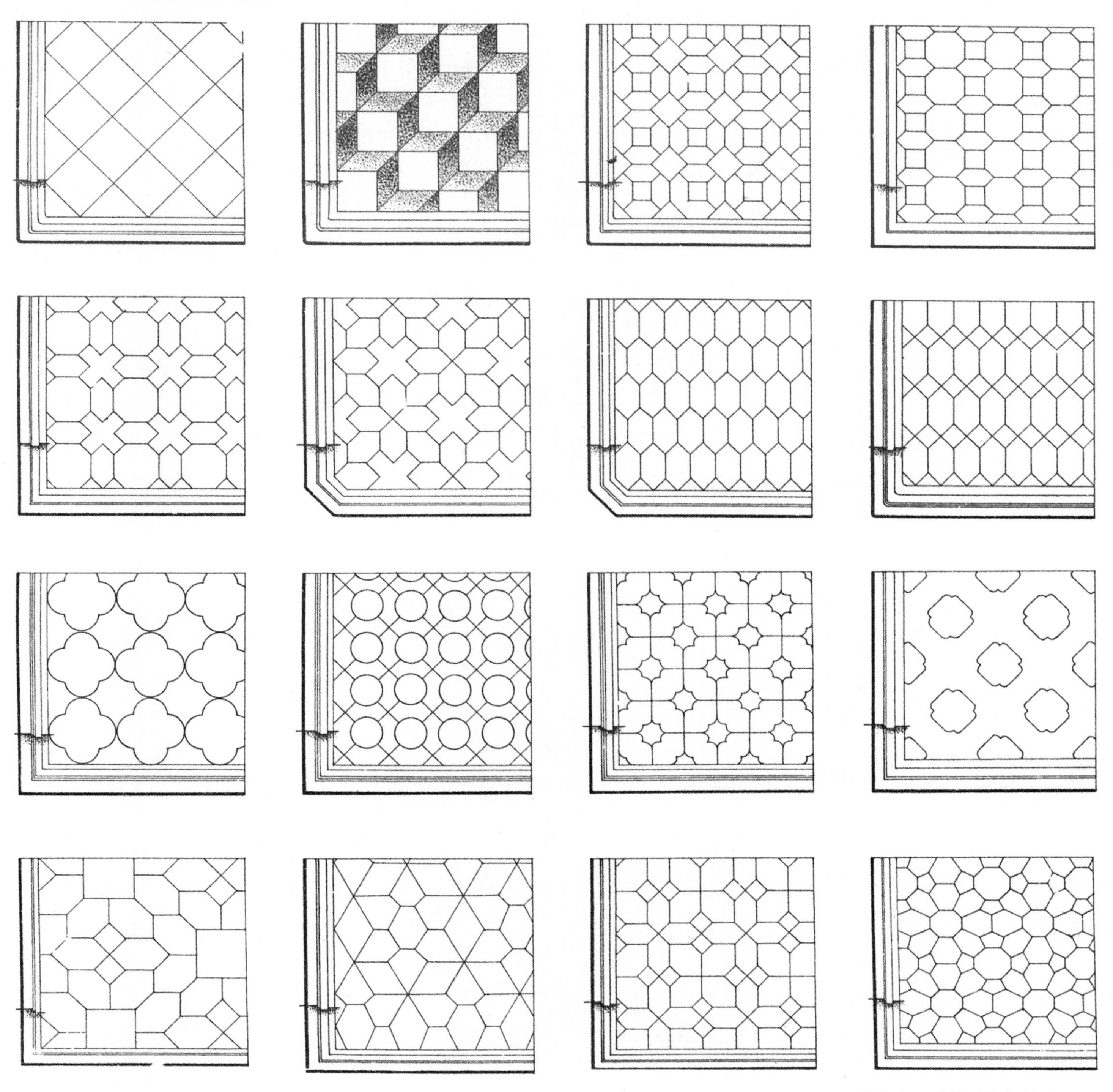

门窗五金在民居中使用较少，开合多用木转轴，闭锁多用木插关。但是推拉把手上的看叶、钮头、钉钩、圈子的设计上尚有不少佳例（图 481）。

瓦饰和脊饰大多用在屋脊、屋檐、门檐、马头山墙顶、围墙头等部位，起着美化建筑轮廓线的作用，细部纹样也很丰富。图 482 是各地瓦当和滴水的样式。

雕饰在民居中的应用除门窗棂格、漏窗、花墙以外，尚有大量的砖石木雕应用在建筑细部中。砖雕大多施于山墙墀头、仪门（二道门）、影壁等处（圈 483）。石雕多用于垂带石、抱鼓石等处（图 484、图 485）。木雕多集中于三个部位；第一，格扇的绦环板、裙板用减地压地雕刻；第二，梁枋端部，用减地或线刻；第三，上下屋檐、楼箱、楼裙的出挑支撑系统，包括琴枋、马腿、斗栱、插叶、替木、花芽等，花样繁杂，题材广泛，可称雕作重点。根据题材内容和使用部位，采用混作、镂空雕、剔地起突等雕法。此外在东阳一带天花梁枋上也有采用贴络法者（图 486 ～图 489）。

雕饰在旧社会劳动人民的住宅中使用很少，今后的住宅建筑中，也不能不顾经济大量使用，更不应不看场合随意照搬。但从雕刻美术方面考虑，无论构图、取材、技法，均有一定参考价值。

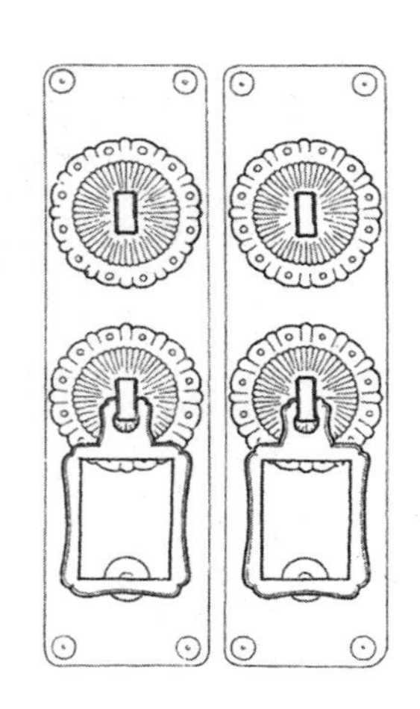

图481　门上小五金三例

图482　各地瓦当和滴水式样

图483　仪门上的砖雕

图484　大门前的抱鼓石

图485　石牌坊上的抱鼓石

图486　东阳吴宅天棚上的雕饰

图487　绦环板上的雕饰

图488　裙板上的雕饰

图489　格扇上的雕饰

第八章
实　　例

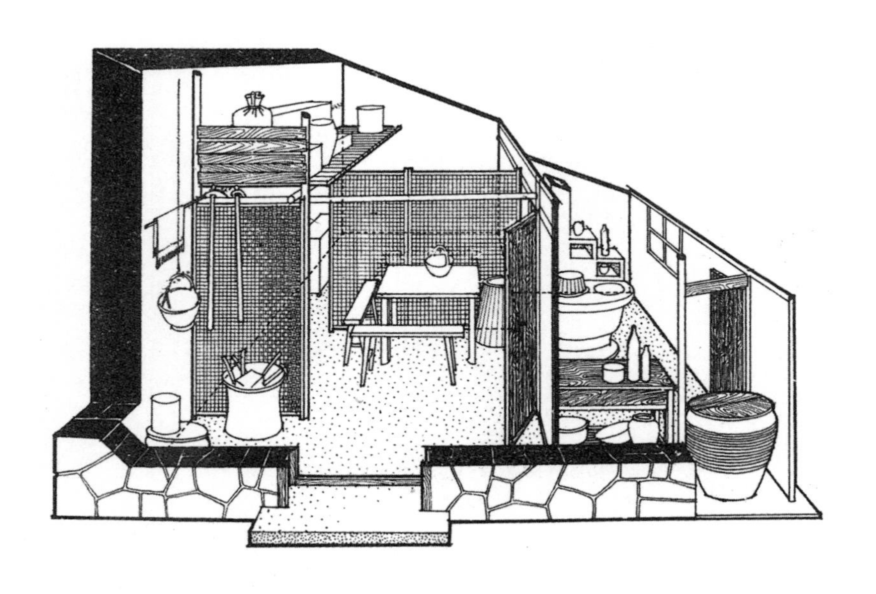

图490　杭州上天竺长生街金宅透视图

杭州上天竺长生街金宅（图 490 ~图 495）

金宅平面呈“⊓”字形，前面临街部分为面阔两间的二层楼房，底层作起居室、店面等，楼层全部作卧室。后面两翼为平房，作储藏及厨房用。中间留出一 1 米 × 4 米的狭长小天井。厨房有单独的侧门，通向宅外绿地，设石桌凳可供休息或家务操作。

两翼平房的外墙既厚又高，只在墙顶上留一窄长的高窗，而内侧临小天井的三个面，则是仅有 90 厘米高的石砌矮墙台，上面全部向小天井开敞。这样，使得室内空间很像敞棚。上面的空井具有天窗的作用，既很好地解决了采光问题，又与外墙上的高窗共同形成了良好的自然通风，厨房内很少烟气。此外小天井还负担了排除雨水和部分污水的作用，这种用小天井集中地解决采光、通风和排水的办法，在当地很普遍。

石砌矮墙台耐洗刷，光线好，具有明亮、倒水方便等优点，是很好的家务操作的地方。

住宅侧面外观是不对称的构图，通过功能、材料、构造等各种因素，综合处理而形成，这是杭州民居的一个特点。

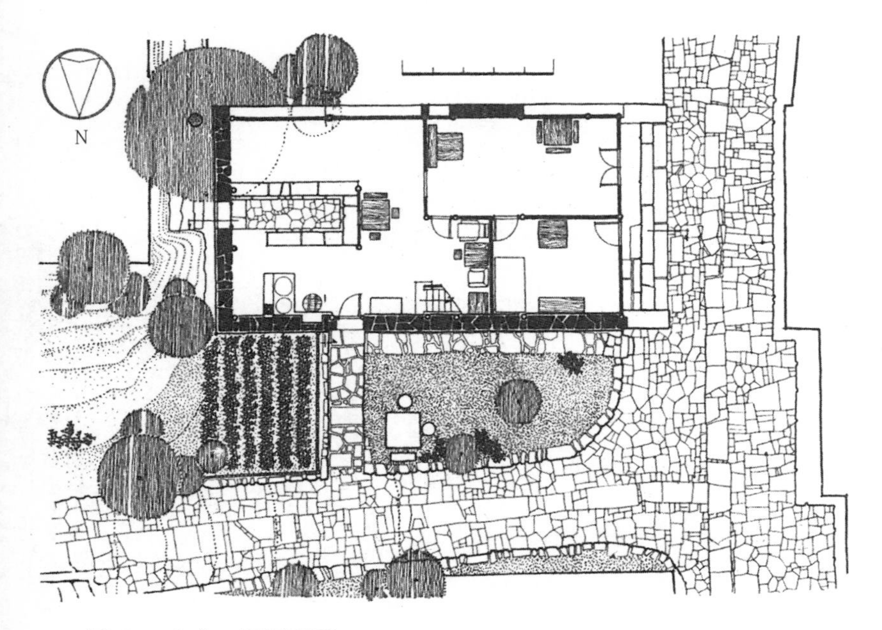

图491　金宅一层平面图

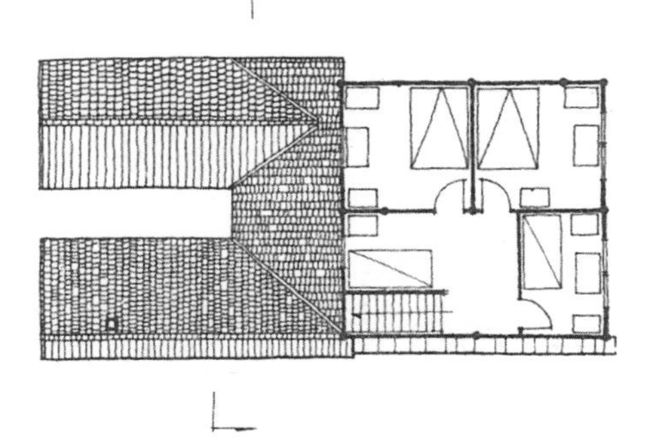

图492　二层平面图

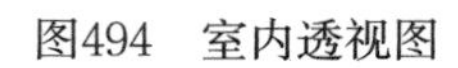

图494　室内透视图

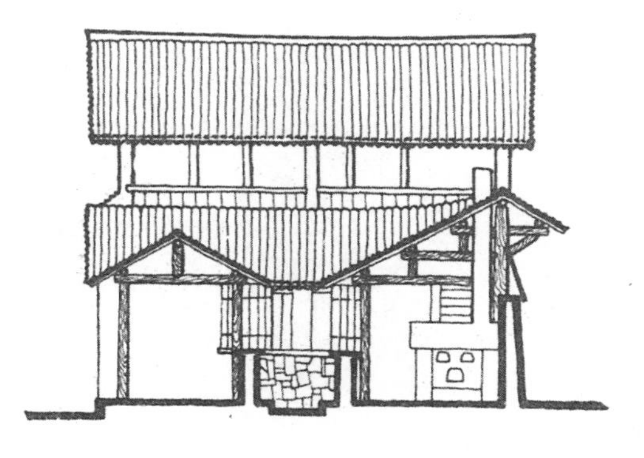

图493　剖面图

图495　厨房剖视图

图496　杭州上天竺长生街李宅透视图

杭州上天竺长生街李宅（图 496 ~ 图 498）

这是一幢小面积的农民住宅，平面只有 3 米 ×7 米，内部用竹编的轻质隔断，隔成前、中、后三个部分。前面的 9 平方米作起居室兼卧室，中间 6 平方米作卧室，刚好摆下一张床，后面 6 平方米作厨房。卧室上面屋顶山尖部位则搭搁板供储藏用，把屋顶以下的空间都充分利用起来。在仅有 21 平方米的建筑面积中解决了居住问题，而且安排得既实用又方便。

厨房炉灶靠窗。在灶的右前墙面上砌出三个壁龛，放酱、醋、油、盐等瓶罐；灶右侧靠墙立石板，加竹横格，做成立柜，存放食具等。

出厨房后门有石砌平台，设石桌、石凳，供吃饭、操作及休息等室外活动用。另有一竹棚紧接后檐而建，存放柴草用。

整个建筑物用料非常少。山墙的一面利用了邻宅的外墙；另一面用乱石砌墙，只砌到 1.5 米的高度，上面就在木构架之间用竹编抹泥粉墙。这样，侧立面表现出墙的厚薄、轻重、色彩和质感的变化，显得很自然。从这里可以看出，只要设计得当，用简单的地方材料也完全可以创造出良好的建筑外貌。

图498　室内透视图

图497　李宅平面图

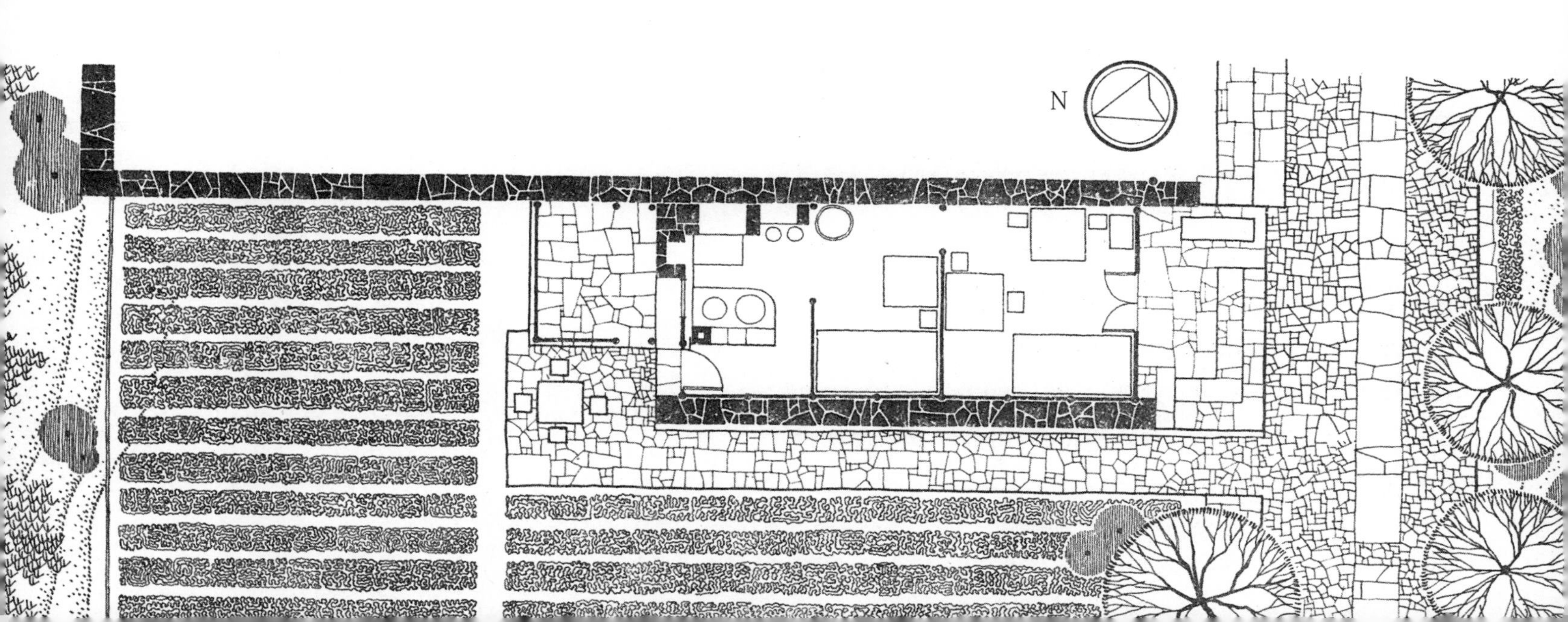

图499　杭州中天竺仰家塘仰宅

杭州中天竺仰家塘仰宅（图 499 ~图 503）

宅院位于中天竺主要街道和山溪之间的一个缓坡上，隔溪是陡峭的山崖。房屋的台基用毛石砌筑，临溪一面伸出平台，并有石砌踏步通向溪畔。房屋与地形的结合很自然。

住宅为兄弟二家合住，前面的生活间及天井部分共用。过去宅主经营茶业，生活间适应制茶、晾茶的生产需要。小天井解决了四周房间的采光通风问题。两家的楼梯间处理手法不同，但均突出在墙外，这样可以节约一定的建筑空间，并对丰富建筑的外观造型起了一定的作用，是杭州山村民居常用的手法。

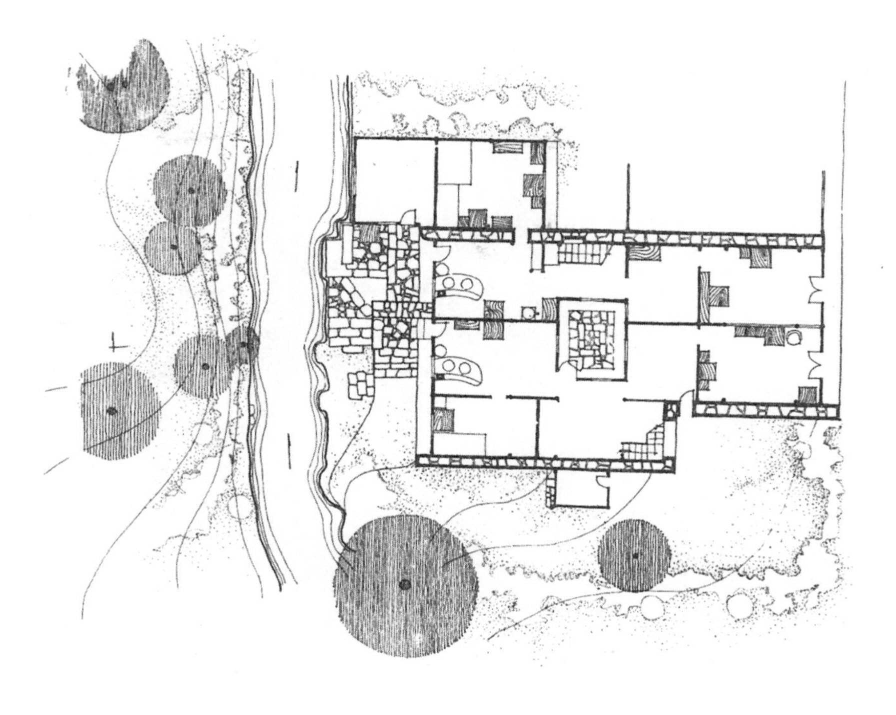

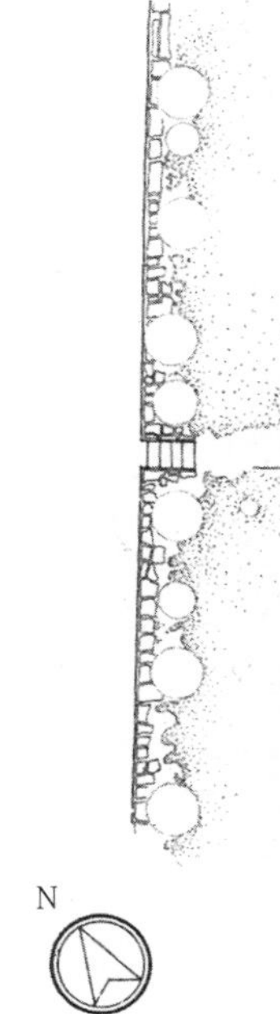

N

图500　仰宅底层平面图

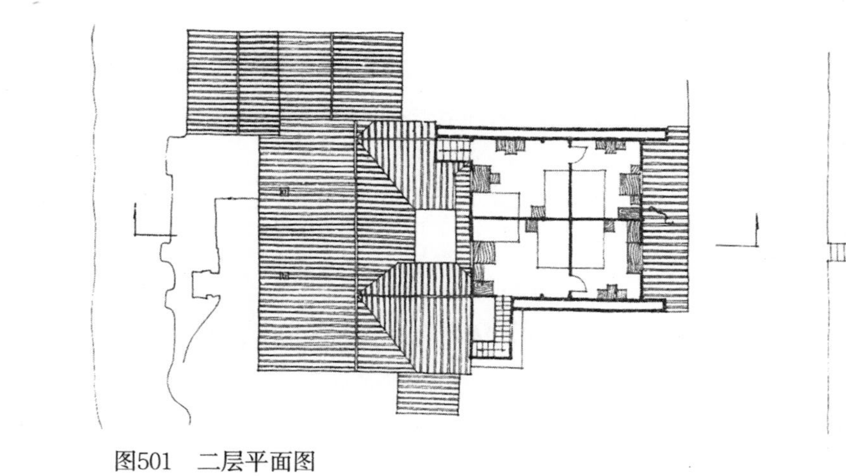

图501　二层平面图

图503　仰宅室内透视图

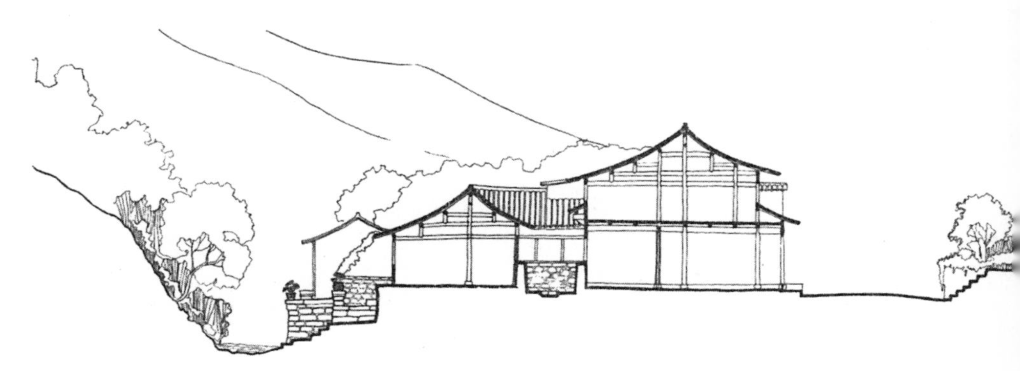

图502　仰宅剖面图

图504　杭州下天竺黄泥岭汪宅东面透视图

杭州下天竺黄泥岭汪宅（图 504 ~图 511）

一位汪姓老木工，借用邻宅楼房的东侧山墙，加盖了自己的住宅。全宅置于一面单坡屋顶之下。在 30 平方米的建筑面积内，布置了卧室、起居室、厨房和一个小工具间。

室内净空较高部位，用平整的竹席屏划分出卧室和起居室，起居室内又用竹屏划分出一小块工具间。利用室内净空最高的山尖部位搭出木板隔架，贮存杂物。披檐下较低的一端作厨房，有一个单独的出入口，平面关系明确、合理、紧凑，很好地利用了空间。

汪宅在靠旧宅山墙接建时，考虑到了一幢建筑造型的整体性，在处理中巧妙地将旧宅主楼的腰檐延长过来，与接建的屋面互相交搭，使新旧建筑联成一个整体，成为一幅统一的构图。

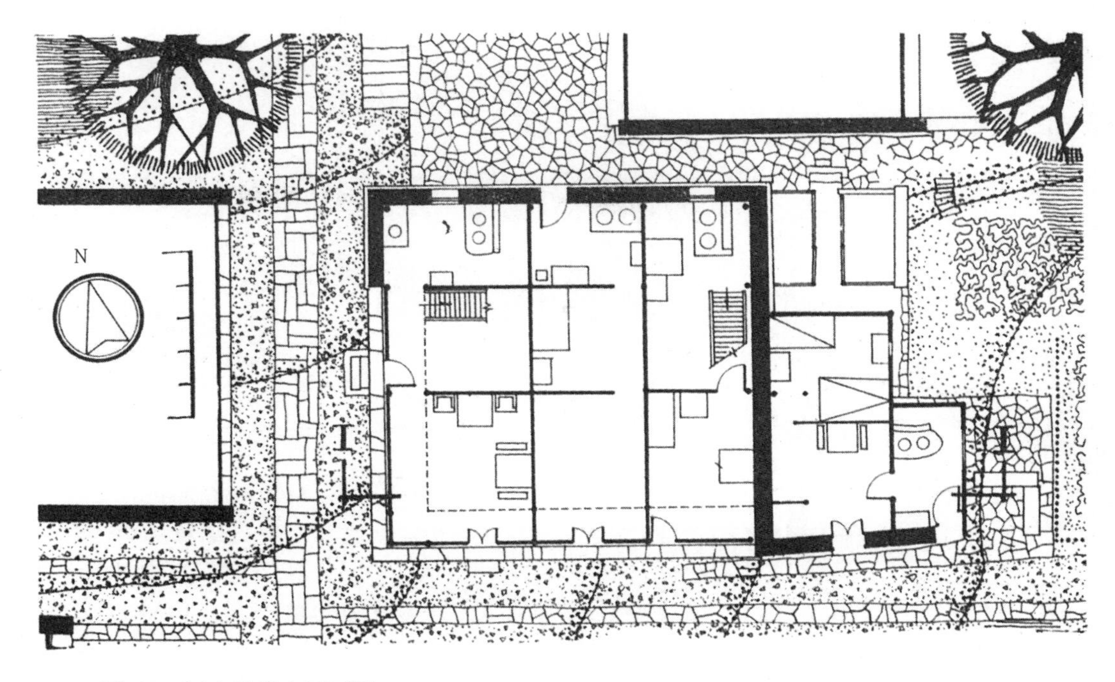

图505　汪宅及邻宅平面图

图506　汪宅及邻宅南立面图

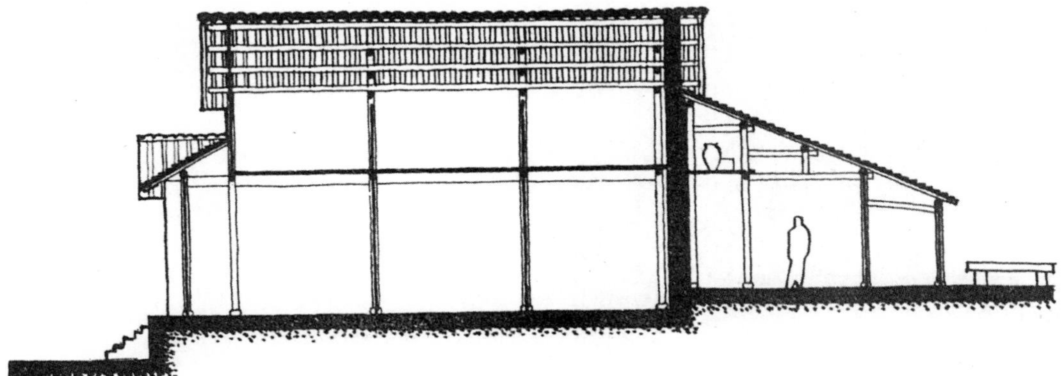
图507　汪宅及邻宅剖面图

图508　汪宅及邻宅西北面透视图

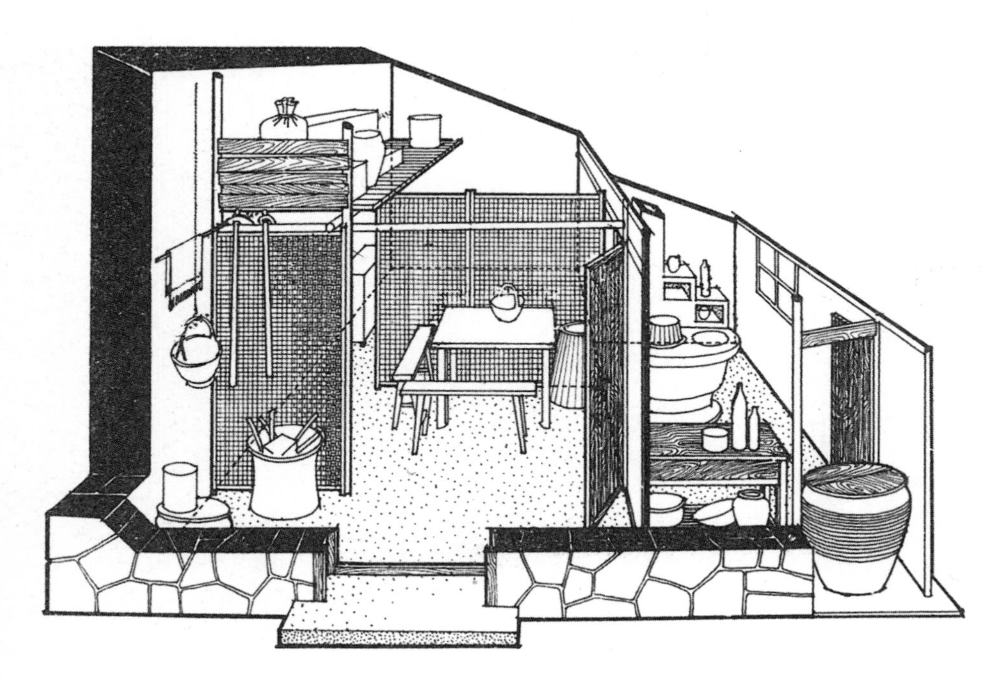

图509　汪宅披屋剖视图

图510 汪宅东面外观

图511 汪宅及邻宅西南面外观

图512　杭州下满觉陇某宅透视图

杭州下满觉陇某宅（图 512 ～图 514）

这幢住宅的平面不像一般住宅把房间都分割成整齐的矩形，而是划分为“L”形，使室内交通和布置家具均较为方便、灵活。主体为二层，厨房则为单层的披屋，使整栋房屋的屋顶有高低变化。

厨房的窗槛墙宽约 50 厘米，用乱石砌成。木制的大碗柜放在窗台上，柜门与内墙面平，柜身则露出在墙外。这样，一方面可以少占室内空间，同时从外观上看也使侧立面体形有了凹凸及材料质感的变化。此外，利用墙的厚度还做了一个龛式的小茶炉，也节约了一些面积。沿炉灶边缘作排水沟槽，穿墙而出，洗刷灶面的污水可以直接排至室外。这些都是杭州山区民居惯用的做法。

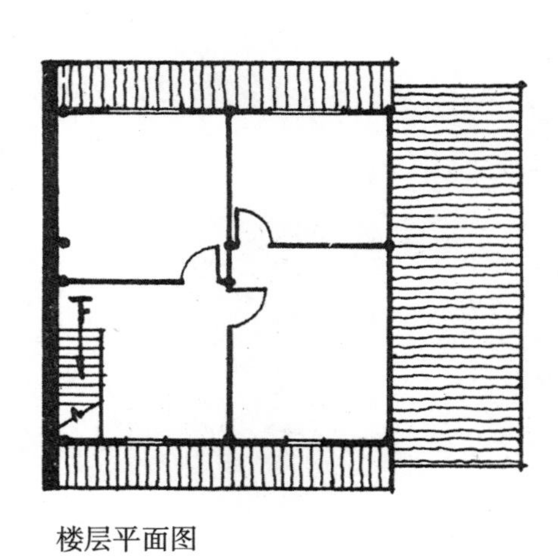

楼层平面图

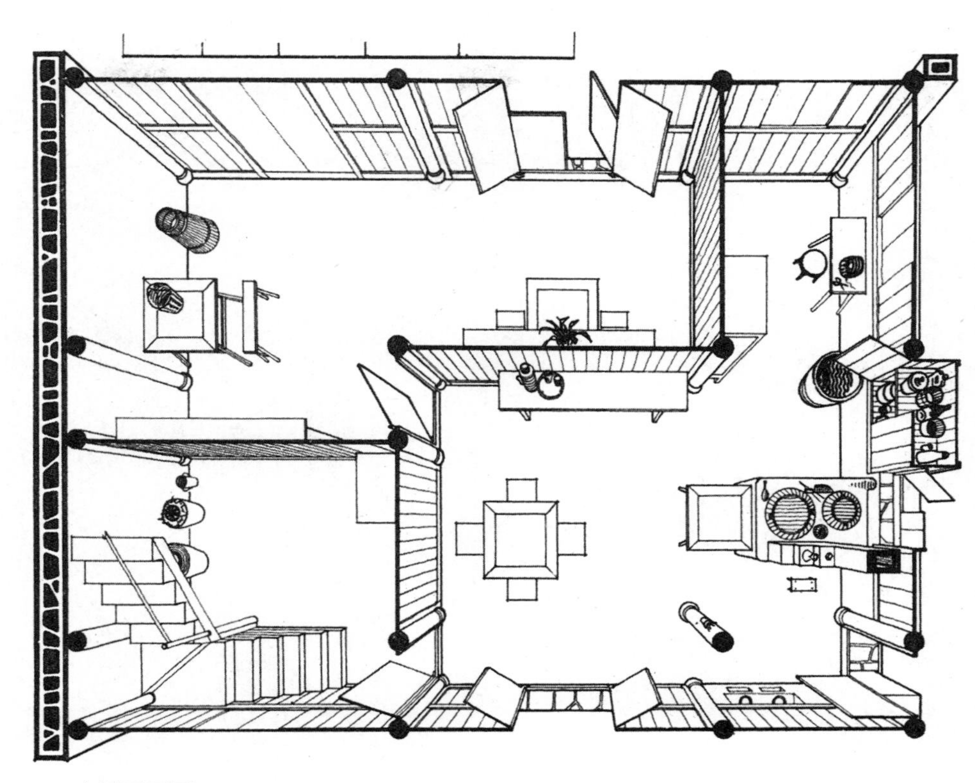

底层平面图

图513　杭州下满觉陇某宅平面图

图514　室内透视图

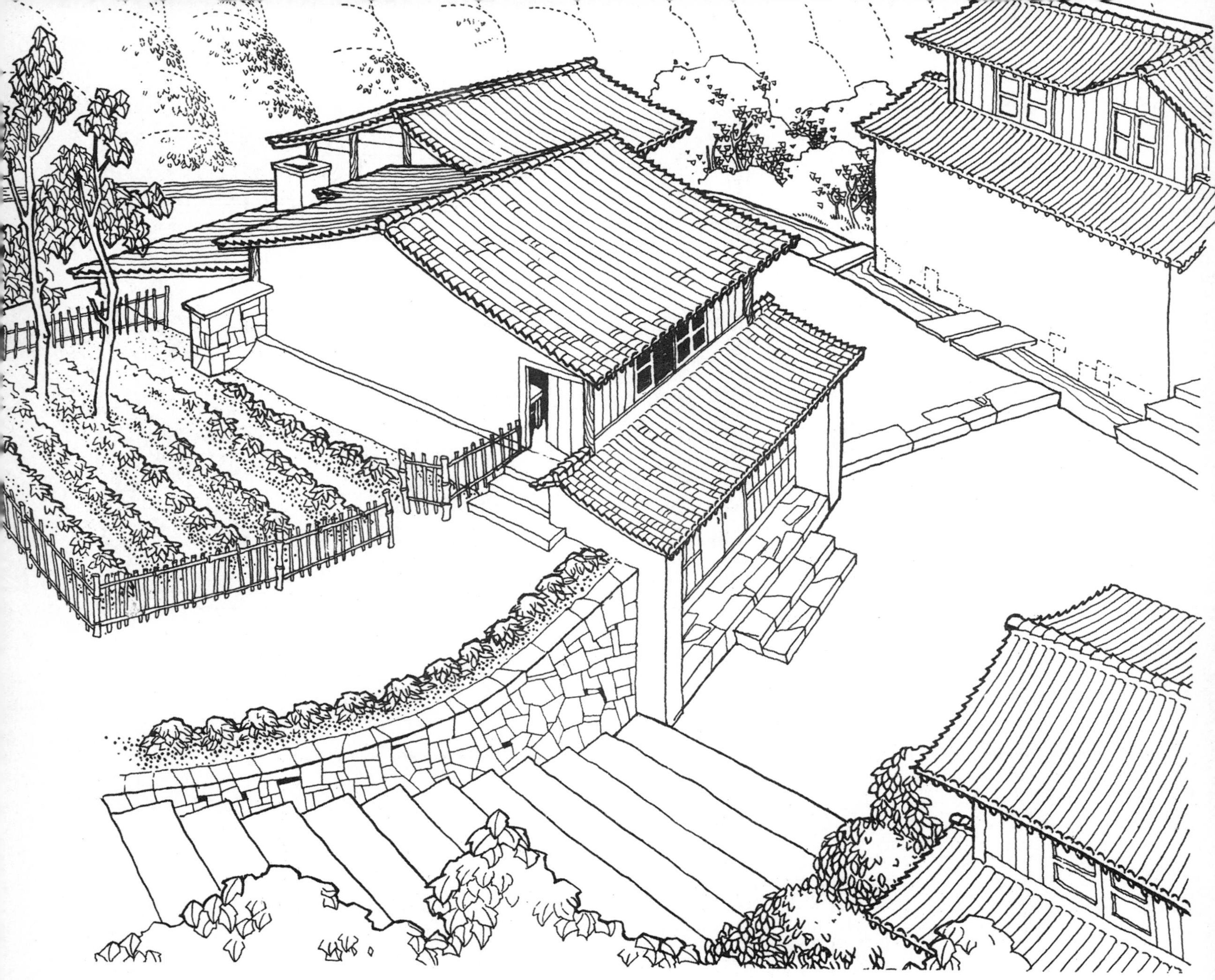

图515　杭州上满觉陇某宅透视图

杭州上满觉陇某宅（图 515 ~图 519）

这幢住宅位于丁字路口一侧，靠着两米高的土台修建，高二层。底层前部光线及通风较好的部位做生活起居，楼梯间放在主楼后披内。二楼主要作卧室，楼板面略高于室外土台，设门可直接通到室外，既保留了楼房高爽不潮的优点，又具有平房出入方便的好处，整个住宅与地形很好地结合起来。

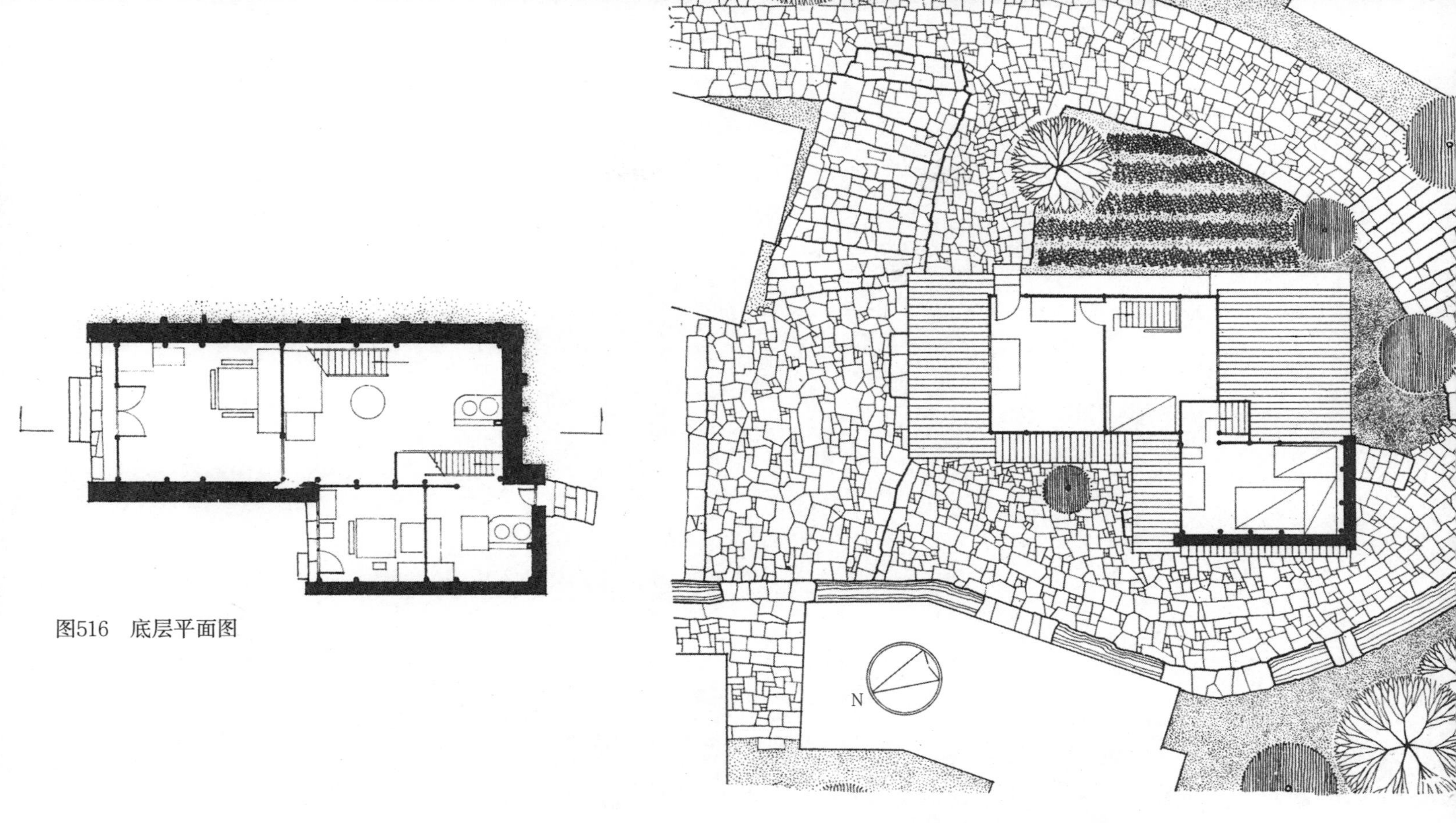

图516　底层平面图

图517　杭州上满觉陇某宅二层平面图

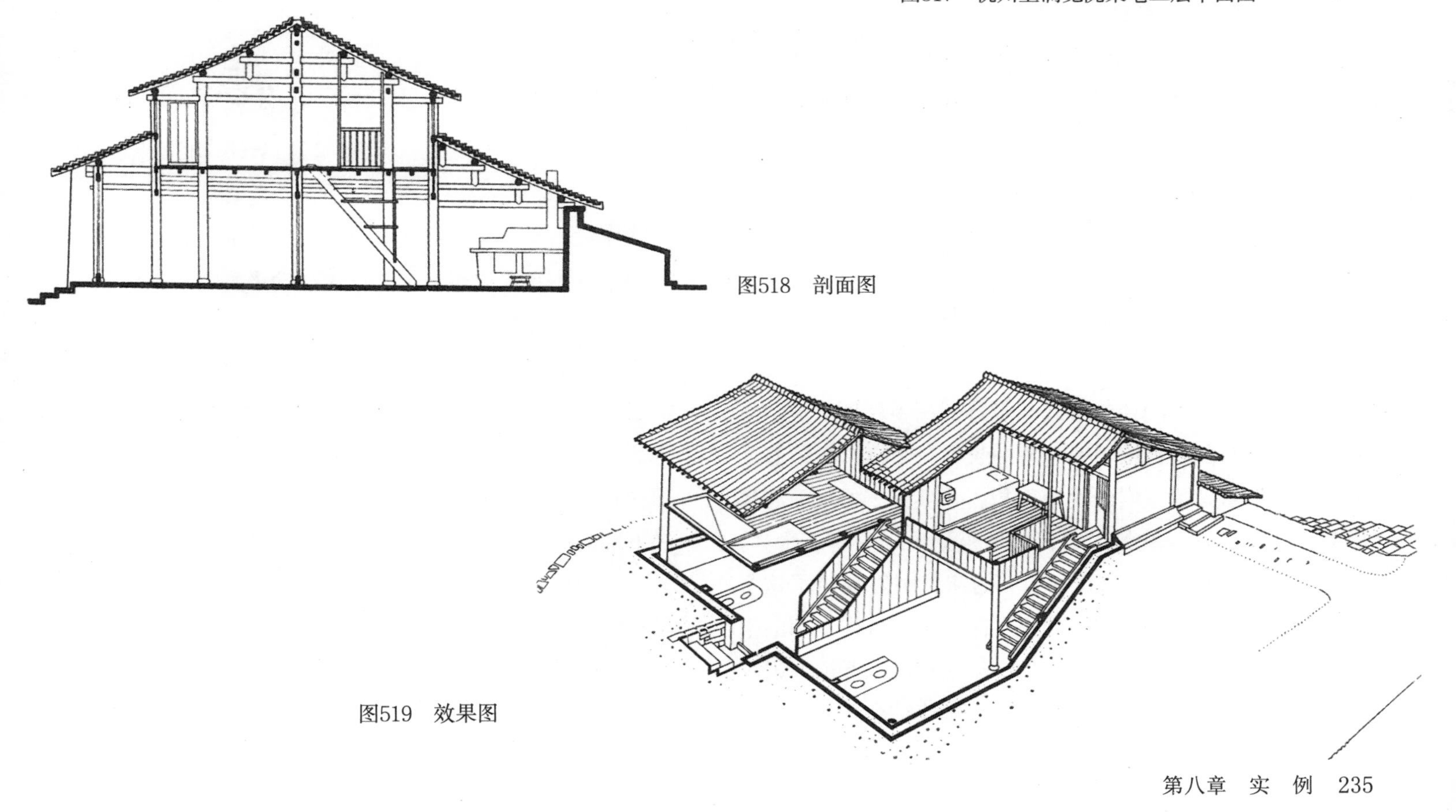

图518　剖面图

图519　效果图

图520　吴兴甘棠桥范宅透视图

吴兴甘棠桥范宅（图 520 ~ 图 532）

本宅是木工范杏宝自己设计、修建的。它是一幢规模不大，但适用而又美观的楼房。宅分前后两部分，联成一长条形，与东西向的街道垂直。东西附有菜园及供生产用的平房三间。

前部二层采取阁楼的形式，充分利用了屋顶下边的空间。阁楼的西侧，自山墙面巧妙地挑出一个以木板装修为主的楼厢，增大了室内的使用面积，并丰富了外观面的体形变化。屋顶长斜坡的尽端，由地板到屋顶只有 1 米高，安置了一张较矮（不足 30 厘米）的床，刚好利用了这个空间。储藏则利用了西端小披檐下面及东端楼梯上部的空间，楼梯栏杆及墙面也可以挂物。从这里可以看出，内部空间的使用功能与外观的艺术处理有机地结合起来了。室内除由挑出部分及北墙面开小推拉窗采光外，又在屋顶上均匀地分布几块玻璃亮瓦，作为辅助采光。

后部房屋的处理也有不少独到之处。如底层起居室，无论是平面的灵活，或是顶部楼板和坡屋斜顶的高低变化，都是由于平面布置和构造的需要引起的，造成内部空间的丰富多变。储藏空间也安排得比较好，例如设壁龛；将二层楼板挑出伸到底层披屋顶下，用木板隔成小间；利用楼梯下部的空间；利用楼梯间板壁（在壁上挂东西）；屋顶山尖下设搁架；沿屋顶与墙面交界线设悬吊式的放物架等等。最巧妙的是在屋脊丁字交叉处，利用屋面重叠部分当作一个隐蔽的储藏处所。由于采取以上种种办法，使这幢住宅的空间利用达到了很高的程度。

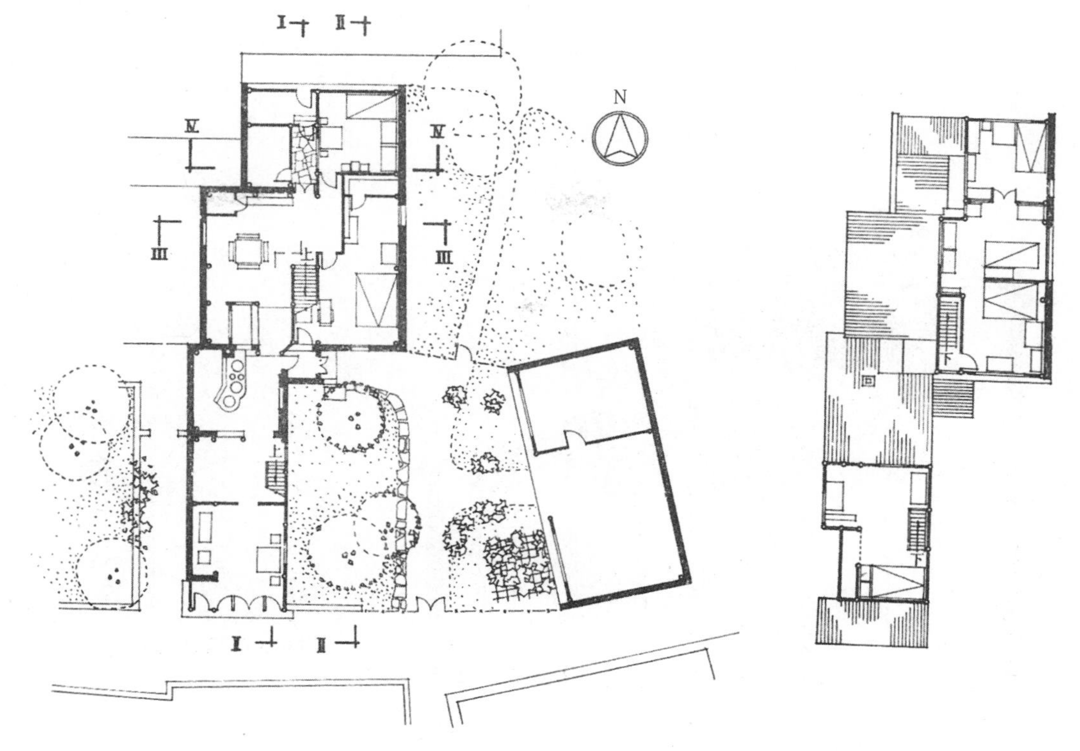

图521　范宅底层平面图

图522　二层平面图

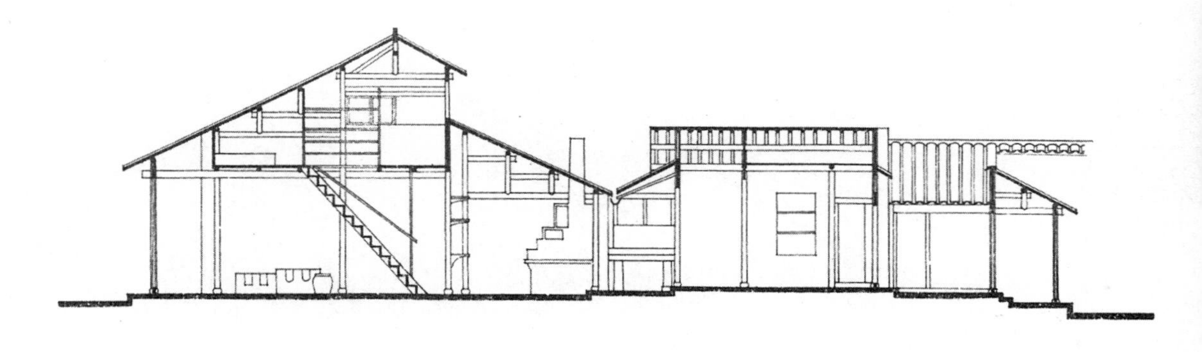

图523　Ⅰ-Ⅰ剖面图

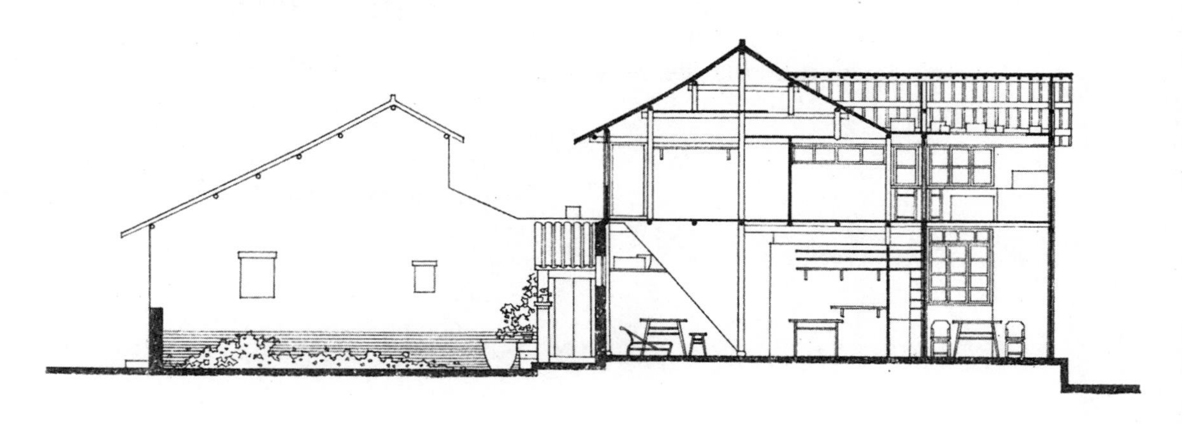

图524　Ⅱ-Ⅱ剖面图

图525　Ⅲ-Ⅲ剖视图

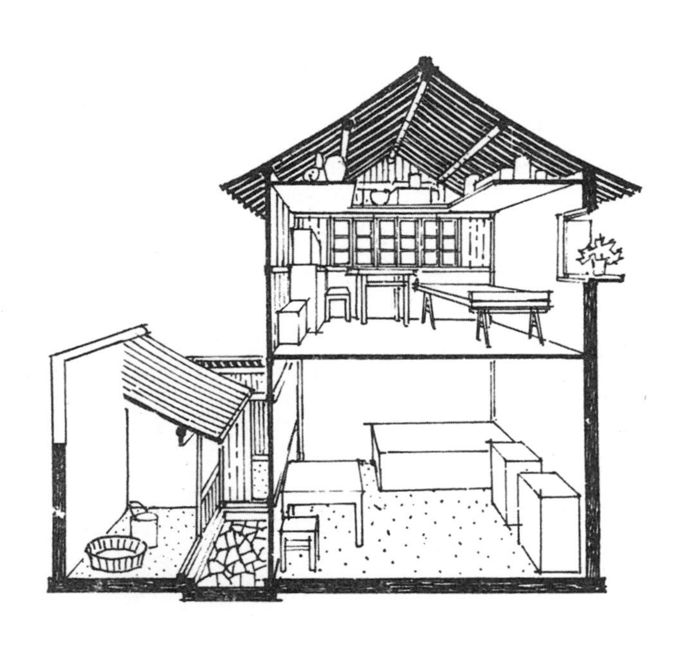

图526　Ⅳ-Ⅳ剖视图

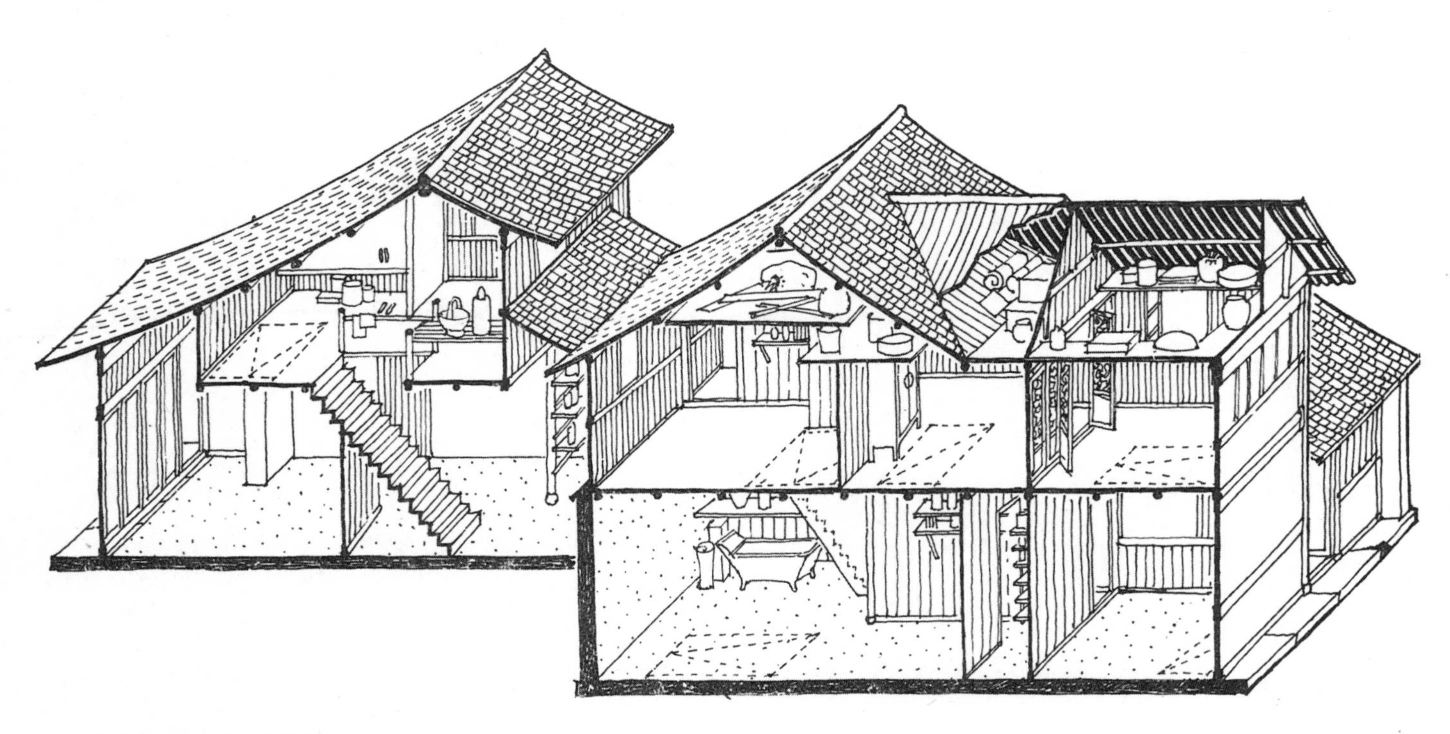

图527　范宅全宅剖视图

图528 范宅二楼室内透视图之一

图529　范宅二楼室内透视图之二

图530　楼梯间透视图

图531　范宅东面外观

图532　范宅西面外观

图533　吴兴南浔镇新开河李宅透视图

吴兴南浔镇新开河李宅（图 533 ~图 538）

李宅为房主自建，由大小两居室、工具间、畜圈、入口凉棚等组成。全宅平面呈方形，中间留一小天井，用土墙、木架、竹椽、草顶修建而成。反映了农家草舍的一般风格和特色。

大居室屋顶很高，在屋顶下辟出一个隔层用以储藏粮食、草料、木柴等。小居室为一长条形，按睡眠、起居、做饭等功能使用的顺序自内而外地排列。最值得注意的处理是在大小居室之间、炉灶侧留出一个小小的露天空隙，小居室内一侧与露天部分打通，不设隔墙。由于外墙封闭不开窗，室内采光即靠此处天光及对面大屋墙面的反射光，室内感觉外封内敞，光线明亮，空气流畅。工具间设在宅角，向宅外开门，便于出入耕作取放工具。养羊、兔等的畜圈与居室隔着小天井，可免恶味及噪声侵扰。入口敞棚可供日间操作及休息纳凉。

由于房间大小不同及平面组合的关系，自然形成了立面的高低错落及屋顶的变化。

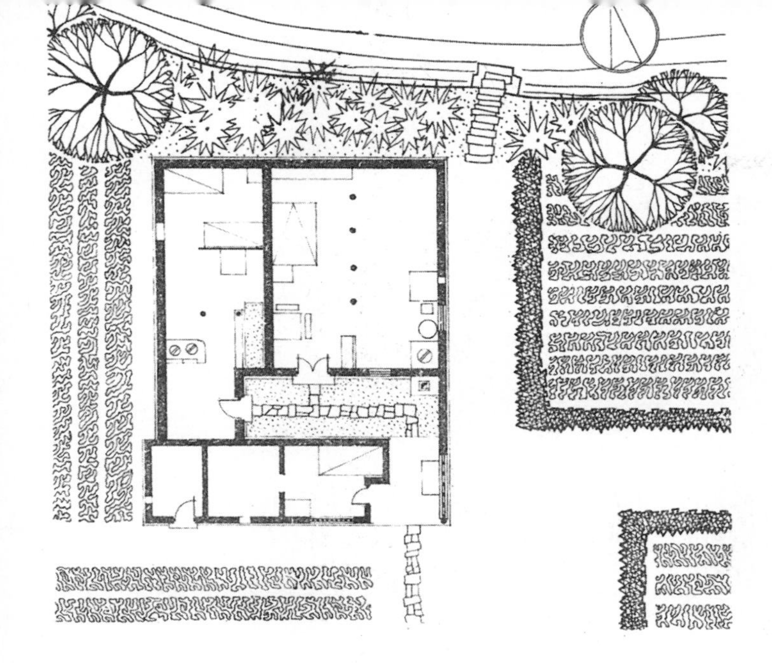

图534　李宅平面图

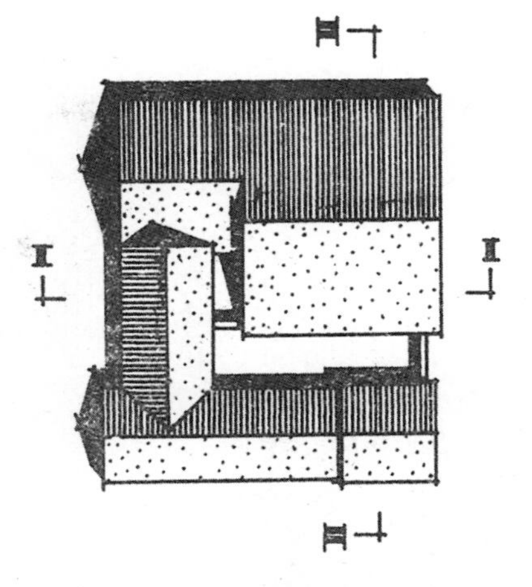

图536　李宅屋顶平面图

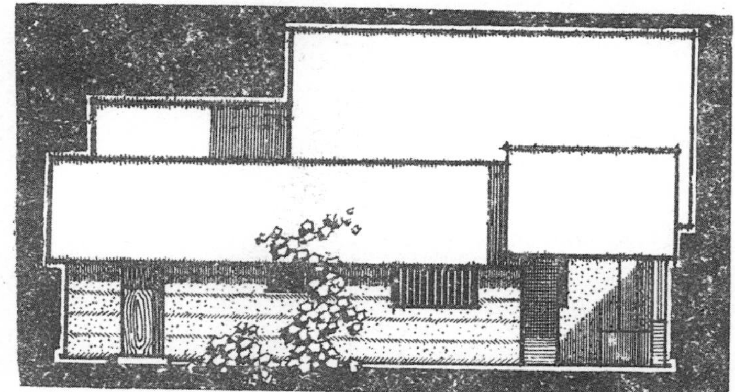

图535　李宅立面图

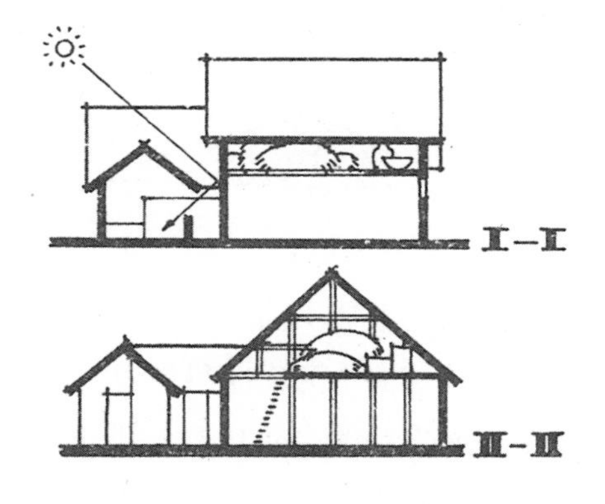

图537　李宅剖面图

图538　李宅室内透视

图539　吴兴红门馆某宅透视图

吴兴红门馆某宅（图 539 ~图 543）

这幢建筑是清末为适应科举考生需要而兴建的。当时楼下部分是卖文具的店面，楼上部分出租给考生居住。科举制废除后，就成了一般的出租住房。现在这幢建筑共住八户人家。

它是在很小的一块基地上建造起来的，沿街房屋比较宽大整齐，附属房间设在里面，围绕天井，每个房间都有自然通风和采光。一层天井小，房间高度较低，二层天井空间扩大，便于采光、通风，且可免除闭塞之感。

这幢建筑比较成功的方面是立面处理。体形活泼，转角处屋面上摆出一个小山尖，屋角微微地起翘。立面采用横向分割，在墙面上部三分之一处是退入窗槛墙的红色木装修，以下三分之二是白粉墙，窗槛墙的突出则更加强了比例上的效果，并使墙面有凹凸变化。与邻宅连接处封火墙的升起结束了横线条，并使整个建筑组成一完整的构图。在色彩的使用上，采用红、白的强烈对比，红色木装修与白墙的不同质感更强调了这个对比。邻居高大的实墙面，具有极厚的感觉，与本宅的轻巧活泼，也形成了对比统一的效果。

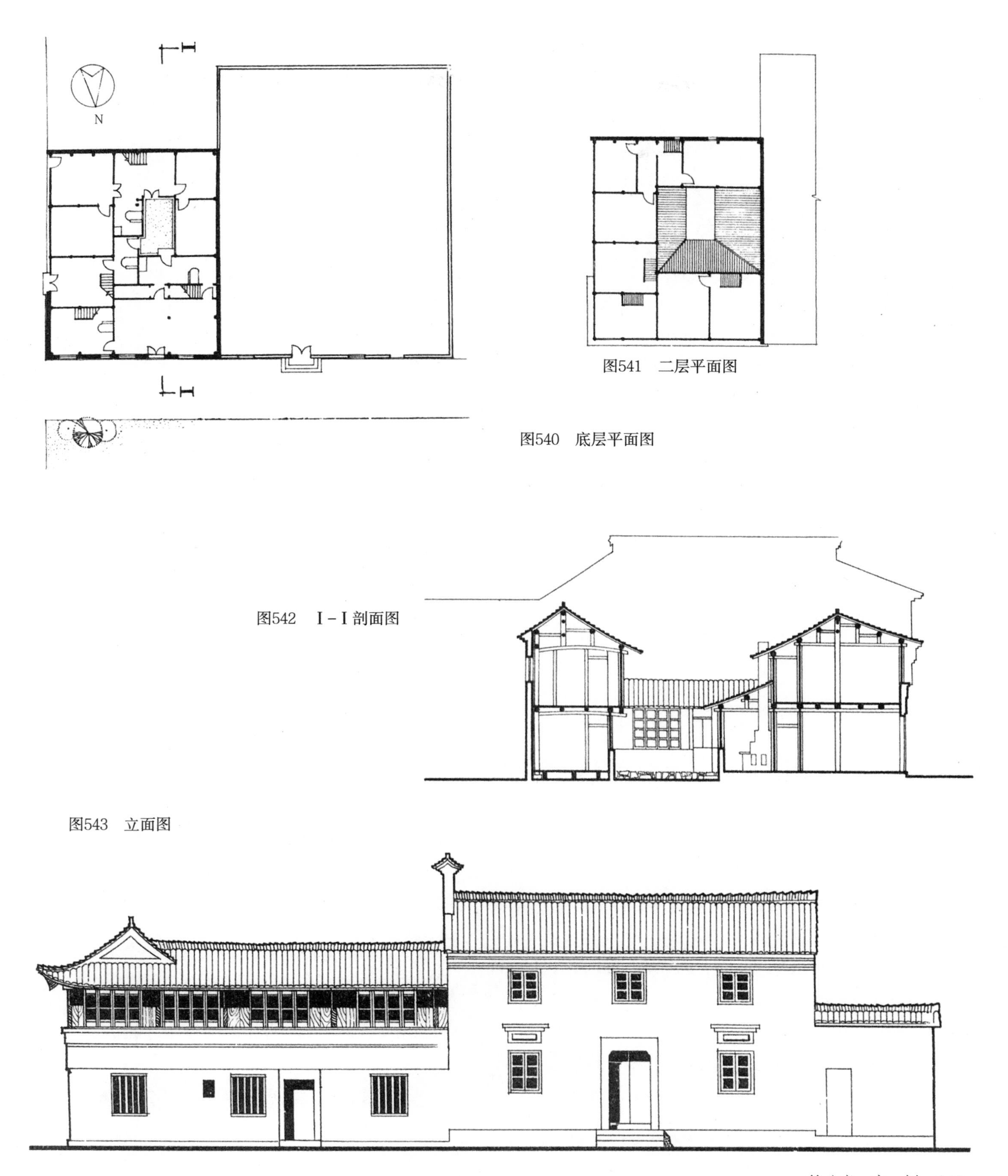

图540　底层平面图

图541　二层平面图

图542　Ⅰ-Ⅰ剖面图

图543　立面图

图544　吴兴红门馆前某宅透视图

吴兴红门馆前某宅（图 544 ~图 547）

该宅坐落在一个长约 29 米，宽仅 7.5 米的狭长基地上。主要楼房沿长边一侧修建、当中留出一条狭长的院子供室外活动，绿化及穿行之用。西端临街房屋是一层，仅局部设阁楼，东端临菜地的房屋设有阁楼。因为最初建造时目的就是为了出租给多户居住，所以在平面布置上考虑到多家都有单独的出入口，互不干扰，而且根据住户的变迁及人口的增减，在房间的组合上有很大的灵活性。楼房底层最西边的一间作敞厅，供吃饭休息用。敞厅外侧搭有敞棚，作为遮阳、防雨的半室外活动处所。

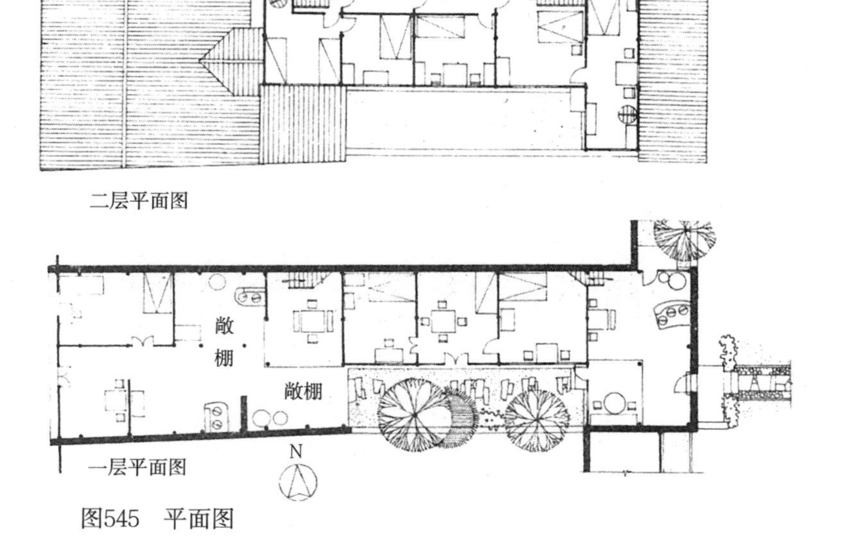

图545　平面图

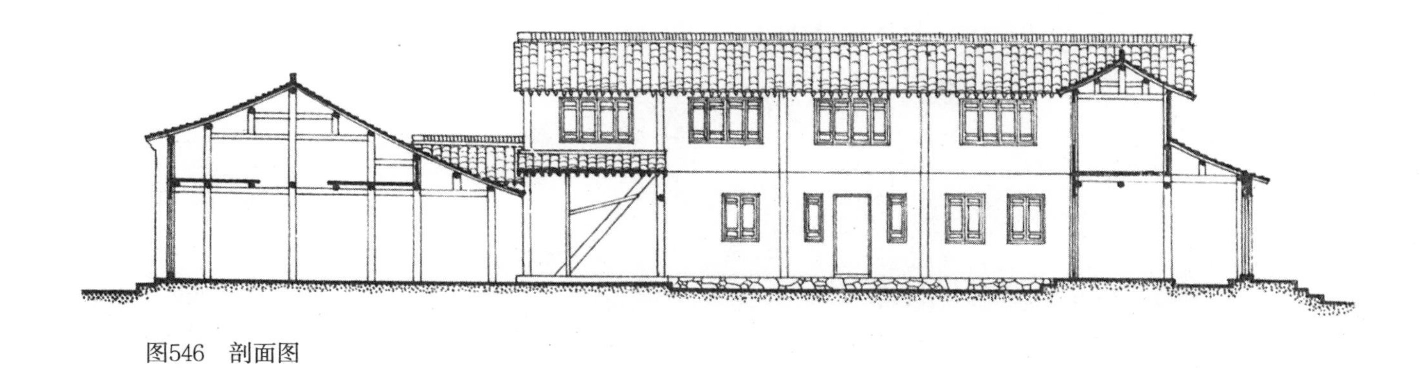

图546　剖面图

图547　外观

图548　绍兴仓桥直街施宅透视图

绍兴仓桥直街施宅（图 548 ~图 552）

绍兴市区水网纵横，临水住宅很普遍。一般中等规模的临水住宅，多面街背河而建。主楼不超过三开间，有一两进天井，厨、厕等房间面河，临水设有外廊、河埠头等。施宅就是这类住宅中比较典型的例子。

施宅建在狭长的基地上，全部为二层楼，中间有一个方形的小天井，天井一侧有厢房，另一侧是走廊，贯通前后便于雨天宅内交通。这种以廊代厢房的做法在绍兴极为普遍。施宅的厨房设在临水一面上，外廊的处理较有变化，在明间部位，墙壁退进一步，扩大了空间，形成一方形的面水小敞厅。临水挑出一段靠背栏杆，是冬季晒太阳、夏季乘风凉的好地方，一般家务操作也多在这里进行。廊南端是河埠头，淘米、洗菜很方便。一切安排都按照当地以河道为主要交通和供应生活用水的特有情况而定，做到了便于生活使用。图 552 是同街另一幢住宅，临河外观与本宅类似。

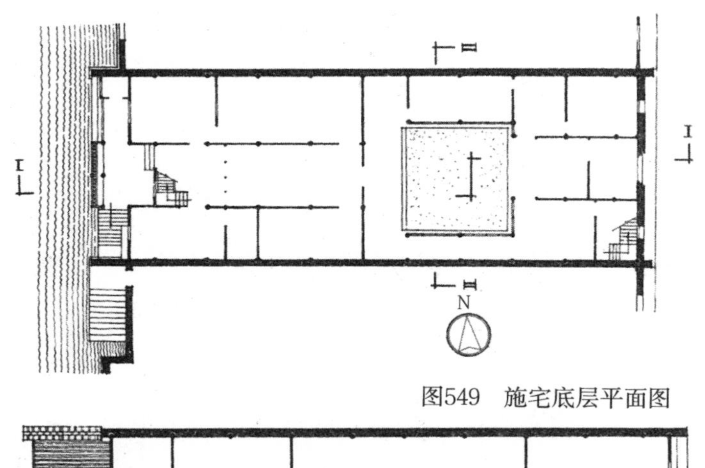

图549　施宅底层平面图

图550　楼层平面图

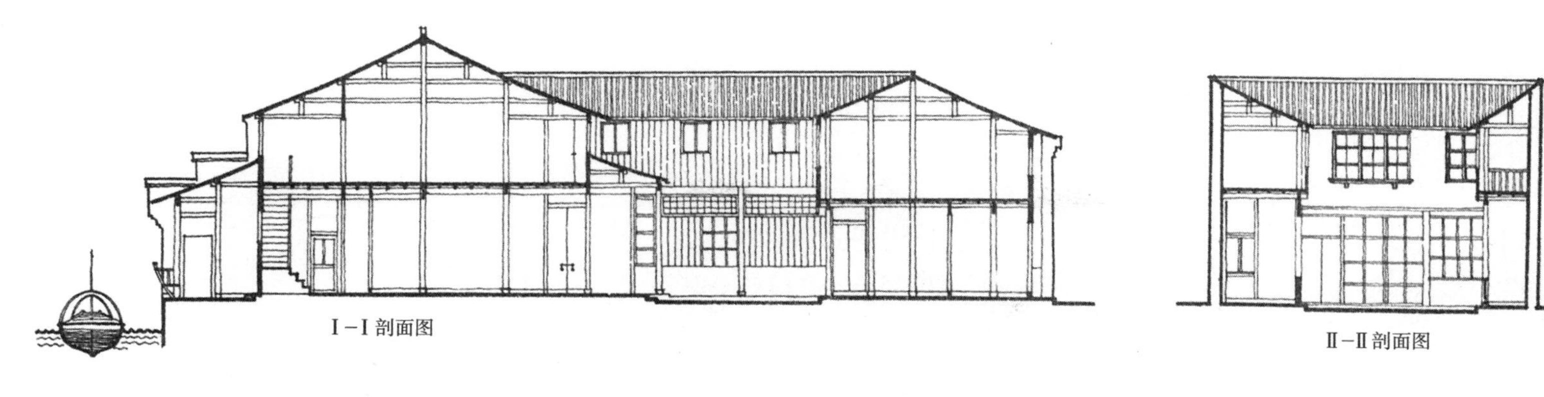

图551　剖面图

图552　绍兴仓桥直街何宅外观

图553　绍兴题扇桥某宅透视图

绍兴题扇桥某宅（图 553 ~图 557）

这是一幢手工业者的住宅。平面底屋分前、中、后三间，前面临街为工作间兼对外营业，中部为生活间，后面临河为厨房，二层阁楼作卧室。这样布置使生活间与前、后、上三室都直接相联，空间甚为紧凑。

前面屋顶自阁楼屋脊一坡到底，直到一层的工作间，使工作间内部的空间有了高低变化，后坡屋面则分成上下两重檐，阁楼可以面河开窗，解决采光和通风，可欣赏河景。

东侧山墙的底层砌在木柱以外约 30 厘米，既可以防止木柱受潮，又可以利用它存放工具、杂物等。山墙的二层部分在木构架间做粉白的轻质墙。上下层山墙交接处用一披瓦檐遮住空隙及下层山墙顶，给山墙面增添了一道横向瓦檐。墙面凹凸及质感色彩的组合也较美观。整个侧面呈一个不对称均衡的构图。

这种加设阁楼的处理，在浙江小型住宅中是常用的做法。

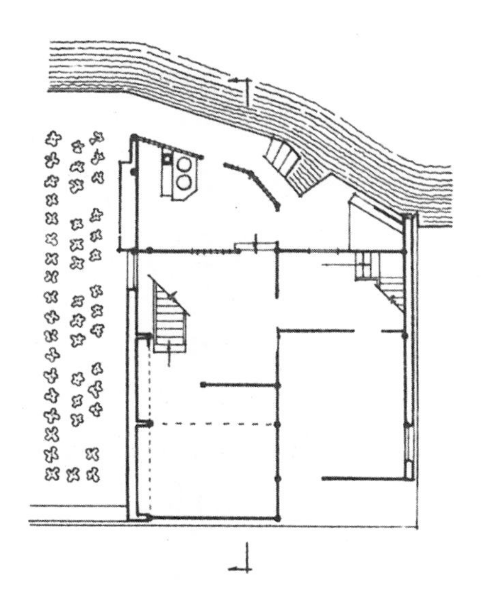

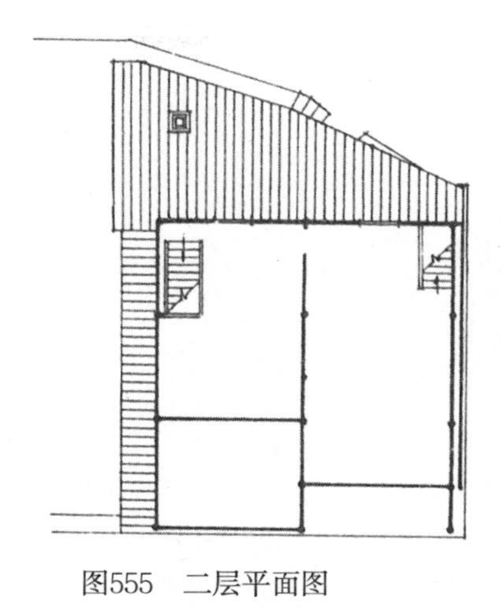

图555　二层平面图

图554　题扇桥某宅底层平面图

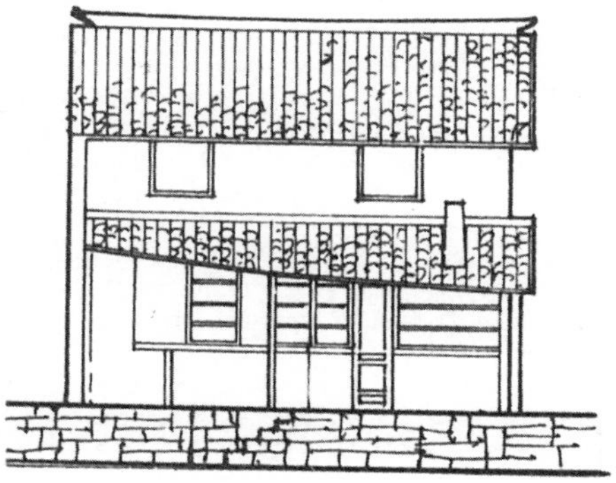

图556　南立面图

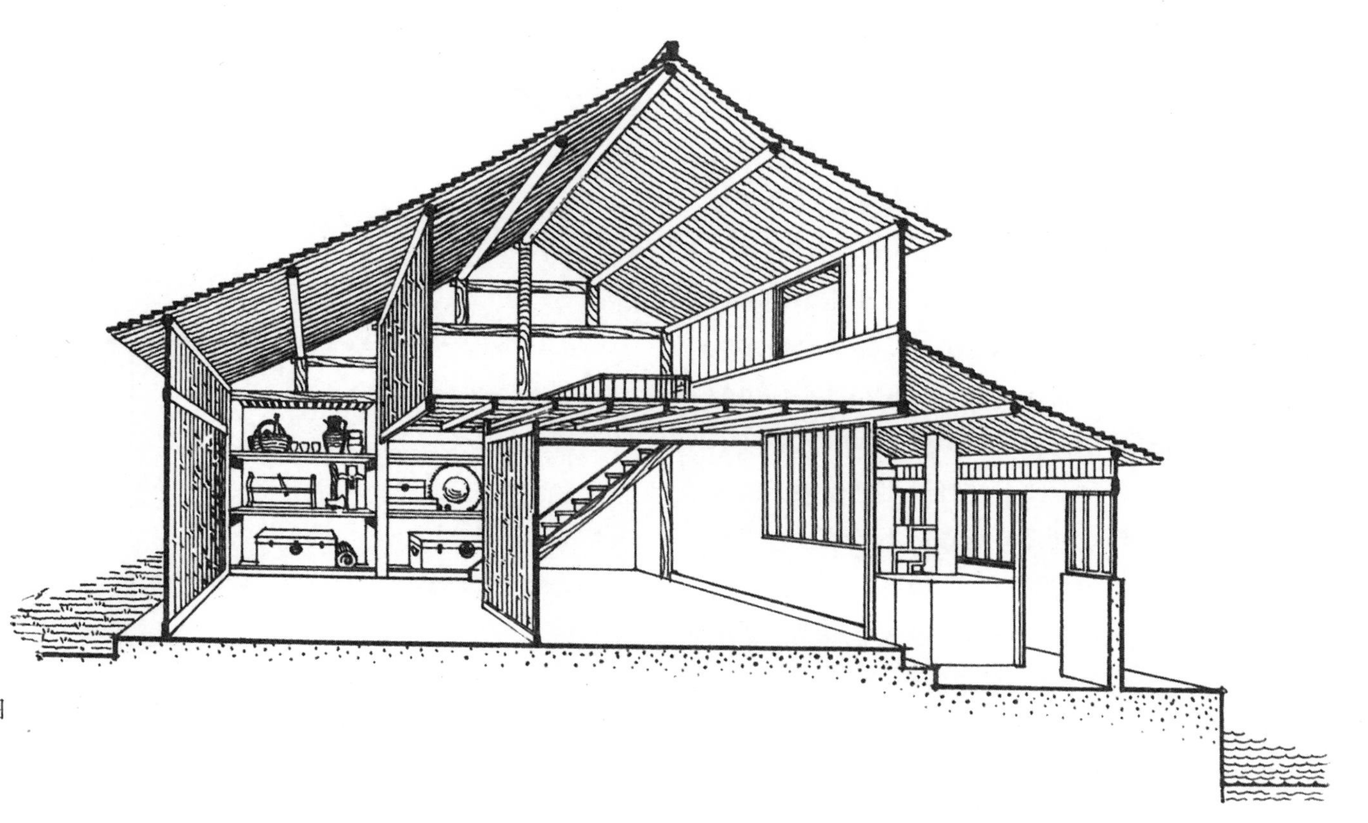

557　剖视图

图558　绍兴下大路陈宅透视图

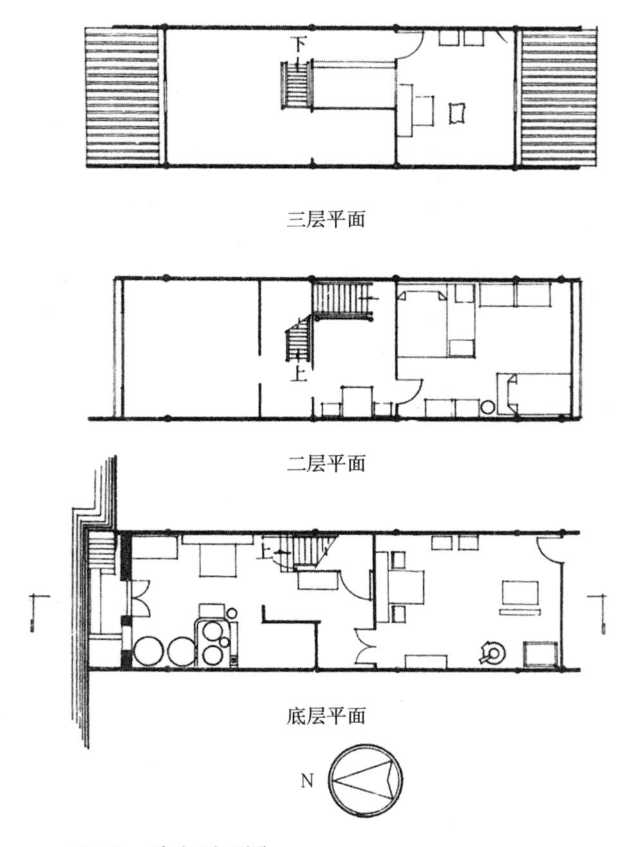

图559　陈宅平面图

绍兴下大路陈宅（图 558 ~ 图 563）

该宅是利用一些旧木料、旧门窗改建而成，虽然用料很零碎，但通过一定处理，取得了统一的效果。在平面和空间的构成上也别出心裁。

宅址面街背河，兼得水陆交通之便。由于基地面积很狭窄，面宽不足 4 米，进深只有 12 米，又要争取最多的使用面积，所以建成三层，又不能在这样狭小的平面里像一般纵深住宅那样穿插小天井，因此在第二与第三层之间，用一个楼井把上下空间联通起来，这样既可把屋顶天窗的光线射入二层中部，同时也使低矮的楼层不致给人过于压抑的感觉，全宅内部的通风也可以大为改善。在平面空间十分紧凑的情况下，用最经济的办法，基本上解决了通风采光等功能要求。

第二层向前后出挑，也争取了更多的使用面积，同时也使这栋三层的建筑显得更加轻巧。

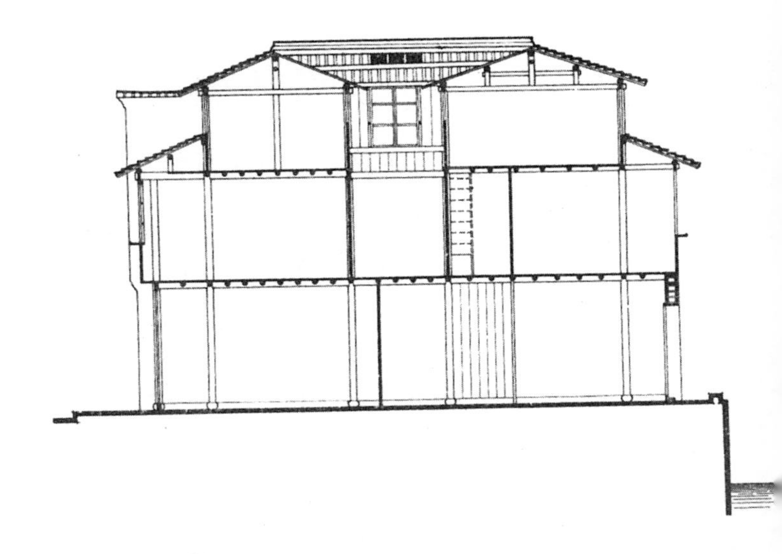
图560　剖面图

图562　室内透视图之二

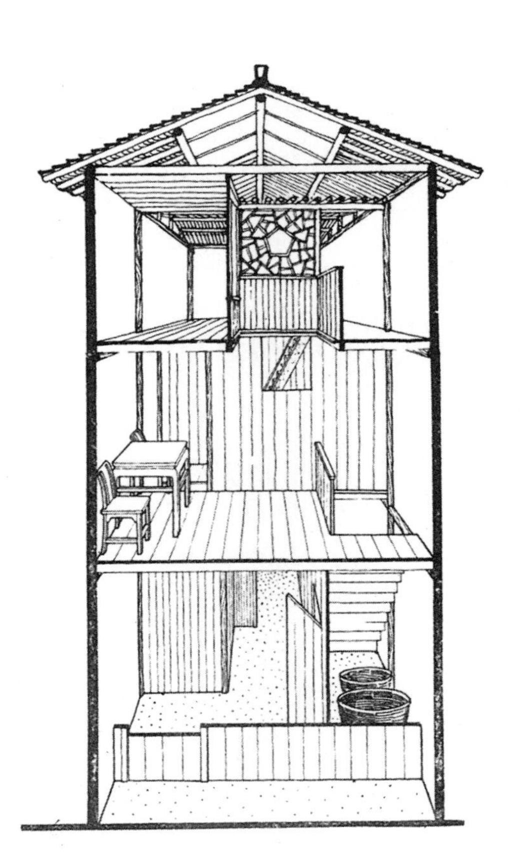

图561　室内透视图之一

图563　临河面外观

图564　鄞县鄞江镇桥头陈宅临河面外观（陈宅是紧靠桥头的一间）

鄞县鄞江镇陈宅（图 564 ~图 571）

这幢附有店面的小宅，是利用光溪石桥与桥旁饭馆之间 2 米多宽的街道通往河边码头石阶的上空，悬空搭建而成。整幢房屋尺度很小，是按这个特定的地形和环境设计修建的。

宅分上下二层，上层是一间小阁楼，作卧室，下层分前后两小间，前间供营业及起居用，后面半小间面河，作厨房。楼梯的休息平台处，添上一小间贮藏间，因此它比一层地坪抬高，恰好让出通往河边的石阶的通路。在室内净宽仅 2 米的情况下，安置了货架，仅余 0.5 米的宽度放置了楼梯。在这样窄的地方，为了节省空间，只好把上下两跑楼梯重叠起来。这样上跑势必挡住下跑的去路，于是把上跑做成轻便的小梯，靠墙一边装上合页，变成一个可以掀起放落的活动楼梯，同时起“门”的作用。

至于在争取空间方面，更是想了不少办法。例如：一层的货架是在板墙上凸出一部分；贮藏间挑出很宽的窗台，增加了存放面积；阁楼间又向贮藏间的顶部悬搭出放物架，同时又将窗槛到楼板的部分凸出去，以贮藏杂物，从外面看则形成一道檐箱。

图565　陈宅临桥面透视图

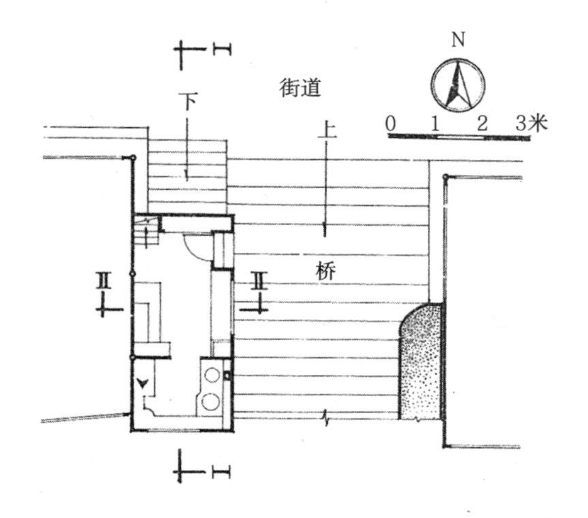

图566　临桥面一层平面图

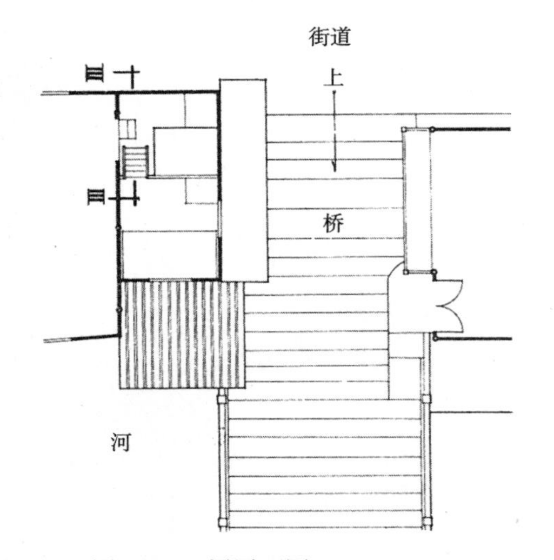

图567　二层平面图

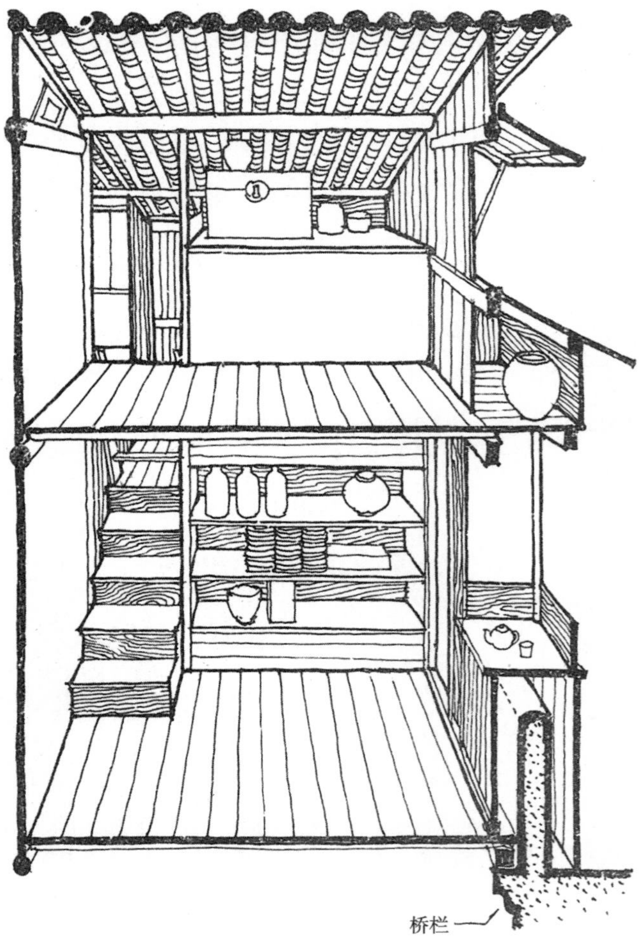

桥栏

图569　陈宅Ⅱ-Ⅱ剖面透视图

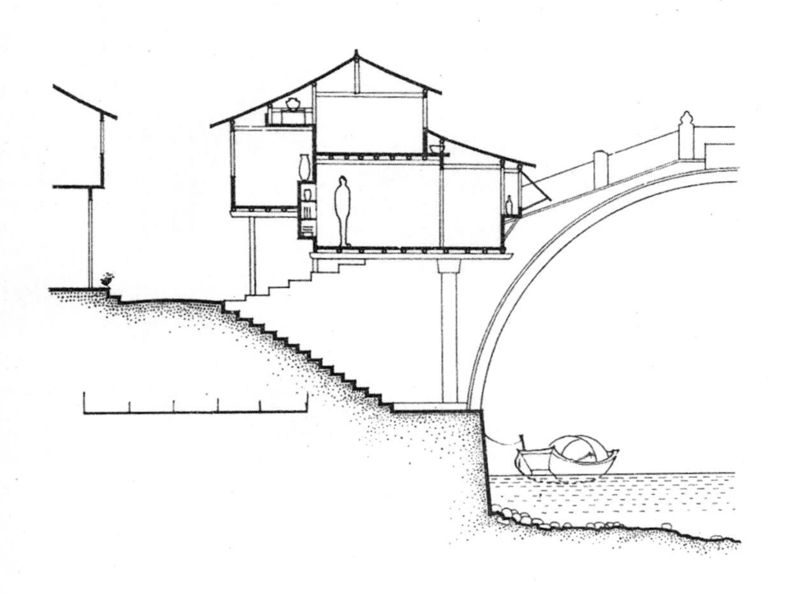

图568　陈宅Ⅰ-Ⅰ剖面图

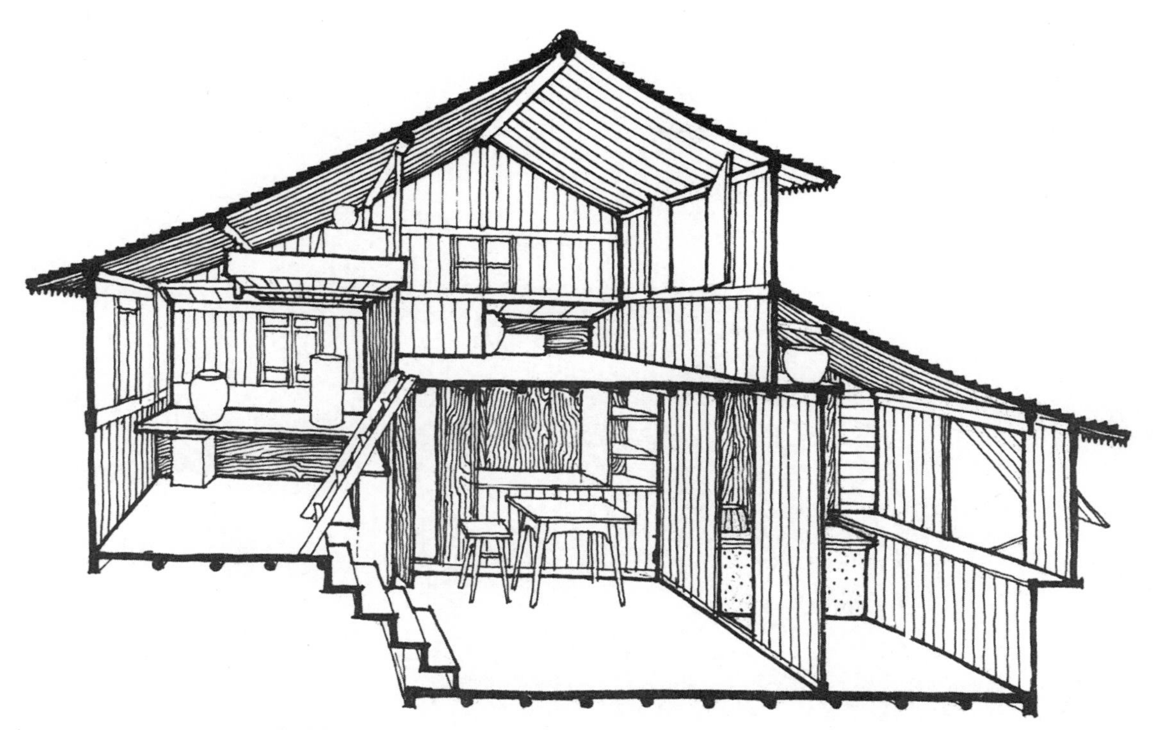

图570　陈宅Ⅰ-Ⅰ剖面透视图

图571　陈宅Ⅲ-Ⅲ剖面透视图（活动楼梯处理）

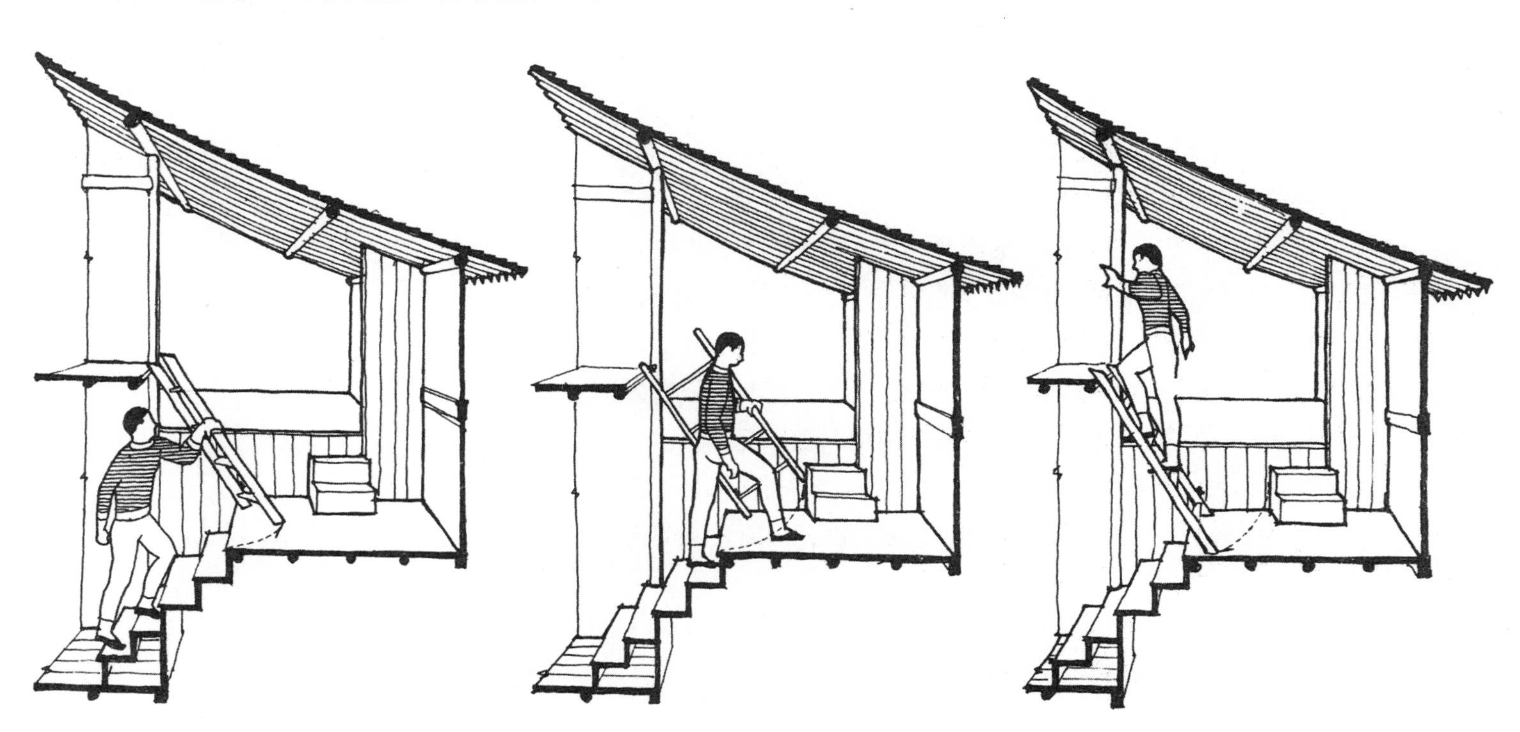

图572　东阳巍山赵宅透视图

东阳巍山镇赵宅（图 572 ~图 578）

这是一位木工为自己设计、修建的住宅。

底层平面为方形，内部按不同功能需要，用木栏、楼梯、板壁做部分分隔，形成起居室、卧室、厨房及露台几个部分，并互相连通。楼梯从平面中心位置起步，把底层各部分与楼上直接联系起来。

楼层卧室自白粉的山墙面上向南挑出约 80 厘米，挑出部分为黄色的木板墙。这样既扩充了楼层平面，解决了使用问题，又避免了山墙的平淡，增加了立面的美观。

朝西一面，用厕所、外廊及藤蔓植物挡住了西晒，既绿化又美化了建筑。

厨房及卧室都设有一种与窗组合在一起的壁柜，柜门与窗扇合用，采用推拉办法，此启彼关，是一种别出心裁的做法。

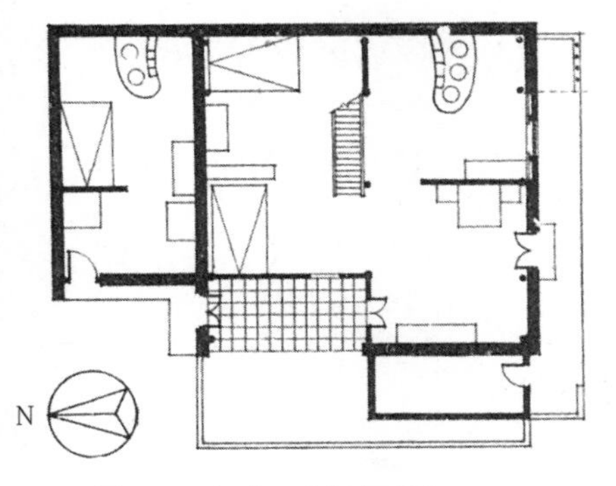

图573　赵宅一层平面图

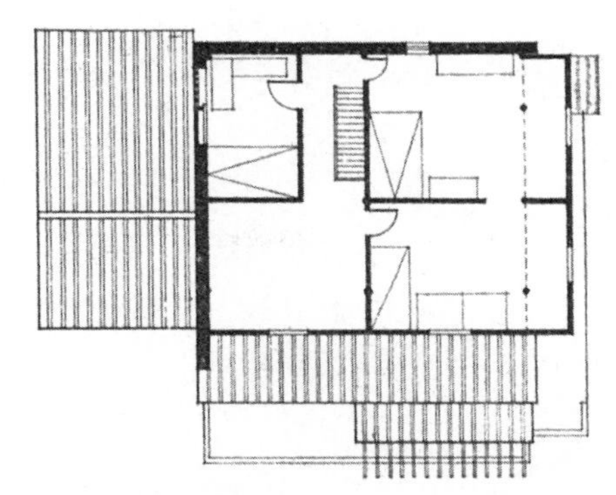

图574　二层平面图

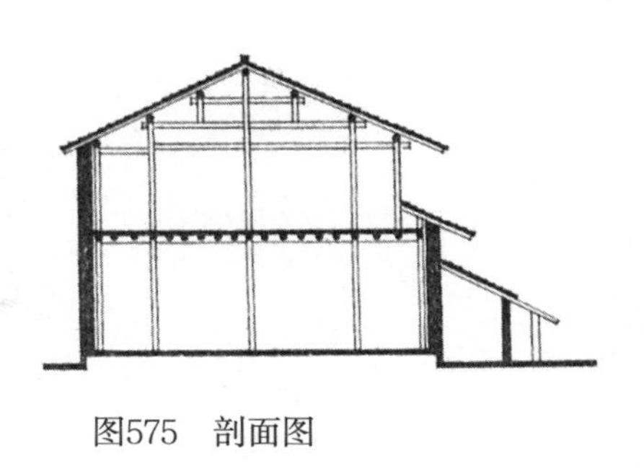

图575　剖面图

图576　室内透视图

图577　外廊透视图

内立面之一（推拉窗扇关上）

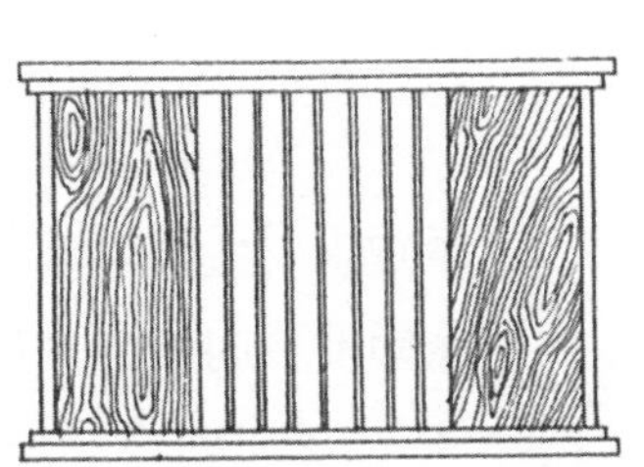

内立面之二（推拉窗扇打开）

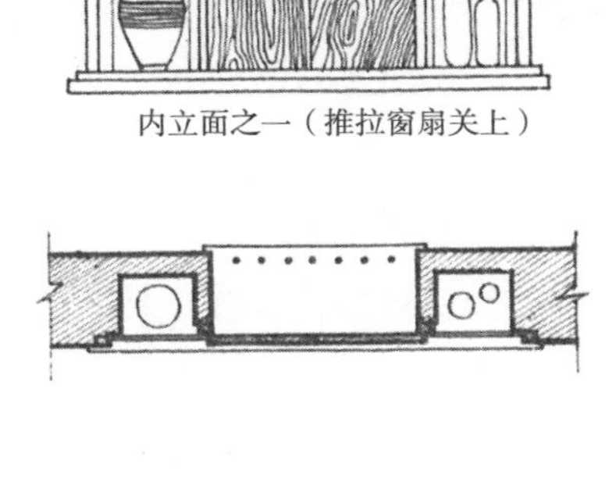

图578　推拉窗细部

图579　东阳水阁庄叶宅透视图

东阳水阁庄叶宅（图 579 ~图 586）

东阳及其附近地区的大中型住宅多数采用当地称为“十三间头”的形式。“十三间头”是由正厅三间加左右厢楼各五间共十三间房屋组成的三合院。正厢房都做外廊，外廊成“卄”字形交通线。大型住宅往往由这种“基本单元”纵横拼接而成。

水阁庄叶宅是比较典型的“十三间头”。叶宅柱头、檐廊等部位施用的许多精细木雕装饰，也是东阳一带大中型住宅的一个特点。为了防火，正厅和厢楼的山墙都做成高大的马头墙，既满足了功能需要，也使建筑物外观增加了变化。

庭院地面用平整的条石铺砌，沿周边设有明沟，可保排水通畅。

大门开在中轴线上，左右两侧对着外廊还设有小门。

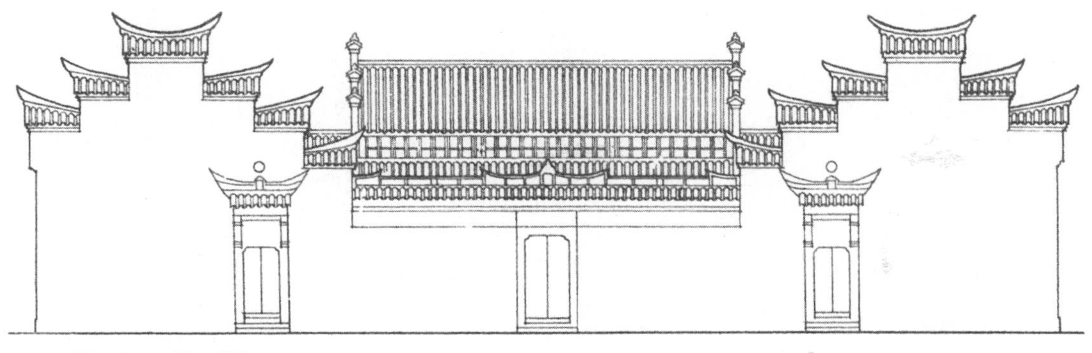
图580　正立面图

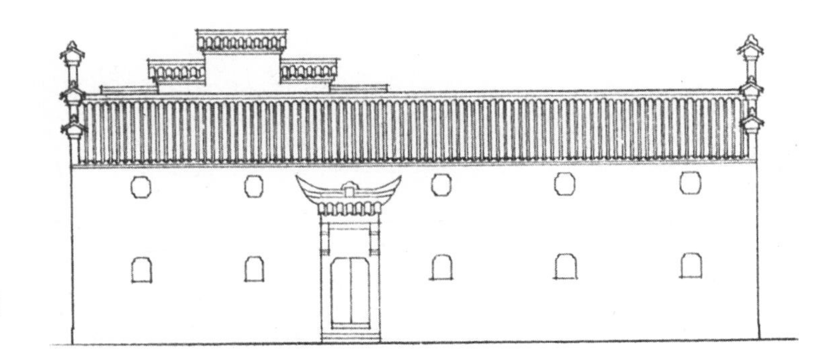
图581　侧立面图

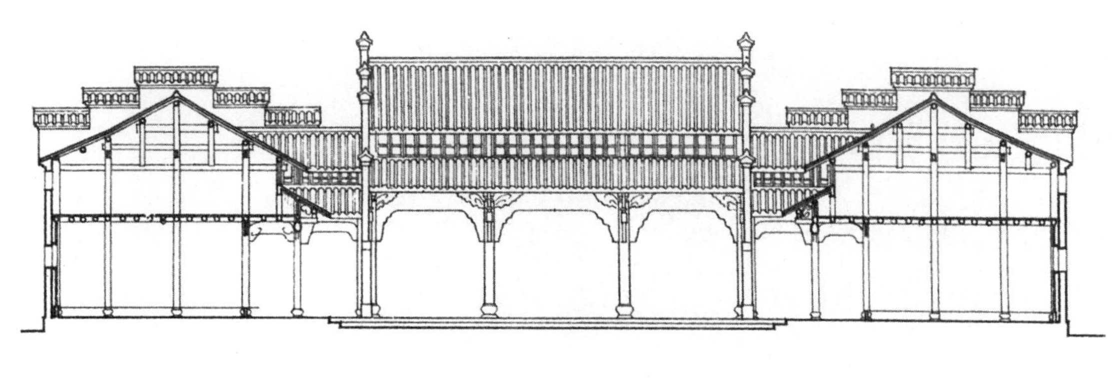
图582　横剖面图

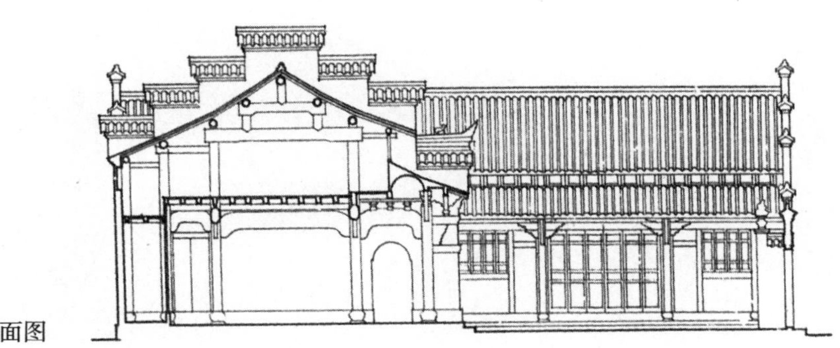
图583　纵剖面图

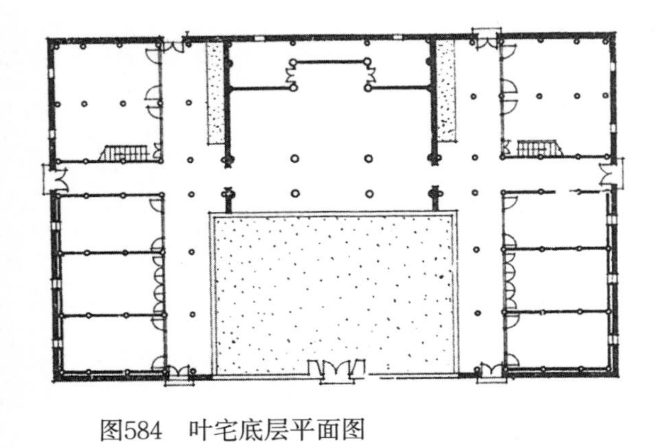

图584　叶宅底层平面图

图585　二层平面图

图586　东阳水阁庄叶宅外观

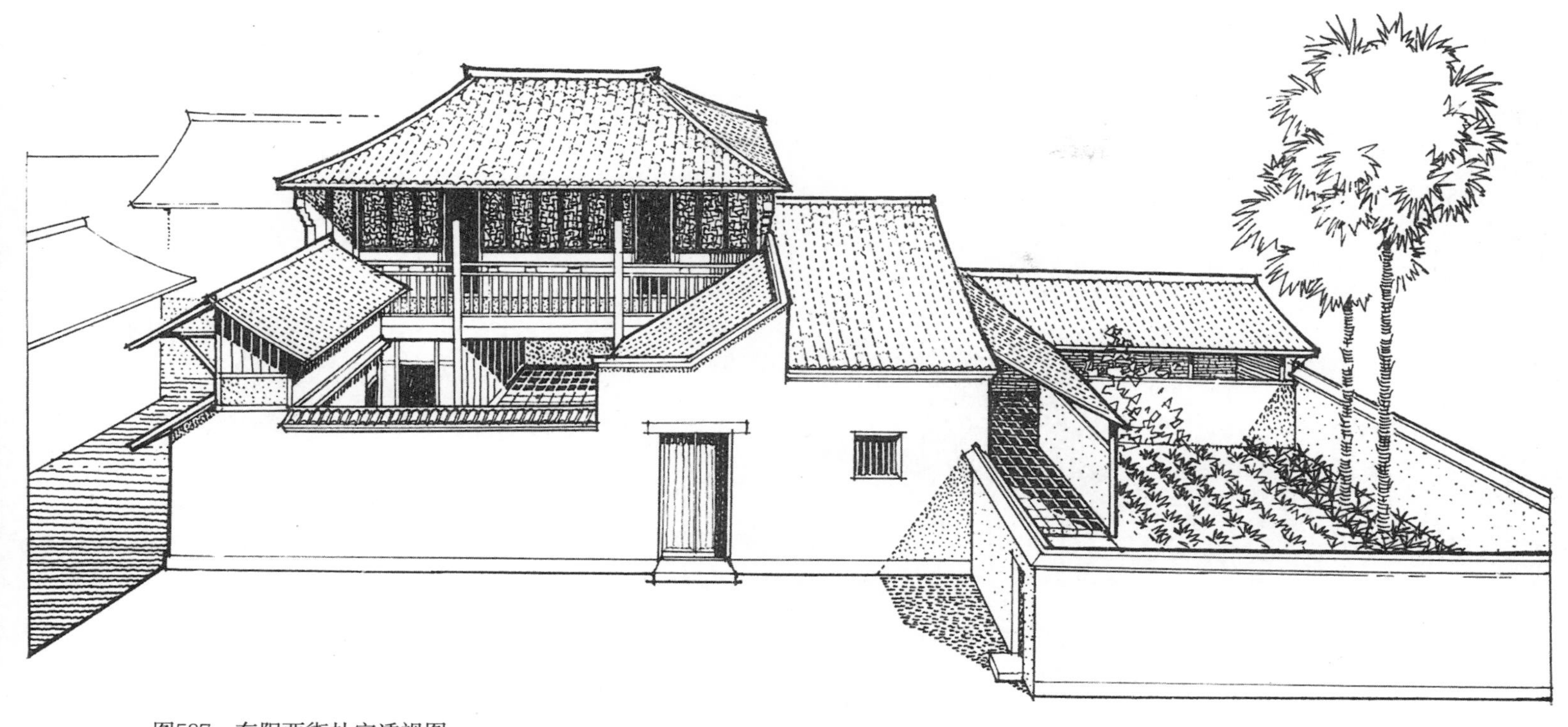

图587　东阳西街杜宅透视图

东阳城西街杜宅（图 587 ~图 589）

这是一幢兼营多种副业的住宅。房屋是以规整的三开间楼房为主体，西面临街加一小店面，南面为门廊及小天井，东面接厨房，厨房东为厕所及猪舍，并有菜园，园门直通宅外，园内有水井一口。

底层敞厅为起居生活的中心，与天井相通，全宅的生活起居与养猪种菜等副业生产是以厨房为分界的，互不干扰。厨房、猪舍、菜园等组织在一起，既便于共同使用水井，又便于养猪和种菜。此外，有一临街小店面，上部设有存货的小阁楼。

图588　杜宅平面图

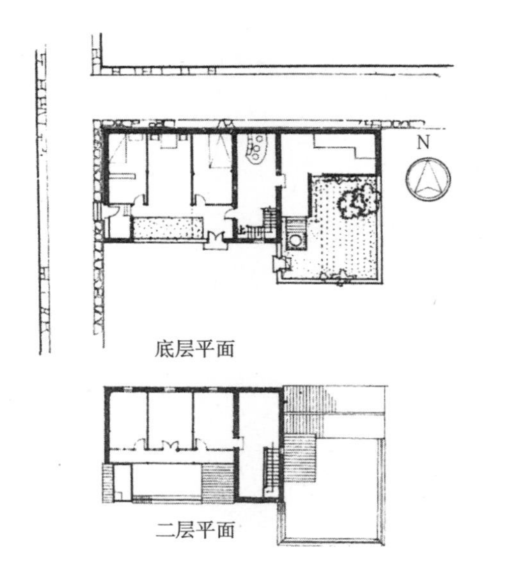

图589　杜宅外观

图590　东阳白坦乡“务本堂”外景

东阳白坦乡“务本堂”（图 590 ~图 595）

“务本堂”是清代某官宦的一处大住宅，位于东阳巍山镇白坦乡的主要入口处。全宅原由六个“十三间头”分三行并列组成。主轴有两进院子，左右跨院也各有两进，但前面两个跨院现在已毁，另外一处“十三间头”住宅是后来补建的。

平面布局严整规矩，是东阳大型住宅横向发展的典型。从外观上看，左右对称，三开间的大门，明间开通，两次间用砖墙封闭，再往两侧是高大的白粉墙，这些处理加强了中轴线的明确感，突出了大门入口。

全宅运用了大量的雕饰，在这里，中国建筑的传统装饰手段——木雕、磨砖、泥塑、石刻等艺术，几乎全部都用上了，并没有堆砌臃肿的感觉。在色彩处理方面，一律采用本色木梁柱及装修，配合素砖粉墙，整体效果也较好。

跨院及厢楼主要是居室。前院大门及两厢楼上的外廊可以通行，称为“走马廊子”，上面有些栏板和腰檐，做法都很考究。第二进的正厅是祖堂，上有楼井，木雕斗栱相当精致。

东阳向以雕刻艺术著称，本宅所用大量精美雕饰，说明当地民间工匠具有高超的技艺。

图591

务本堂”外观

图592 “务本堂”庭院透视图

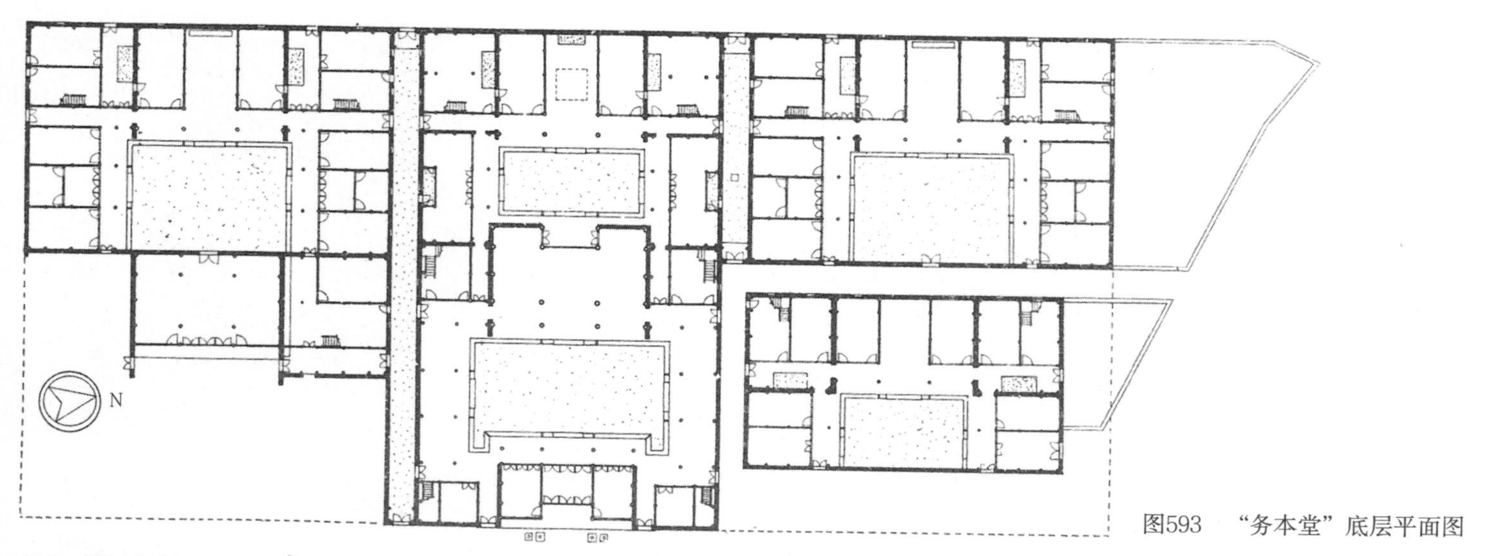

图593 “务本堂”底层平面图

图594　“务本堂”剖面图

图595　“务本堂”隔扇

图596　永嘉东占坳黄宅透视图

永嘉东占坳黄宅（图 596 ~图 599）

在主体建筑两端加披，是浙江南部温州、青田等沿海地区民居最普遍的做法。适应沿海风大的特点，不建楼房，主体建筑采用三到五开间。明间作“中堂”，层高较大，在过去是供祖先和接待宾客的地方。两次间作卧室，卧室有时分成前后两间。顶部设阁楼，既可存储物品，又可隔热，并且使居室空间不致过于空阔。两披则作餐室、厨房，最后部分有时还作畜舍，与后院相通。前院起居休息，后院安排杂务。

黄宅就是这种类型住宅中比较典型的例子。全宅现由两户合用，每户有自己的厨房和餐室。

这种形式的住宅在适应台风侵袭方面有较大的优越性。首先是主体建筑两端的披屋的墙用乱石砌筑，高度不大，但很厚实，抵住主体建筑两端的山墙，增加了建筑物的刚度，同时披屋面遮住了主体建筑山墙的大部分面积，可以减轻风对建筑物的影响。另外，主体建筑多数是硬山顶，披屋的出檐也很短，而且在屋脊、檐口等处用蛎灰浆将瓦片粘固，檐口的沟头滴水又做得特别厚重，这些处理对抵抗较大风力都能起一定的作用。同时蛎灰的白色自然地勾出了屋顶的轮廓，使外观也取得醒目的效果。

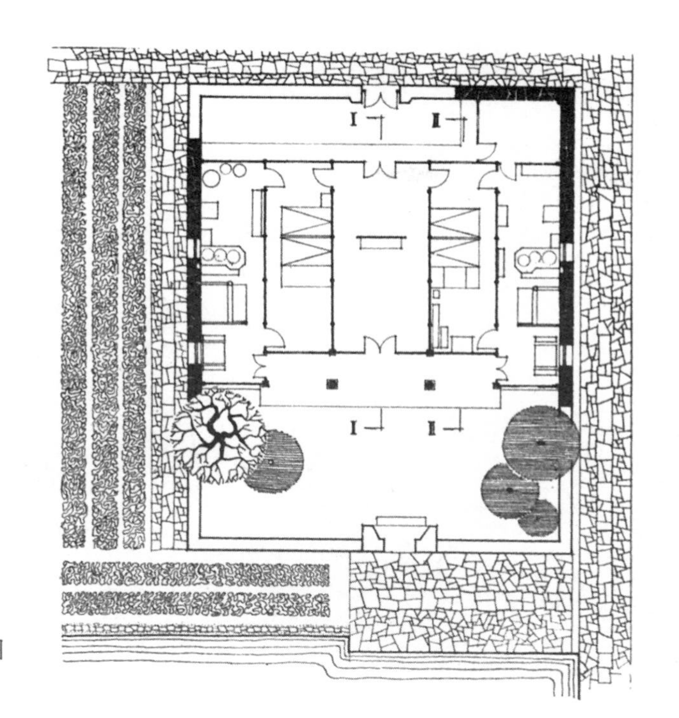

图597 黄宅平面图

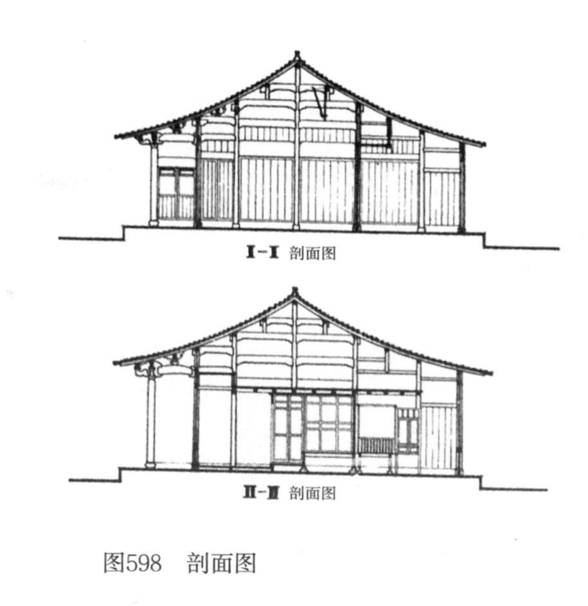

图598 剖面图

图599 室内透视图

图600　黄岩黄土岭虞宅东面透视图

黄岩黄土岭虞宅（图 600 ~图 609）

在临海、黄岩一带“五凤楼”式的住宅最普遍。一般的五凤楼平面呈“冖”字形，上房和两翼都是三开间，明间作堂屋，次间作卧室。正厢房都做二层楼，主楼的屋顶前坡短，后坡长，两厢用屋角起翘的歇山屋顶，外观秀丽。

虞宅位于公路旁的一个名叫黄土岭的边缘。该宅原来是一个典型的“五凤楼”，扩建时，结合地势特点，采用了一些特殊的处理。除了在西北角加建了一间楼房外，在南厢房外侧的山脚上又加建了一栋三层的楼房，其底层比原有建筑低一层，二层与原建筑的底层同高。屋顶与原建筑的屋顶连成一气。加建部分的底层两端是牲畜圈，中间是楼房，二层楼作居室，三层楼供储藏用。

现在全栋住宅中住有十一户人家。

虞宅所处的位置很好，视野开阔，夏季有很好的通风。它本身的体形除了表现一般“五凤楼”的轻巧之外，又因为它与自然地形结合得很好，构成了公路转折点上的一处美丽的风景画面。

图601　虞宅总平面图

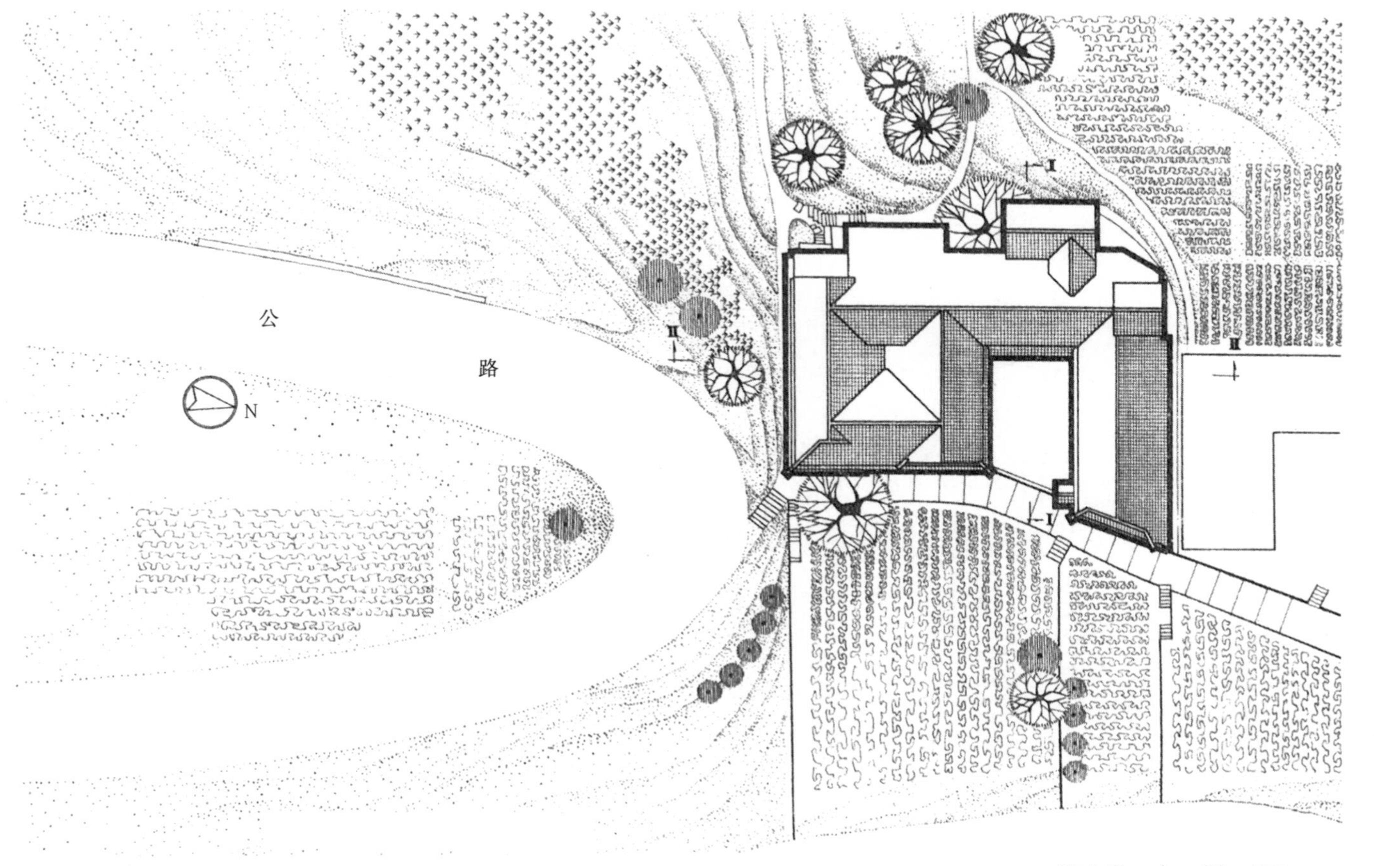

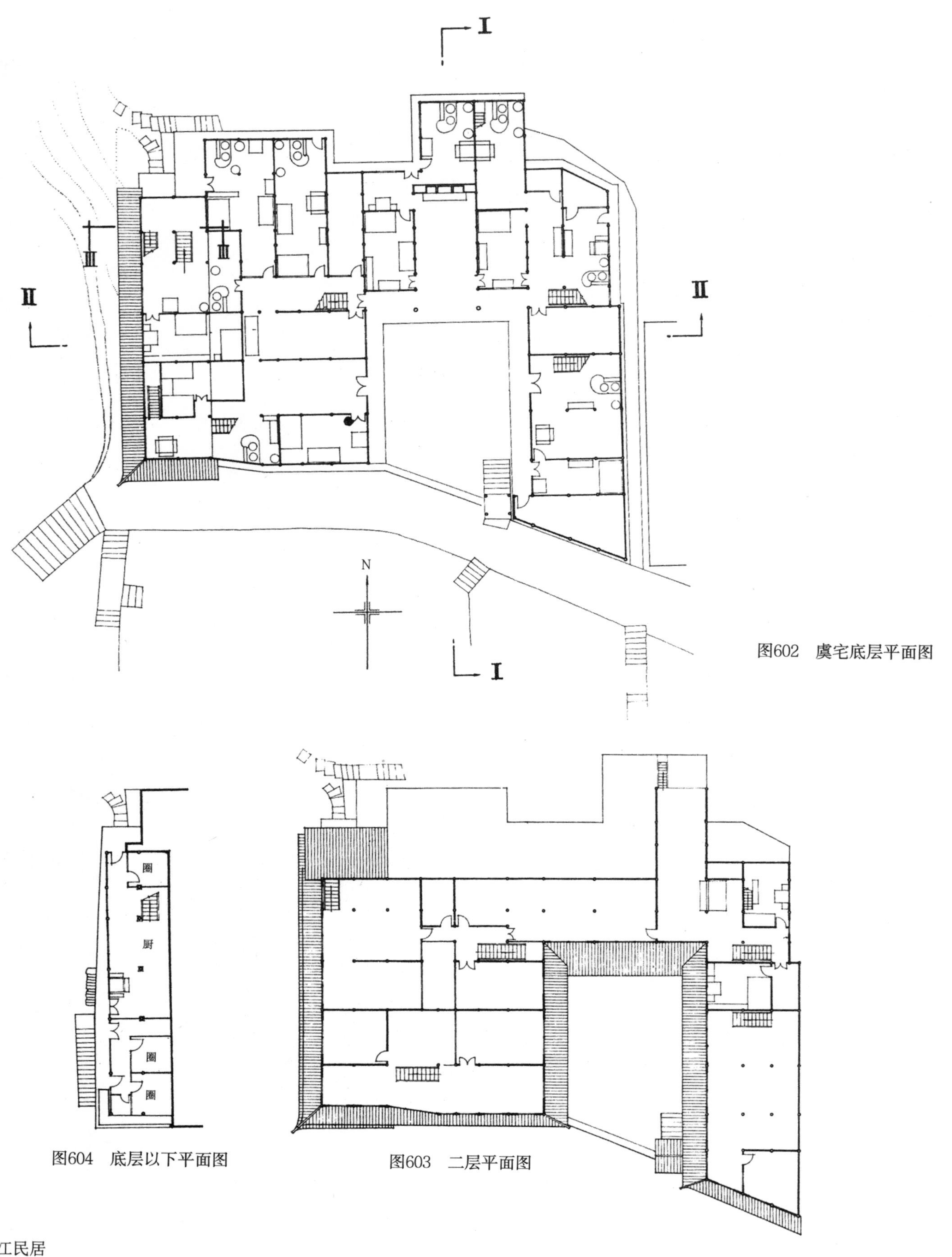

图602　虞宅底层平面图

图604　底层以下平面图

图603　二层平面图

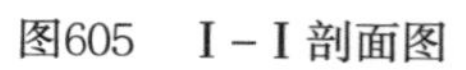

图605　Ⅰ-Ⅰ剖面图

图606　Ⅱ-Ⅱ剖面图

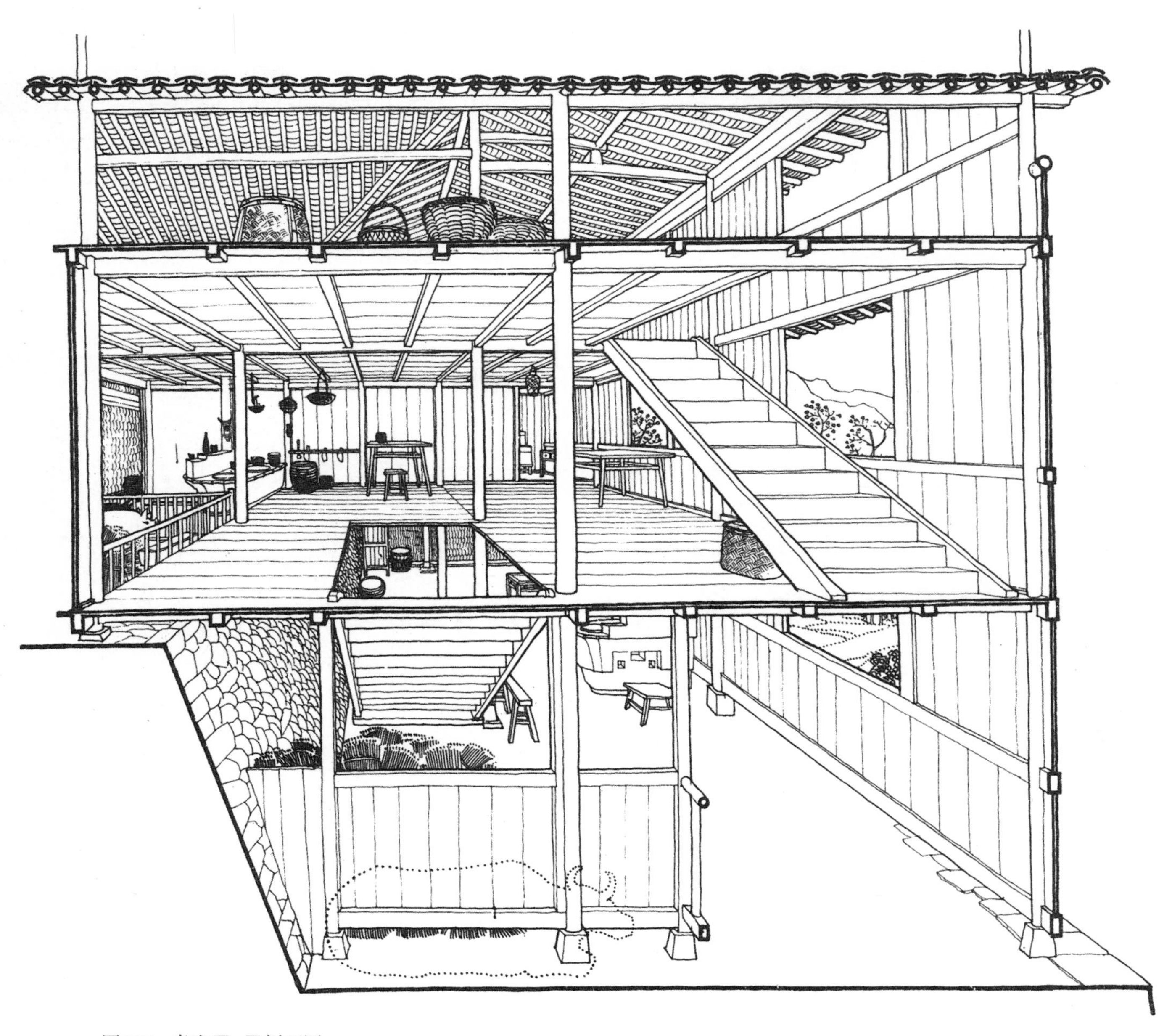

图607　虞宅Ⅲ-Ⅲ剖面图

图608　虞宅东南面透视图

图609 虞宅东面外景

图610　黄岩天长街某宅临水透视图

黄岩天长街某宅（图 610 ~图 616）

这是一组面街背河、附有店面的住宅建筑，六开间，现住三户人家。中间一家的房屋，在安排和做法上都有一些特点。临街设店面，内部兼作起居室，后部临水作厨房。店面部分做石板地面，地坪较后面厨房部分的灰土地面高出十几厘米，楼层的地坪高度也相应地产生高差。楼梯设在中部。朝河一面利用了局部底层屋顶的三角形空间，辟一阁楼作卧室用，阁楼三面凸出，墙高只有 1.8 米。窗台做得较低，三面都开窗。全宅的中间部分分三层，三层楼板距二层楼板只有 2.2 米高，二层阁楼的地面较二层楼板低约 20 厘米，但由于阁楼的窗子开得合宜，尽管这间卧室的绝对尺度较小，但并不觉得压抑。

整组建筑的体形组合很自然，没有固定格局。朝河方向的外廊向水面稍稍挑出，局部用竹席遮住，作储藏室，屋顶上山面朝河的阁楼和三层楼处理使整个造型有虚有实，有高有低，轮廓线不单调。

山墙的底部用大石板做勒脚，上部用竹席做墙面，交搭处用半圆竹筒压边。地方材料运用得既合理又美观。

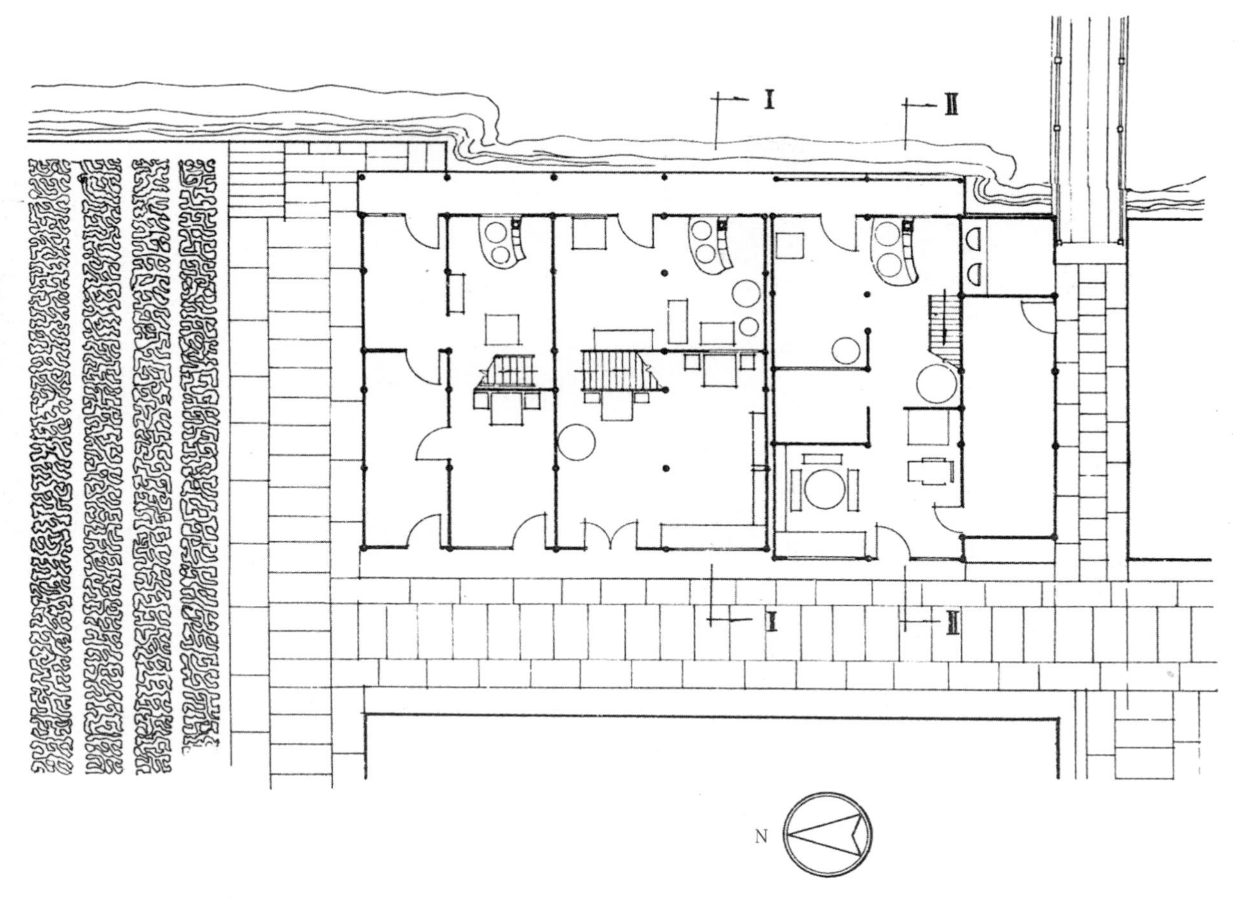

图611　天长街某宅底层平面图

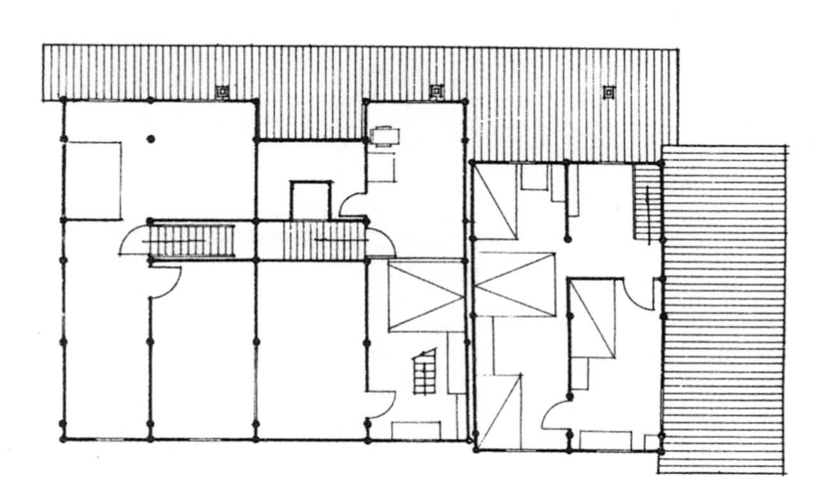

图612　二层平面图

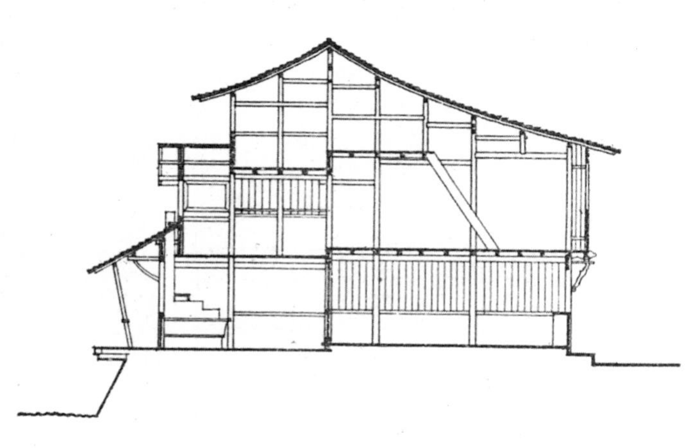

图613　天长街某宅Ⅰ-Ⅰ剖面图

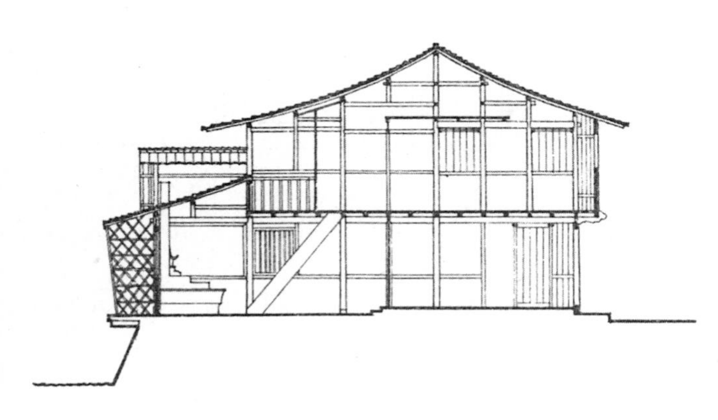

图614　Ⅱ-Ⅱ剖面图

图615　室内透视图

图616　黄岩天长街某宅外观

图617 天台“来紫楼”平面图

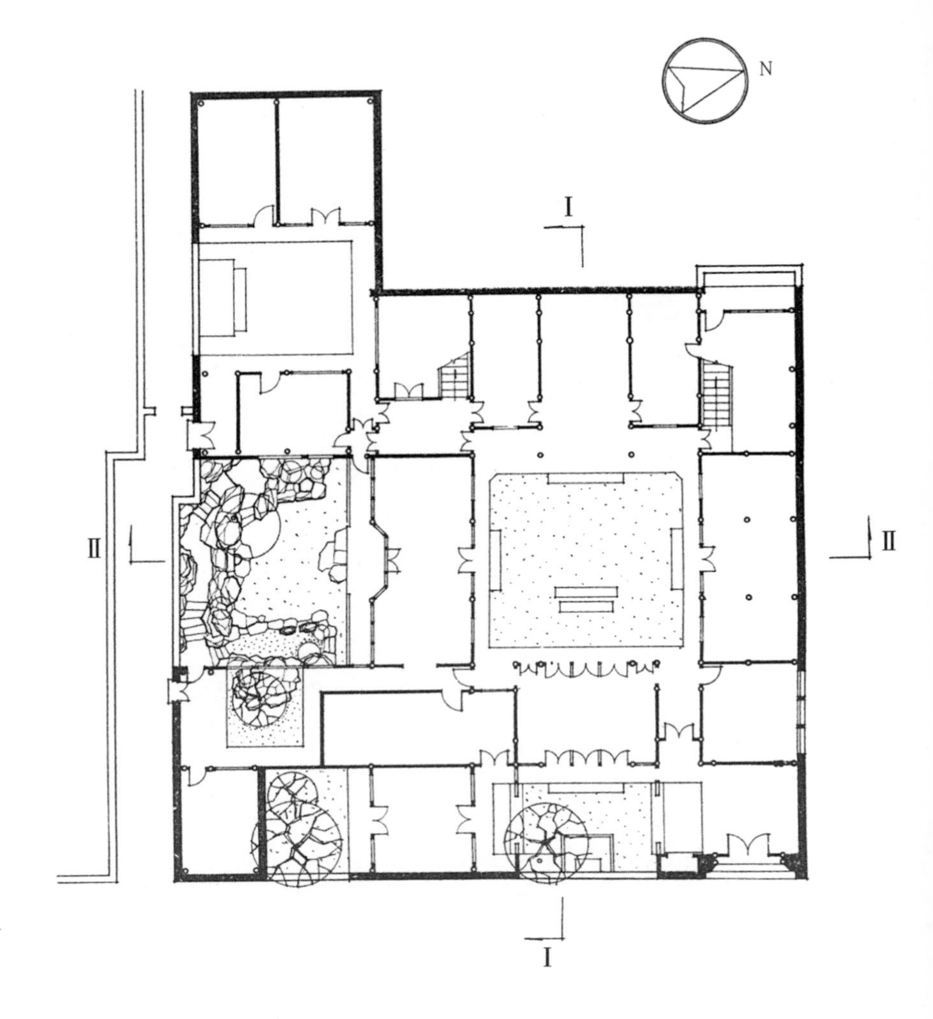

天台“来紫楼”（图 617 ~图 623）

天台县城至今尚遗留有一些过去时代的大宅邸，通称“十八楼”。这些大宅邸在格局上、规模上和工程做法上都相似。例如建筑上都保持某些宋式做法，主要庭院为正方形，大门开在左前方等等，形成了一种特有的住宅形式。

“来紫楼”是天台“十八楼”中保存得比较完整的一个。这座建筑创建年代不详，今正楼上为清嘉庆戊寅年建（公元 1818 年），但据了解这并非全部是原建时的遗物，而是第二业主置产以后所建。可见，“来紫楼”的创建还会早于这个年代。

这个建筑平面布局比较典型，大门开在左前方，入门后经小天井，穿过大厅进入主要庭院，庭院为正方形，主楼三开间，两层，朝南就是“来紫楼”的主楼，两厢各三开间，单层。右厢原来设计时是做书斋用的，室内（包括门窗）全部用涂有黑漆的木板作墙面，门窗位置的木板可以拆卸，使书斋与主要天井隔绝而保持静谧。而另一方面，向一个小花园开敞，花园的尺度特别小，又有高墙围绕。为了减小闭塞的感觉，设计上作了如下的处理：一方面把假山的平面和剖面都做成凹形的，以加大空间并且用了遮隐等手法使山路入口获得含蓄的效果，另一端矮台上立石笋两棵，给人以雅致的感觉。总的来说，在这样狭小的地段上，经营出山水俱全的小花园，而且不觉得拥挤，确是难能的。事实上这个小花园等于一个放大尺度的盆景，使人从书房向外看时，倍增舒坦自然的风趣，造成清静宜人的读书环境。

在工程做法上也有一些值得注意的地方，例如用梭柱，柱有侧角。楼层角柱有明显生起，有斗栱与又宽又厚的月梁和博风板，并用悬鱼装饰。柱础石与阶条石有榫相接，二者结成一个整体，使阶条石不致向外脱落。

图618　“来紫楼”书斋西外廊

图619 “来紫楼”庭园小景

图620

来紫楼”庭园立面及透视图

图621 “来紫楼”Ⅰ-Ⅰ剖面图

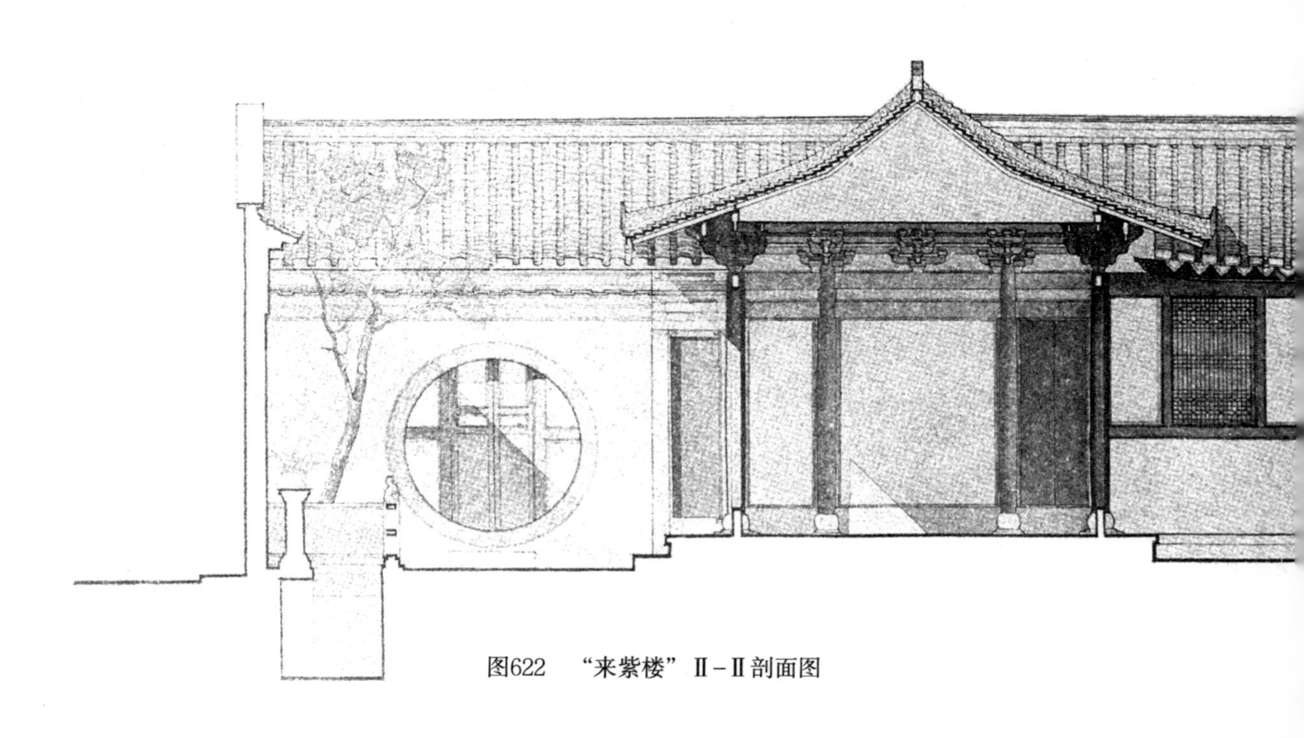

图622 “来紫楼”Ⅱ-Ⅱ剖面图

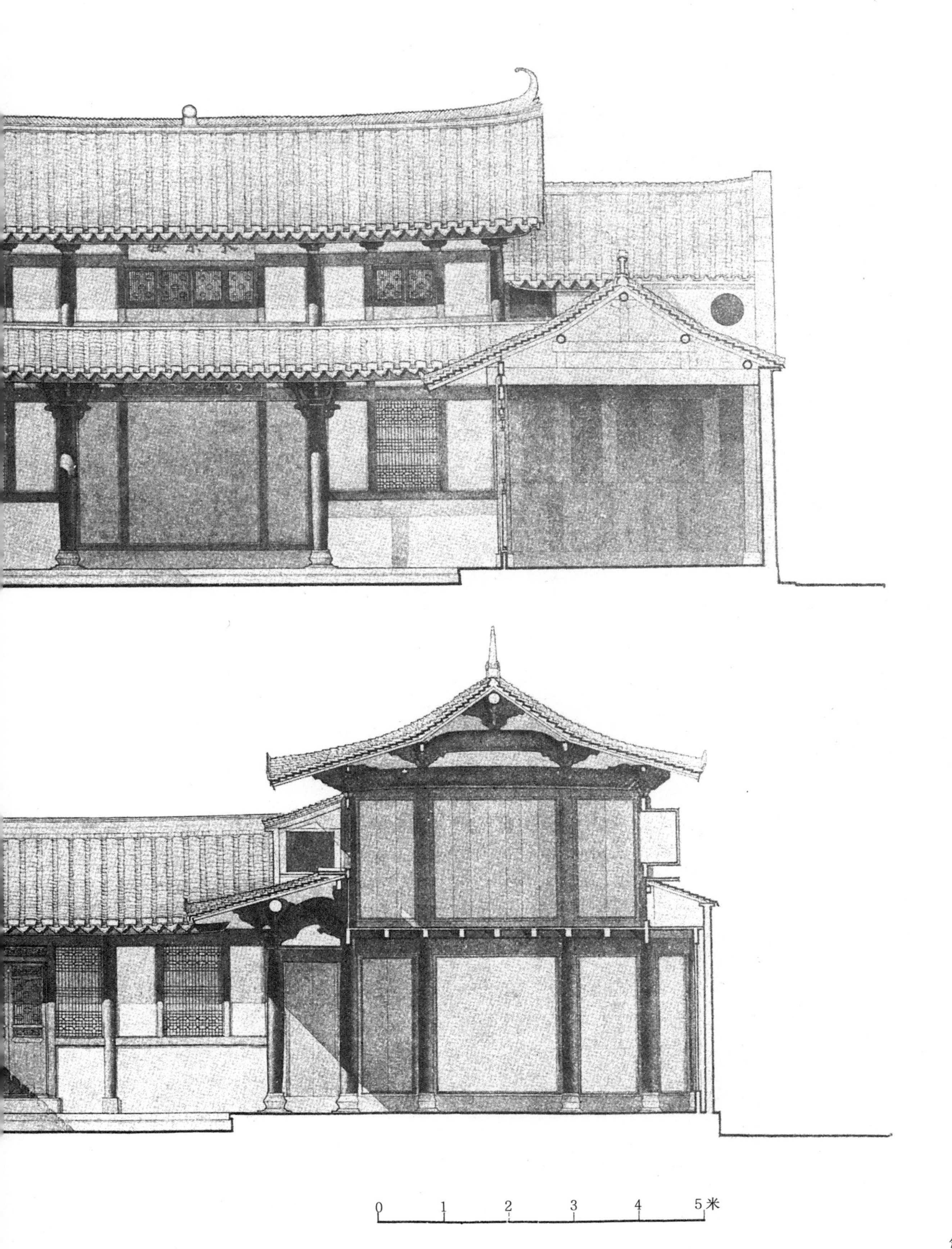
0
1
2
3
4
5米

图623　“来紫楼”装修细部

编后语

中国民居建筑历史传统悠久，在漫长的发展过程中，受地域、气候、环境、经济的发展和生活的变化等因素的影响，形成了各具风格的村镇布局和民居类型，并积累了丰富的修建经验和设计手法。

中华人民共和国成立后，我国建筑专家将历史建筑研究的着眼点从“官式”建筑转向民居的调查研究，开始在各地开启民居调查工作，并对民居的优秀、典型的实例和处理手法做了细致的观察和记录。在20世纪80年代～90年代，我社将中国民居专家聚拢在一起，由我社杨谷生副总编负责策划组织工作，各地民居专家对比较具有代表性的十个地区民居进行详尽的考察、记录和整理，经过前期资料的积累和后期的增加、补充，出版了我国第一套民居系列图书。其内容详实、测绘精细，从村镇布局、建筑与地形的结合、平面与空间的处理、体型面貌、建筑构架、装饰及细部、民居实例等不同的层面进行详尽整理，从民居营建技术的角度系统而专业地呈现了中国民居的显著特点，成为我国首批出版的传统民居调研成果。丛书从组织策划到封面设计、书籍装帧、插画设计、封面题字等均为出版和建筑领域的专家，是大家智慧之集成。该套书一经出版便得到了建筑领域的高度认可，并在当时获得了全国优秀科技图书一等奖。

此套民居图书的首次出版，可以说影响了一代人，其作者均来自各地建筑设计研究机构，他们不但是民居建筑研究专家，也是画家、艺术家。他们具备厚重的建筑专业知识和扎实的绘图功底，是新中国第一代民居专家，并在此后培养了无数新生力量，为中国民居的研究领域做出了重大的贡献。当时的作者较多已经成为当今民居领域的研究专家，如傅熹年、陆元鼎、孙大章、陆琦等都参与了该套书的调研和编写工作。

我国改革开放以来，我国的城市化建设发生了重大的飞跃，尤其是进入21世纪，城市化的快速发展波及祖国各地。为了追随快速发展的现代化建设，同时也随着广大人民生活水平的提高，群众迫切地需要改善居住条件，较多的传统民居建筑已经在现代化的普及中逐渐消亡。取而代之的是四处林立的冰冷的混凝土建筑。祖国千百年来的民居营建技艺也随着建筑的消亡而逐渐失传。较多的专家都感悟到：由于保护的不善、人们的不重视和过度的追求现代化等原因，很多的传统民居实体已不存在，或者只留下了残破的墙体或者地基，同时对于传统民居类型的确定和梳理也产生了较大的困难。

适逢国家对中国历史遗存建筑的保护和重视，结合近几年国家下发的各种规划性政策文件，尤其是在“十九大”报告和国家颁布的各种政策中，均强调要实施乡村振兴战略，实施中华优秀传统文化发展工程。由此，我们清楚地认识到，中国传统建筑文化在当今的建筑可持续发展中具有十分重要的作用，它的传承和发展是一项长期且可持续的工程。作为出版传媒单位，我们有必要将中国优秀的建筑文化传承下去。尤其在当下，乡村复兴逐渐成为乡村振兴战略的一部分，如何避免千篇一律的城市化发展，如何建设符合当地生态系统，尊重自然、人文、社会环境的民居建筑，不但是建筑师需要考虑的问题，也是我们建筑文化传播者需要去挖掘、传播的首要事情。

因此，我社计划将这套已属绝版的图书进行重新整理出版，使整套民居建筑专家的第一手民居测绘资料，以一种新的面貌呈现在读者面前。某些省份由于在发展的过程中区位发生了变化，故再版图书中将其中的地区图做了部分调整和精减。本套书的重新整理出版，再现了第一代民居研究专家的精细测绘和分析图纸。面对早期民居资料遗存较少的问题，为中国民居研究领域贡献了更多的参考。重新开启封存已久的首批民居研究资料，相信其定会再度掀起专业建筑测绘热潮。

传播传统建筑文化，传承传统建筑建造技艺，将无形化为有形，传统将会持续而久远地流传。

中国建筑工业出版社

2017 年 12 月

图书在版编目（CIP）数据

浙江民居 / 中国建筑技术发展中心建筑历史研究所. — 北京：中国建筑工业出版社，2017.10

（中国传统民居系列图册）

ISBN 978-7-112-21017-6

Ⅰ.①浙… Ⅱ.①中… Ⅲ.①民居—建筑艺术—浙江—图集 Ⅳ.①TU241.5-64

中国版本图书馆CIP数据核字（2017）第173942号

本书从平面与空间的处理、民居体型面貌、地形利用、构造装修等方面对浙江民居进行了比较细致的观察与记录，并通过实例对浙江民居的类型和建造装饰灯手法进行了系统的整理和归类。本书可供建筑学、民族学、美术学、历史学等相关专业的从业者、在校师生及相关爱好者阅读。

责任编辑：孙　硕　唐　旭　张　华　李东禧
封面设计：李　葳
装帧设计：尚　廓
插　　图：姚发奎
责任校对：李欣慰　关　健

中国传统民居系列图册

浙江民居

中国建筑技术发展中心建筑历史研究所

*

中国建筑工业出版社出版、发行（北京海淀三里河路9号）
各地新华书店、建筑书店经销
北京京点图文设计有限公司制版
北京中科印刷有限公司印刷

*

开本：787×1092毫米　1/12　印张：25⅓　插页：1　字数：450千字
2018年1月第一版　2018年1月第一次印刷
定价：**86.00**元
ISBN 978-7-112-21017-6
（30631）